Gruppen, Ringe, Körper

Die grundlegenden Strukturen der Algebra

von
Heinz Lüneburg

R. Oldenbourg Verlag München Wien 1999

Die Deutsche Bibliothek - CIP-Einheitsaufnahme

Lüneburg, Heinz:
Gruppen, Ringe, Körper : die grundlegenden Strukturen der Algebra /
von Heinz Lüneburg. – München ; Wien : Oldenbourg, 1999
   ISBN 3-486-24977-0

© 1999 R. Oldenbourg Verlag
Rosenheimer Straße 145, D-81671 München
Telefon: (089) 45051-0, Internet: http://www.oldenbourg.de

Lektorat: Andreas Türk
Herstellung: Rainer Hartl
Satz: Heinz Lüneburg, Kaiserslautern
Umschlagkonzeption: Kraxenberger Kommunikationshaus, München
Gedruckt auf säure- und chlorfreiem Papier
Gesamtherstellung: R. Oldenbourg Graphische Betriebe GmbH, München

Vorwort

Ohne Internet gäbe es dieses Buch nicht. Die Beschreibung meiner Vorlesung gleichen Namens auf meiner Homepage veranlasste Herrn Andreas Türk, Lektor des Oldenbourg Verlages, mich zu fragen, ob ich diese Vorlesung nicht publizieren wolle. Nach einigem Zögern nahm ich den Vorschlag an. Das Zögern rührte daher, dass ich mit einem sehr umfangreichen Buchprojekt zur Geschichte der Körpertheorie beschäftigt bin. Doch nach einigem Überlegen unterbrach ich die Arbeit an genanntem Projekt und schrieb dieses Buch auf. Dabei kam mir zugute, dass ich meine Vorlesungen schon seit Jahren sorgfältig aufschreibe, so dass ich mit dem Formulieren keine Zeit mehr verlor.

Was ist das Besondere an diesem Buch? Sicherlich die ersten Abschnitte über das Auswahlaxiom und die Maximumprinzipien der Mengenlehre. Der Algebraiker benutzt meist das zornsche Lemma, doch an manchen Stellen bieten sich andere Maximumprinzipien als die viel natürlicheren Werkzeuge an. Ich möchte daher auf keines verzichten. Den Abschnitt über Unabhängigkeitsstrukturen finde ich sehr reizvoll. Hinter ihm verbergen sich unter anderem die Mengen linear unabhängiger Teilmengen von Vektorräumen, die Wälder genannten Teilstrukturen von Graphen und die Mengen algebraisch unabhängiger Teilmengen von Körpererweiterungen, welch letztere Gegenstand unserer Untersuchungen im vorletzten Abschnitt sein werden. Die allgemeine Theorie liefert dann Existenz und Gleichmächtigkeit von Basen in all diesen Fällen.

Sieht man sich an, was heute alles unter dem Begriff Algebra subsumiert wird, so ist kaum noch zu erkennen, dass die Frage nach der Auflösbarkeit von algebraischen Gleichungen durch Radikale am Anfang der Algebra stand. Lineare Gleichungssysteme wurden von Beginn an mit immer größerer Virtuosität gelöst. Auch Gleichungen zweiten Grades boten nie Schwierigkeiten bei ihrer Lösung. Für Gleichungen dritten und vierten Grades fanden erst Scipione del Ferro, Nicolo Tartaglia, Girolamo Cardano und Ludovico Ferrari im 16. Jahrhundert Lösungsformeln. Doch Gleichungen fünften und höheren Grades boten scheinbar unüberwindliche Schwierigkeiten. Die Untersuchungen von Joseph Louis Lagrange, Paolo Ruffini und insbesondere Niels Henrik Abel und Evariste Galois vom Ende des 18. bzw. Anfang des 19. Jahrhunderts zeigten dann schließlich, dass Gleichungen mit rationalen Koeffizienten nicht immer durch Radikale lösbar sind. Dabei stellte sich heraus, dass es wichtig ist, zu fixieren, woher die Koeffizienten der Gleichungen stammen, so wie gerade geschehen, da wir von rationalen Koeffizienten sprachen. Dass dies wirklich wichtig ist, sieht man daran, dass über dem Körper der reellen Zahlen irreduzible Gleichungen den Grad 1 oder 2 haben, also durch Radikale lösbar sind. Hier beginnt implizit, was wir heute Körpertheorie nennen.

Als man mit der Frage nach der Auflösbarkeit von algebraischen Gleichungen durch Radikale nicht weiter kam, stellte man andere Fragen, zum Beispiel die, ob Gleichungen überhaupt Lösungen haben und wo man sie zu suchen habe. Die Antwort hierauf ist der Fundamentalsatz der Algebra, der besagt, dass jede algebraische Gleichung über dem

Körper der komplexen Zahlen eine Lösung in diesem Körper hat. Alle Beweise dieses
Satzes — erste Beweisversuche unterschiedlicher Qualität stammen von Jean-Baptiste
le Rond d'Alembert, Leonhard Euler, Joseph Louis Lagrange, Pierre Simon Laplace und
Carl Friedrich Gauß aus dem 18. Jahrhundert, erste Beweise von Jean Robert Argand
& Augustin-Louis Cauchy und Gauß aus dem 19. Jahrhundert — sind Existenzbeweise
und geben bestenfalls Hinweise, wie man die Lösungen approximieren kann. Sie liefern
keinen Beitrag zur ersten Frage. Einen sehr eleganten Beweis dieses Satzes, der von Emil
Artin und Otto Schreier stammt, findet der Leser hier wiedergegeben. Er macht vom
Hauptsatz der Galoistheorie Gebrauch, der einen Zusammenhang herstellt zwischen
der Menge der Lösungen einer algebraischen Gleichung und ihrer Galoisgruppe. Die
Gruppen, die zu Gleichungen gehören, die durch Radikale lösbar sind, lassen sich rein
gruppentheoretisch beschreiben. Diese Gruppen heißen naturgemäß auflösbare Gruppen und sind schon seit langem Gegenstand eigenständiger gruppentheoretischer Untersuchungen.

Die Abschnitte des vorliegenden Buches über Gruppen dienen nun dazu, die galoissche Theorie, die, wie schon gesagt, jeder algebraischen Gleichung eine Gruppe zuord-
net, mit Leben zu erfüllen. Die Einfachheit der alternierenden Gruppen vom Grade
größer als vier zeigen die Nichtauflösbarkeit der symmetrischen Gruppen entsprechen-
den Grades, so dass man sehr rasch zu Gleichungen kommt, die nicht durch Radikale
lösbar sind. Um diese Beispiele zu konstruieren, bedient man sich der Polynomringe
in n Unbestimmten über einem Körper und ihrer Quotientenkörper sowie der Ringe
der symmetrischen Polynome und deren Quotientenkörper, so dass auch diese Gegenstand unserer Untersuchungen sein werden. Diese Beispiele lösen aber nicht das alte
Problem, ob nicht vielleicht doch algebraische Gleichungen über dem Körper der rationalen Zahlen immer durch Radikale lösbar sind. Sie sind es nicht, wie an Hand von
irreduziblen Gleichungen von Primzahlgrad gezeigt wird.

Polynomringe werden sorgfältig definiert und ihre grundlegenden Eigenschaften bewiesen. Kommt man dann zu den Mengen algebraisch unabhängiger Mengen, so stellt
sich heraus, dass man auch etwas über die feinere Struktur der Polynomringe wissen
muss, dass sie nämlich Integritätsbereiche sind, in denen der Satz von der eindeutigen Primfaktorzerlegung gilt. Dieses Wissen wird in dem Abschnitt über ggT-Bereiche
bereitgestellt. In den letzten beiden Abschnitten schließlich wird dann auf die mengentheoretischen Methoden zurückgegriffen, über die zu Anfang berichtet wurde. Insbesondere wird im letzten Abschnitt gezeigt, dass jeder Körper einen algebraischen
Abschluss hat.

In den Aufgaben wird manches dargestellt, was in anderen Texten integriert er-
scheint. Der Leser nehme die Aufgaben daher zumindest zur Kenntnis. Bei ihrer Aus-
wahl war Frau Dr. Petra Meyer eine große Hilfe. Sie betreute die Übungen zur Vorlesung
und reagierte sehr sensibel auf die Lücken und Schwierigkeiten der Teilnehmer, so dass
die Aufgaben zum Teil gezielt auf deren Probleme eingingen in der Hoffnung, sie zu
beseitigen. So erklärt sich insbesondere auch die Vielzahl von Aufgaben, die Methoden der linearen Algebra zu ihrer Lösung erfordern. Ich nehme an, dass der Leser sie
begrüßen und zur Festigung seiner Kenntnisse in linearer Algebra nutzen wird.

Frau Meyer las und kritisierte auch den Text dieses Buches, woraus viele Verbesserun-
gen des Textes sowie des Indexes resultierten. Ihr sei auch an dieser Stelle recht herzlich

für ihre Unterstützung gedankt.

Die grobe Skizze, die ich oben machte, um ein wenig den Hintergrund dieses Buches zu erhellen, kommt aus der Unternehmung, die ich unterbrochen habe, um dieses Buch zu schreiben. Wer mehr über jene Unternehmung wissen möchte, schaue sich meine Homepage auf dem Netz an. Die Adresse ist

www.mathematik.uni-kl.de/~luene

und dann weiter zu: Bücher, die ich geschrieben habe und noch schreiben möchte.

Es bleibt mir nur noch, dem Buch viele Leser zu wünschen, und Ihnen, lieber Leser, dass Sie an diesem Buch Gefallen finden.

Kaiserslautern, im Oktober 1998 *Heinz Lüneburg*

Inhaltsverzeichnis

1. Relationen und Abbildungen

Wir gehen mit dem Begriff der Menge und der Relation „ist Element von" ganz naiv um, dh., wir machen keine Axiomatik der Mengenlehre. Dennoch wollen wir ein wenig mehr über die Begriffe „Relation" und „Abbildung" reflektieren als dies in Anfängervorlesungen und einführenden Algebravorlesungen und den einschlägigen Büchern gemeinhin üblich ist. Zunächst wollen wir mit Kuratowski zeigen, dass man den Begriff des *geordneten Paares* auf mengentheoretische Begriffe zurückführen kann.

Es seien A und B Mengen. Ist $a \in A$ und $b \in B$, so definieren wir das geordnete Paar (a, b) durch

$$(a, b) := \{\{a\}, \{a, b\}\}.$$

Es ist also (a, b) die Menge aus den beiden Mengen $\{a\}$ und $\{a, b\}$. Ist $a = b$, so sind sie nicht verschieden. Es gilt der wichtige

Satz von der eindeutigen Lesbarkeit. *Es seien A und B Mengen. Sind a, $a' \in A$ und b, $b' \in B$, so gilt genau dann $(a, b) = (a', b')$, wenn $a = a'$ und $b = b'$ ist.*

Beweis. Ist $a = a'$ und $b = b'$, so ist natürlich $(a, b) = (a', b')$. Es sei also $(a, b) = (a', b')$. Dann ist

$$\{a\} = \{a\} \cap \{a, b\} = \bigcap_{x \in (a,b)} x = \bigcap_{x \in (a',b')} x = \{a'\} \cap \{a', b'\} = \{a'\}.$$

Also ist $a = a'$. Ferner ist

$$\{a, b\} = \{a\} \cup \{a, b\} = \bigcup_{x \in (a,b)} x = \bigcup_{x \in (a',b')} x = \{a'\} \cup \{a', b'\} = \{a', b'\}.$$

Es folgt $b' \in \{a, b\}$. Ist $b' = b$, so sind wir fertig. Es sei also $b' = a$. Wegen $a = a'$ ist dann $b' = a'$ und somit

$$\{a, b\} = \{a', b'\} = \{a', a'\} = \{a'\} = \{a\}.$$

Also ist $b = a$ und folglich auch hier $b' = b$. Damit ist alles bewiesen.

Sind A und B Mengen, so setzen wir

$$A \times B := \{(a, b) \mid a \in A, b \in B\}.$$

Die Menge $A \times B$ heißt *cartesisches Produkt* der Mengen A und B. Ist $A = \emptyset$ oder $B = \emptyset$, so ist auch $A \times B = \emptyset$.

Sind A und B Mengen und ist $R \subseteq A \times B$, so nennen wir R *binäre Relation* zwischen A und B. Da wir meist nur binäre Relationen betrachten, lassen wir das Adjektiv „binär" fast immer weg.

Ist A eine Menge, so setzen wir

$$1_A := \{(a,a) \mid a \in A\}.$$

Dann nennt man $1_A \subseteq A \times A$ je nach Kontext die *Diagonale* von A oder die *Identität* auf A. Offenbar ist 1_A die Gleichheitsrelation auf A. Ist nämlich $(a,b) \in 1_A$, so gibt es ein $c \in A$ mit $(a,b) = (c,c)$. Mit dem Satz von der eindeutigen Lesbarkeit folgt daher $a = c = b$.

Sind A, B, C drei Mengen, ist $R \subseteq A \times B$ und $S \subseteq B \times C$, so definieren wir die Relation $R \circ S$ zwischen A und C durch

$$R \circ S := \{x \mid \text{es gibt } a \in A, b \in B, c \in C \text{ mit } (a,b) \in R, (b,c) \in S \text{ und } x = (a,c)\}.$$

$R \circ S$ heißt *Produkt* der Relationen R und S. Die Operation $\circ$ heißt auch *Multiplikation* von Relationen.

Satz 1. *Es seien A und B zwei Mengen. Ist $R \subseteq A \times B$, so ist $1_A \circ R = R = R \circ 1_B$.*

Beweis. Es sei $x \in R$, also $x = (a,b)$ mit $a \in A$ und $b \in B$. Wegen $(a,a) \in 1_A$ ist dann $(a,b) \in 1_A \circ R$. Also ist $R \subseteq 1_A \circ R$. Es sei $y \in 1_A \circ R$. Wegen $1_A \circ R \subseteq A \times B$ gibt es ein $a \in A$ und ein $b \in B$ mit $y = (a,b)$. Es gibt aber dann ein $a' \in A$ mit $(a,a') \in 1_A$ und $(a',b) \in R$. Mit dem Satz von der eindeutigen Lesbarkeit folgt $a = a'$ und damit $(a,b) \in R$. Die zweite Aussage beweist sich analog.

Satz 2. *Es seien A, B, C, D Mengen. Ist $R \subseteq A \times B$, $S \subseteq B \times C$ und $T \subseteq C \times D$, so ist*

$$(R \circ S) \circ T = R \circ (S \circ T).$$

Die Verknüpfung von Relationen ist also assoziativ.

Beweis. Es sei $x \in R \circ (S \circ T)$. Es gibt dann $a \in A$, $b \in B$ und $d \in D$ mit $x = (a,d)$ und $(a,b) \in R$ und $(b,d) \in S \circ T$. Es gibt weiter ein $c \in C$ mit $(b,c) \in S$ und $(c,d) \in T$. Es folgt $(a,c) \in R \circ S$ und damit $(a,d) \in (R \circ S) \circ T$. Also ist $R \circ (S \circ T) \subseteq (R \circ S) \circ T$.

Es sei $y \in (R \circ S) \circ T$. Es gibt dann $\alpha \in A$, $\gamma \in C$ und $\delta \in D$ mit $y = (\alpha, \delta)$ und $(\alpha, \gamma) \in R \circ S$ und $(\gamma, \delta) \in T$. Es gibt weiter ein $\beta \in B$ mit $(\alpha, \beta) \in R$ und $(\beta, \gamma) \in S$. Es folgt $(\beta, \delta) \in S \circ T$ und weiter $(\alpha, \delta) \in R \circ (S \circ T)$. Also ist $(R \circ S) \circ T \subseteq R \circ (S \circ T)$. Insgesamt also $(R \circ S) \circ T = R \circ (S \circ T)$.

Ist $R \subseteq A \times B$, so setzen wir

$$R^k := \{(b,a) \mid (a,b) \in R\}$$

und nennen R^k die zu R *konverse Relation*. Es gilt $(R^k)^k = R$.

Satz 3. *Sind A, B, C Mengen, ist $R \subseteq A \times B$ und $S \subseteq B \times C$, so ist $(R \circ S)^k = S^k \circ R^k$.*

Beweis. Es sei $x \in (R \circ S)^k$. Es gibt dann ein $a \in A$ und ein $c \in C$ mit $(a,c) \in R \circ S$ und $x = (c,a)$. Es gibt folglich ein $b \in B$ mit $(a,b) \in R$ und $(b,c) \in S$. Es ist somit $(c,b) \in S^k$ und $(b,a) \in R^k$. Es folgt $(c,a) \in S^k \circ R^k$. Also ist

$$(R \circ S)^k \subseteq S^k \circ R^k.$$

Nach dem gerade Bewiesenen ist

$$(S^k \circ R^k)^k \subseteq R^{kk} \circ S^{kk} = R \circ S.$$

Nun folgt aus $X \subseteq Y \subseteq A \times B$, dass $X^k \subseteq Y^k$ ist. Also gilt auch

$$S^k \circ R^k = (S^k \circ R^k)^{kk} \subseteq (R \circ S)^k.$$

Damit ist alles bewiesen.

Ist R eine Relation zwischen A und B und ist $A \subseteq A'$, so ist auch $R \subseteq A' \times B$, so dass R auch eine Relation zwischen A' und B ist. In diesem Zusammenhang kann R durchaus andere Eigenschaften haben. Es ist also stets wesentlich zu wissen, zwischen welchen Mengen R Relation ist. Dass dies wesentlich ist, zeigt der folgende Satz.

Satz 4. *Es seien A und B Mengen. Ferner sei $R \subseteq A \times B$.*

a) Genau dann ist $1_A \subseteq R \circ R^k$, wenn es zu jedem $a \in A$ ein $b \in B$ gibt mit $(a, b) \in R$.

b) Genau dann ist $1_B \subseteq R^k \circ R$, wenn es zu jedem $b \in B$ ein $a \in A$ gibt mit $(a, b) \in R$.

Beweis. a) Es sei $1_A \subseteq R \circ R^k$. Ferner sei $a \in A$. Dann ist $(a, a) \in 1_A$ und somit $(a, a) \in R \circ R^k$. Es gibt also ein $b \in B$ mit $(a, b) \in R$ und, was wir nicht brauchen, $(b, a) \in R^k$. Dies zeigt die Existenz von b.

Es gebe umgekehrt zu jedem $a \in A$ ein $b \in B$ mit $(a, b) \in R$. Dann ist natürlich $(a, a) \in R \circ R^k$ und folglich $1_A \subseteq R \circ R^k$.

b) Vertauscht man in a) die Rollen von A und B und ersetzt R durch R^k, so gibt es also zu $b \in B$ genau dann stets ein $a \in A$ mit $(b, a) \in R^k$, dh., mit $(a, b) \in R$, wenn

$$1_B \subseteq R^k \circ R^{kk} = R^k \circ R$$

ist.

Satz 5. *Es seien A und B Mengen und es sei $R \subseteq A \times B$.*

a) Genau dann ist $R \circ R^k \subseteq 1_A$, wenn es zu $b \in B$ höchstens ein $a \in A$ gibt mit $(a, b) \in R$.

b) Genau dann ist $R^k \circ R \subseteq 1_B$, wenn es zu $a \in A$ höchstens ein $b \in B$ gibt mit $(a, b) \in R$.

Beweis. a) Es sei $R \circ R^k \subseteq 1_A$. Ferner seien (a, b), $(a', b) \in R$. Dann ist $(a, b) \in R$ und $(b, a') \in R^k$. Es folgt $(a, a') \in R \circ R^k \subseteq 1_A$. Dies hat wiederum $a = a'$ zur Folge.

Es gebe umgekehrt zu jedem $b \in B$ höchstens ein $a \in A$ mit $(a, b) \in R$. Es sei $x \in R \circ R^k$. Es gibt dann ein $b \in B$ und a, $a' \in A$ mit $x = (a, a')$ und $(a, b) \in R$ und $(b, a') \in R^k$. Es folgt (a, b), $(a', b) \in R$ und daher $a = a'$, so dass $x \in 1_A$ ist. Damit ist a) bewiesen.

b) folgt mittels a), wenn man die Rollen von A und B vertauscht, R durch R^k ersetzt und $R^{kk} = R$ beachtet.

Es seien A und B Mengen und $\alpha \subseteq A \times B$ sei eine binäre Relation zwischen A und B. Genau dann heißt α *Abbildung* von A nach B, falls gilt:

1) Es ist $\alpha \circ \alpha^k \supseteq 1_A$.

2) Es ist $\alpha^k \circ \alpha \subseteq 1_B$.

Bei dieser Definition der Abbildung ist klar, dass es nicht nur auf die Teilmenge α des cartesischen Produktes $A \times B$ ankommt, sondern auch auf die Mengen A und B, die durch 1_A und 1_B ja explizit in der Definition vorkommen.

Beeilen wir uns zu zeigen, dass diese Definition von Abbildung das Gewohnte trifft.

Satz 6. *Es seien A und B Mengen. Ferner sei $\alpha \subseteq A \times B$. Genau dann ist α eine Abbildung von A in B, wenn es zu jedem $a \in A$ genau ein $b \in B$ gibt mit $(a, b) \in \alpha$.*

Beweis. Es sei α eine Abbildung von A in B. Dann ist $1_A \subseteq \alpha \circ \alpha^k$, so dass es nach Satz 4 a) zu jedem $a \in A$ wenigstens ein $b \in B$ gibt mit $(a, b) \in \alpha$. Wegen $\alpha^k \circ \alpha \subseteq 1_B$ gibt es nach Satz 5 b) zu $a \in A$ höchstens ein $b \in B$ mit $(a, b) \in \alpha$. Also gibt es zu jedem $a \in A$ genau ein $b \in B$ mit $(a, b) \in \alpha$.

Die Umkehrung folgt genau so einfach aus den Sätzen 4 a) und 5 b).

Was bedeuten die Relationen

1') Es ist $\alpha \circ \alpha^k \subseteq 1_A$,

2') Es ist $\alpha^k \circ \alpha \supseteq 1_B$

für α? Wegen $\alpha^{kk} = \alpha$ ist 2') die Bedingung 1) für α^k und 1') die Bedingung 2) für α^k. Sie besagen also, dass α^k eine Abbildung von B in A ist. Die Bedingungen 1') und 2') liefern also nichts Neues. Gelten sie gleichzeitig mit 1) und 2), so sind sie aber sehr wohl von Interesse. Diese Situation werden wir gleich untersuchen.

Satz 7. *Es seien A, B, C Mengen und α sei eine Abbildung von A in B und β sei eine Abbildung von B in C. Dann ist $\alpha \circ \beta$ eine Abbildung von A in C.*

Beweis. Es ist

$$
\begin{aligned}
(\alpha \circ \beta) \circ (\alpha \circ \beta)^k &= (\alpha \circ \beta) \circ (\beta^k \circ \alpha) \\
&= \left((\alpha \circ \beta) \circ \beta^k\right) \circ \alpha^k \\
&= \left(\alpha \circ (\beta \circ \beta^k)\right) \circ \alpha^k \\
&\supseteq (\alpha \circ 1_B) \circ \alpha^k \\
&= \alpha \circ \alpha^k \supseteq 1_A.
\end{aligned}
$$

Ferner ist

$$
\begin{aligned}
(\alpha \circ \beta)^k \circ (\alpha \circ \beta) &= (\beta^k \circ \alpha^k) \circ (\alpha \circ \beta) \\
&= \beta^k \circ \left(\alpha^k \circ (\alpha \circ \beta)\right) \\
&= \beta^k \circ \left((\alpha^k \circ \alpha) \circ \beta\right) \\
&\subseteq \beta^k \circ (1_B \circ \beta) \\
&= \beta^k \circ \beta \subseteq 1_C.
\end{aligned}
$$

Damit ist alles bewiesen.

Satz 8. *Es seien A, B, C und D Mengen. Ist α eine Abbildung von A in B, ist β eine Abbildung von B in C und ist γ eine Abbildung von C in D, so sind $\alpha \circ (\beta \circ \gamma)$ und*

$(\alpha \circ \beta) \circ \gamma$ *Abbildungen von A in D und es gilt*

$$\alpha \circ (\beta \circ \gamma) = (\alpha \circ \beta) \circ \gamma.$$

Beweis. Dies folgt unmittelbar aus den Sätzen 7 und 2.

Ist α eine Abbildung von A in B, so gelten die Bedingungen $\alpha \circ \alpha^k \supseteq 1_A$ und $\alpha^k \circ \alpha \subseteq 1_B$. Von den vier möglichen Fällen, die hier auftreten können, erhalten drei einen eigenen Namen. Ist $\alpha \circ \alpha^k = 1_A$, so heißt α *injektiv*, ist $\alpha^k \circ \alpha = 1_B$, so heißt α *surjektiv*, und ist gleichzeitig $\alpha \circ \alpha^k = 1_A$ und $\alpha^k \circ \alpha = 1_B$, so heißt α *bijektiv*. Der letzte Fall tritt genau dann ein, wenn auch α^k eine Abbildung ist, wie wir schon feststellten. Nach Satz 5 a) ist eine Abbildung genau dann injektiv, wenn jedes $b \in B$ höchstens ein *Urbild* hat, und nach Satz 4 b) surjektiv, wenn jedes $b \in B$ mindestens ein Urbild hat. Das Produkt zweier injektiver Abbildungen ist injektiv und das Produkt zweier surjektiver Abbildungen surjektiv. Demzufolge ist das Produkt zweier bijektiver Abbildungen bijektiv. Dies ist alles sehr einfach zu beweisen.

Satz 9. *Ist α eine Abbildung der Menge A in die Menge B, ist β eine Abbildung von B in A und gilt $\alpha \circ \beta = 1_A$, so gilt*
a) α ist injektiv und $\beta \supseteq \alpha^k$.
b) β ist surjektiv und $\alpha \subseteq \beta^k$.

Beweis. a) Weil β eine Abbildung von B in A ist, ist $\beta \circ \beta^k \subseteq 1_B$. Nach Voraussetzung ist $\alpha \circ \beta = 1_A$. Daher ist

$$1_A = 1_A^k = (\alpha \circ \beta)^k = \beta^k \circ \alpha^k.$$

Ferner ist $1_A = 1_A \circ 1_A$. Also ist

$$1_A = 1_A \circ 1_A = \alpha \circ \beta \circ \beta^k \circ \alpha^k \supseteq \alpha \circ 1_B \circ \alpha^k = \alpha \circ \alpha^k \supseteq 1_A.$$

Also ist $1_A = \alpha \circ \alpha^k$, so dass α injektiv ist. Ferner ist

$$\beta = \beta \circ 1_A = \beta \circ \beta^k \circ \alpha^k \supseteq 1_B \circ \alpha^k = \alpha^k.$$

Nach a) ist $\alpha^k \subseteq \beta$. Daher ist $\alpha = \alpha^{kk} \subseteq \beta^k$. Es bleibt zu zeigen, dass β surjektiv ist. Es ist $\beta^k \circ \beta \subseteq 1_A$ und daher, da ja $\alpha \subseteq \beta^k$ ist,

$$1_A = \alpha \circ \beta \subseteq \beta^k \circ \beta \subseteq 1_A.$$

Folglich ist $1_A = \beta^k \circ \beta$, so dass β surjektiv ist.

Satz 10. *Ist α eine Abbildung der Menge A in die Menge B, so sind äquivalent:*
a) α ist bijektiv.
b) α^k ist eine Abbildung von B in A.
c) Es gibt Abbildungen β und γ von B in A mit $\alpha \circ \beta = 1_A$ und $\gamma \circ \alpha = 1_B$.

Beweis. a) impliziert b): Es ist $\alpha \circ \alpha^k = 1_A$ und $\alpha^k \circ \alpha = 1_B$. Wegen $\alpha^{kk} = \alpha$ ist demnach α^k eine Abbildung von B in A.

b) impliziert c): Setze $\beta := \alpha^k$ und $\gamma := \alpha^k$. Dann ist, da α und α^k Abbildungen sind, $1_A = \alpha^{kk} \circ \alpha^k = \alpha \circ \beta$ und $1_B = \alpha^k \circ \alpha^{kk} = \gamma \circ \alpha$.

c) impliziert a): Wegen $\alpha \circ \beta = 1_A$ ist α nach Satz 9 a) injektiv und wegen $\beta \circ \alpha = 1_B$ nach Satz 9 b) auch surjektiv. Also ist α bijektiv.

Satz 11. *Es sei α eine Bijektion von A auf B. Ist β eine Abbildung von B in A und gilt $\alpha \circ \beta = 1_A$ oder $\beta \circ \alpha = 1_B$, so ist $\beta = \alpha^k$.*

Beweis. Es sei $\alpha \circ \beta = 1_A$. Weil α bijektiv ist, ist $1_B = \alpha^k \circ \alpha$. Also ist

$$\alpha^k = \alpha^k \circ 1_A = \alpha^k \circ \alpha \circ \beta = 1_B \circ \beta = \beta.$$

Ist $\beta \circ \alpha = 1_B$, so ist

$$\alpha^k = 1_B \circ \alpha^k = \beta \circ \alpha \circ \alpha^k = \beta \circ 1_A = \beta.$$

Wegen der Bijektivität von α gilt ja auch $\alpha \circ \alpha^k = 1_A$.

Ist α bijektiv, so nennt man α^k die zu α *inverse Abbildung* und bezeichnet sie mit α^{-1}.

Nachdem wir erkannt haben, dass unsere Definition von Abbildungen das Gewohnte wiedergibt, benutzen wir ab sofort für Abbildungen die ganze Vielfalt an Bezeichnungen, die sich darbietet.

Ist α eine Abbildung von A in B und ist β eine Abbildung von B in A und gilt $\alpha \circ \beta = 1_A$, so ist α injektiv und β surjektiv, wie Satz 9 zeigt. Ist A nicht leer und ist α eine injektive Abbildung von A in B, so definieren wir $\beta \subseteq B \times A$ wie folgt: Es sei $a \in A$. Dann setzen wir

$$\beta = \alpha^k \cup \{(b, a) \mid b \in B, \ \text{es gibt kein } x \in A, \ \text{mit } (x, b) \in \alpha\}.$$

Dann ist β eine Abbildung, wie man mit Satz 6 sofort erkennt. Um dies zu zeigen, seien $(u, v), (u, v') \in \beta$. Hat u kein Urbild in A, so folgt

$$(u, v), (u, v') \in \{(b, a) \mid b \in B, \ \text{es gibt kein } x \in A, \ \text{mit } (x; b) \in \alpha\}.$$

Dies zieht $v = a = v'$ nach sich. Hat u ein Urbild in A, dann sind $(u, v), (u, v') \in \alpha^k$ und damit $(v, u), (v', u) \in \alpha$. Wegen der Injektivität von α ist auch in diesem Fall $v = v'$. Also ist β eine Abbildung. Ist $(x, y) \in \alpha \circ \beta$, so gibt es ein $b \in B$ mit $(x, b) \in \alpha$ und $(b, y) \in \beta$. Aus $(x, b) \in \alpha$ folgt $(b, x) \in \beta$. Weil β eine Abbildung ist, ist also $x = y$. Somit ist $\alpha \circ \beta \subseteq 1_A$. Andererseits ist $\alpha^k \subseteq \beta$ und folglich $1_A \subseteq \alpha \circ \beta$, so dass $1_A = \alpha \circ \beta$ ist. Injektive Abbildungen α lassen sich also dadurch charakterisieren, dass es eine Abbildung β gibt mit $\alpha \circ \beta = 1_A$.

Ist β eine surjektive Abbildung von B auf A, so erhebt sich die Frage, ob es eine Abbildung α von A in B gibt mit $\alpha \circ \beta = 1_A$. Die erstaunliche Antwort hier lautet: Das hängt davon ab, nämlich von dem Modell der Mengenlehre, das man den Betrachtungen zu Grunde legt. Wir formulieren:

(AA$_0$) Für jede surjektive Abbildung α einer Menge A auf eine Menge B gibt es eine Abbildung β von B in A mit $\beta \circ \alpha = 1_B$.

Ferner

(AA) Ist $(A_i \mid i \in I)$ eine nicht leere Familie von nichtleeren Mengen, so ist

$$\text{cart}_{i \in I} A_i$$

nicht leer.

Dabei bezeichne $\text{cart}_{i \in I} A_i$ die Menge aller Abbildungen f von I in $\bigcup_{i \in I} A_i$ mit $f_i \in A_i$ für alle $i \in I$. Man nennt $\text{cart}_{i \in I} A_i$ das *cartesische Produkt* der Mengen A_i. Ist $f \in \text{cart}_{i \in I} A_i$, so heißt f auch *Auswahlfunktion* der Familie $(A_i \mid i \in I)$.

Die Buchstaben AA stehen für *Auswahlaxiom*.

Satz 12. *Von den Aussagen (AA$_0$) und (AA) zieht jede die andere nach sich.*

Beweis. Es gelte (AA$_0$). Ferner sei $(A_i \mid i \in I)$ eine nicht leere Familie von nicht leeren Mengen. Wir betrachten die Menge

$$X := \bigcup_{i \in I} (A_i \times \{i\})$$

und definieren die Abbildung F von X auf I durch $F(a,i) := i$, falls $(a,i) \in A_i \times \{i\}$ ist. Da die Mengen $A_i \times \{i\}$ auf Grund des Satzes von der eindeutigen Lesbarkeit paarweise disjunkt sind, ist F wirklich eine Abbildung. Weil (AA$_0$) gilt, gibt es eine Abbildung G von I in X mit $G \circ F = 1_I$. Es sei $i \in I$. Dann gibt es ein $j \in I$ und ein $a \in A_j$ mit $i^G = (a,j) \in X$. Es folgt

$$i = i^{G \circ F} = (a,j)^F = j.$$

Also ist $i^G = (a,i)$ mit $a \in A_i$. Definiert man die Abbildung π von X in $\bigcup_{i \in I} A_i$ durch $(a,i)^\pi := a$, so folgt

$$G \circ \pi \in \text{cart}_{i \in I} A_i.$$

Also gilt (AA).

Es gelte (AA). Ferner sei α eine surjektive Abbildung von A auf B. Für $b \in B$ setzen wir

$$A_b := \{a \mid a \in A, a^\alpha = b\}.$$

Wegen der Surjektivität von α ist $A_b \neq \emptyset$ für alle $b \in B$. Es gibt also ein $\beta \in \text{cart}_{b \in B} A_b$. Ist dann $b \in B$, so ist $b^\beta \in A_b$ und daher $b^{\beta \circ \alpha} = b$, so dass $\beta \circ \alpha = 1_B$ ist.

Es gibt Modelle der Mengenlehre, in denen die Verneinung des Auswahlaxioms Axiom ist. Das sind dann Modelle, in denen es surjektive Abbildungen gibt, die kein Linksinverses haben. Mehr hierzu in Schreiber 1996.

Das Auswahlaxiom hat viele Konsequenzen, von denen wir einige im nächsten Abschnitt vorstellen werden. Hier beweisen wir noch einige grundlegende Sätze über Abbildungen. Dabei wird vorausgesetzt, dass der Leser mit dem Begriff der Äquivalenzrelation und den grundlegenden Sätzen über Äquivalenzrelationen vertraut ist.

Ist f eine Abbildung der Menge M in die Menge N, so definieren wir auf M die Relation $\text{kern}(f)$ durch: Genau dann ist $x \text{ kern}(f) y$, wenn $f(x) = f(y)$ ist. Man nennt die Relation $\text{kern}(f)$ den *Kern* von f. Der Kern von f ist eine Äquivalenzrelation. Wie bei allen Äquivalenzrelationen bezeichnen wir mit $M/\mathrm{kern}(f)$ die Menge der Äquivalenzklassen der Relation $\mathrm{kern}(f)$.

Die erste Frage, die sich stellt, ist, ob jede Äquivalenzrelation Kern einer Abbildung ist. Dies ist zu bejahen, wie der nächste Satz lehrt.

Satz 13. *Ist $\sim$ eine Äquivalenzrelation auf der Menge M und definiert man $\kappa(x)$ für $x \in M$ als dasjenige Element aus $M/\sim$, für das $x \in \kappa(x)$ gilt, so ist κ eine Abbildung von M auf $M/\sim$ und es gilt $\sim\, = \mathrm{kern}(\kappa)$.*

Beweis. Weil Äquivalenzklassen paarweise disjunkt sind, ist κ eine Abbildung. Ist $X \in M/\sim$, so ist X nicht leer. Es gibt also ein $x \in X$. Dann gilt aber $\kappa(x) = X$, so dass κ surjektiv ist. Genau dann gilt $x\ \mathrm{kern}(\kappa)\ y$, wenn $\kappa(x) = \kappa(y)$ ist. Dies ist wiederum genau dann der Fall, wenn $x \sim y$ ist. Also ist $\mathrm{kern}(\kappa) =\sim$.

Man nennt die Abbildung κ aus Satz 13 den *kanonischen Epimorphismus* von M auf $M/\sim$.

Die Isomorphiesätze sind Anfängern ein Schrecken. Sie verlieren ihren Schrecken, wenn man sie nur häufig genug benutzt. Sie sollten daher schon in den Anfängervorlesungen über lineare Algebra wie auch Analysis vorgeführt und vor allem auch benutzt werden. In beiden Vorlesungen kann man sie sich zum Vorteil gereichen lassen. Meine einschlägigen Bücher zeigen dies zur Genüge. In diesem Buche kommen wir ohne sie nicht aus. Sie seien daher hier formuliert und auch bewiesen. Dabei versuchen wir der Struktur dieser Sätze auf den Grund zu kommen. Es zeigt sich, dass sie sich schon für Mengen ohne weitere Struktur formulieren lassen. Wir zeigen dies hier für den ersten der Isomorphiesätze und führen die anderen später dann, wenn wir Gruppen und Ringe untersuchen auf diesen zurück.

Erster Isomorphiesatz. *M und N seien zwei Mengen. Ferner sei σ eine Abbildung von M in N und κ sei der kanonische Epimorphismus von M auf $M/\mathrm{kern}(\sigma)$. Es gibt dann genau eine Abbildung β von $M/\mathrm{kern}(\sigma)$ in N mit $\beta\kappa = \sigma$ (erst κ dann σ). Die Abbildung β ist injektiv. Ist σ surjektiv, so ist auch β surjektiv und damit bijektiv.*

Beweis. Zunächst beweisen wir die Einzigkeit von β. Es sei γ eine weitere Abbildung von $M/\mathrm{kern}(\sigma)$ in N mit $\gamma\kappa = \sigma$. Ferner sei $X \in M/\mathrm{kern}(\sigma)$. Es gibt dann ein $y \in X$. Es folgt $X = \kappa(y)$ und weiter

$$\beta(X) = \beta\kappa(y) = \sigma(y) = \gamma\kappa(y) = \gamma(X).$$

Also ist $\beta = \gamma$.

Um die Existenz von β nachzuweisen, definieren wir zunächst β als Relation und weisen dann nach, dass β eine Abbildung ist.

Es sei $(X, y) \in M/\mathrm{kern}(\sigma) \times N$. Genau dann gelte $(X, y) \in \beta$, wenn es ein $x \in X$ gibt mit $\sigma(x) = y$. Es seien $(X, y), (X, y') \in \beta$. Es gibt dann $x,\ x' \in X$ mit $\sigma(x) = y$ und $\sigma(x') = y'$. Wegen $X \in M/\mathrm{kern}(\sigma)$ ist dann

$$y' = \sigma(x') = \sigma(x) = y.$$

Ist ferner $X \in M/\mathrm{kern}(\sigma)$, so ist X nicht leer. Es gibt also ein $x \in X$. Es folgt $(X, \sigma(x)) \in \beta$. Das erzwingt $X = X'$. Folglich ist β nach Früherem eine Abbildung.

Ein Kommentar zwischendurch. Was wir gerade gemacht haben, verbirgt sich sonst hinter dem Wort „Wohldefiniertheit", das ich und andere Autoren immer wieder verwenden. Es heißt: „Wir definieren eine Abbildung" und dann hört der genervte Anfänger nach ihrer Definition, dass man nun noch nachweisen müsse, dass sie wohldefiniert sei. Was geschieht, ist, dass man eine Relation definiert und sie im Vorgriff auf das, was noch kommt und was der Autor schon weiß, schon Abbildung nennt und sie auch wie eine Abbildung schreibt. Dann muss man aber noch nachweisen, dass die sogenannte Abbildung wirklich eine Abbildung ist.

Zurück zum Beweise unseres Satzes. Existenz und Einzigkeit von β ist schon nachgewiesen. Es seien X, $X' \in M/\mathrm{kern}(\sigma)$ und es gelte $\beta(X) = \beta(X')$. Ist $x \in X$ und $y \in X'$, so folgt

$$\sigma(x) = \beta(X) = \beta(X') = \sigma(y)$$

und weiter $x\ \mathrm{kern}(\sigma)\ y$. Somit ist $X = X'$, so dass β injektiv ist.

Ist σ surjektiv und $y \in N$, so gibt es ein $x \in M$ mit $y = \sigma(x)$. Es folgt

$$y = \sigma(x) = (\beta\kappa)(x) = \beta(\kappa(x)),$$

so dass auch β surjektiv ist. Damit ist alles bewiesen.

Wie schon bemerkt, kann man den 2. und 3. Isomorphiesatz, von denen jeder aus dem 1. Isomorphiesatz folgt, schon für Mengen, die keine weiteren Strukturen tragen, formulieren und beweisen. Dies werden wir hier aber nicht tun. Wir werden auf dieses Thema bei den Gruppen und Ringen zurückkommen.

Aufgaben

1. Es seien A, B und C Mengen. Sind X, $X' \subseteq A \times B$, ist $Y \subseteq B \times C$ und ist $X \subseteq X'$, so ist $X \circ Y \subseteq X' \circ Y$.

2. Es seien A, B und C drei Mengen. Ferner sei f eine Abbildung von A in B und g eine Abbildung von B in C.

a) Sind f und g injektiv, so auch $f \circ g$.

b) Sind f und g surjektiv, so auch $f \circ g$.

(Sie sollten sich beim Beweise von a) und b) auf die Definitionen der Injektivität und Surjektivität dieses Buches berufen. In diesem Kontext hieß $f \circ g$ soviel wie „erst f und dann g".)

3. Es sei σ eine Abbildung der Menge A in die Menge B.

a) Genau dann ist σ injektiv, wenn aus a, $b \in A$ und $a^\sigma = b^\sigma$ stets $a = b$ folgt.

b) Genau denn ist σ surjektiv, wenn es zu jedem $b \in B$ ein $a \in A$ gibt mit $a^\sigma = b$.

(Für uns sind a) und b) Charakterisierungen von Injektivität und Surjektivität und nicht ihre Definitionen.)

4. Es seien f und g Abbildungen der Menge A in die Menge B. Ist $f \subseteq g$, so ist $f = g$.

5. Es sei $\mathcal{P}$ eine Menge, deren Elemente wir *Punkte* und $\mathcal{B}$ eine Menge, deren Elemente wir *Blöcke* nennen. Ferner sei $\mathrm{I} \subseteq \mathcal{P} \times \mathcal{B}$. Wir nennen das Tripel $(\mathcal{P}, \mathcal{B}, \mathrm{I})$ *Inzidenzstruktur*. Statt $(P, g) \in \mathrm{I}$ schreiben wir $P\ \mathrm{I}\ g$ und sagen in diesem Falle, dass der

Punkt P mit dem Block g inzidiert, dass er auf dem Block g liegt, und Ähnliches. Sind $\mathcal{P}$ und $\mathcal{B}$ endlich, so heißt die Inzidenzstruktur endlich. In diesem Falle bezeichnen wir mit r_P für $P \in \mathcal{P}$ die Anzahl der Blöcke, die mit P inzidieren, und mit k_g für $g \in \mathcal{B}$ die Anzahl der Punkte auf dem Block g. Zeigen Sie, dass dann

$$\sum_{P \in \mathcal{P}} r_P = |\mathrm{I}| = \sum_{g \in \mathcal{B}} k_g$$

gilt. Dies ist das *Prinzip der zweifachen Abzählung*.

Setze ferner $v := |\mathcal{P}|$ und $b := |\mathcal{B}|$, wobei wir mit $|X|$ die Anzahl der Elemente der endlichen Menge X bezeichnen. Ist dann $r_P = r$ für alle $P \in \mathcal{P}$, so ist

$$vr = \sum_{g \in \mathcal{B}} k_g.$$

Entsprechend ist

$$\sum_{P \in \mathcal{P}} r_P = bk,$$

wenn $k = k_g$ für alle $g \in \mathcal{B}$ gilt. (Die letzten beiden Formeln verstehen sich von selbst, wenn nur die erste gilt. Sie brauchen also nur die erste zu beweisen. Es gibt natürlich noch einen dritten Spezialfall, den Sie sich selbst explizit machen sollten.

Zusammenhang mit Bekanntem: Ein ungerichteter Graph ist eine Inzidenzstruktur mit $k_g \leq 2$. Statt Punkt sagt man Ecke und statt Block Kante. Die Kanten mit $k_g = 0$ sind uninteressant und werden in der Regel weggelassen. Die Kanten mit $k_g = 1$ werden auch Schlingen genannt. r_P ist der Eckengrad der Ecke P. Aus der hier vorgestellten Formel folgt ein bekannter Satz über schlingenlose Graphen, dass nämlich die Anzahl der Ecken mit ungeradem Eckengrad gerade ist.)

6. Es sei M eine endliche Menge der Länge n. Ist $0 \leq k \leq n$, so bezeichnen wir mit $P_k(M)$ die Menge der Teilmengen der Länge k von M und setzen

$$\binom{n}{k} := |P_k(M)|.$$

Man nennt die $\binom{n}{k}$ *Binomialkoeffizienten*. Zeigen Sie, dass für $1 \leq k \leq l \leq n$ gilt, dass

$$\binom{n}{k}\binom{n-k}{l-k} = \binom{n}{l}\binom{l}{k}$$

ist. (Betrachten Sie die Inzidenzstruktur $(P_k(M), P_l(M), \subseteq)$.)

7. Ist α eine Abbildung der Menge A in die Menge B, so ist $\alpha \circ \alpha^k = \mathrm{kern}(\alpha)$.

8. Es seien α und β Äquivalenzrelationen auf der Menge M, die kanonischen Abbildungen von M auf M/α und M/β werden mit κ und λ bezeichnet. Definiere die Abbildung σ von M in $M/\alpha \times M/\beta$ durch

$$\sigma(x) := (\kappa(x), \lambda(x)).$$

Dann ist $\mathrm{kern}(\sigma) = \alpha \cap \beta$.

Genau dann ist σ surjektiv, wenn $\alpha \circ \beta = M \times M$ ist. (Dies ist der *chinesische Restsatz*.)

9. Nochmals chinesischer Restsatz. Es seien $\alpha_1, \ldots, \alpha_n$ Äquivalenzrelationen auf der Menge M. Ferner seien κ_i die zugehörigen kanonischen Abbildungen von M auf M/α_i. Definiert man die Abbildung σ von M in

$$M/\alpha_1 \times \ldots \times M/\alpha_n$$

durch $\sigma(x) := (\kappa_1(x), \ldots, \kappa_n(x))$, so ist σ genau dann surjektiv, wenn

$$(\alpha_1 \cap \ldots \cap \alpha_i) \circ \alpha_{i+1} = M \times M$$

ist für $i := 1, \ldots, n-1$. In jedem Falle ist $\mathrm{kern}(\sigma) = \alpha_1 \cap \ldots \cap \alpha_n$.

10. Wir hatten das cartesische Produkt zweier Mengen M_1 und M_2 definiert als die Menge aller Paare (a, b) mit $a \in M_1$ und $b \in M_2$. Mit Hilfe dieses Begriffes waren wir in der Lage, den Begriff der Abbildung einzuführen, mit dessen Hilfe wir dann das cartesische Produkt einer beliebigen Familie von Mengen definieren konnten. Somit haben wir im Falle zweier Mengen noch ein weiteres Konstrukt, das wir cartesisches Produkt nennen, nämlich die Menge aller Abbildungen f von $\{1, 2\}$ in $M_1 \cup M_2$ mit $f_1 \in M_1$ und $f_2 \in M_2$. Letzteres Gebilde bezeichnen wir für den Augenblick mit $\mathrm{cart}(M_1, M_2)$. Wir definieren nun eine Abbildung φ von $M_1 \times M_2$ in $\mathrm{cart}(M_1, M_2)$ durch $\varphi((a, b))_1 := a$ und $\varphi((a, b))_2 := b$. Zeigen Sie, dass φ eine Bijektion von $M_1 \times M_2$ auf $\mathrm{cart}(M_1, M_2)$ ist. (In Zukunft brauchen wir also die beiden Begriffe nicht mehr zu unterscheiden.)

2. Das Auswahlaxiom

Wir haben im ersten Abschnitt gesehen, dass surjektive Abbildungen genau dann immer ein linksseitiges Inverses haben, wenn das Auswahlaxiom gilt. Es gibt weitere Prinzipien der Mengenlehre, die mit dem Auswahlaxiom äquivalent sind, die aber in gewissen Situationen besser einzusetzen sind als jenes. Wir bringen hier von diesen Prinzipien den zermeloschen Wohlordnungssatz, das zornsche Lemma, das hausdorffsche Maximumprinzip und das Lemma von Teichmüller und Tukey.

Ein paar Worte zuvor. Die Anordnung, die auf $\mathbf{N}$ definiert ist, hat die Eigenschaft, dass jede nicht leere Teilmenge von $\mathbf{N}$ ein kleinstes Element besitzt. Dies gilt weder für die Anordnung auf der Menge $\mathbf{Q}_+$ der positiven rationalen Zahlen noch für die Anordnung auf der Menge $\mathbf{R}_+$ der positiven reellen Zahlen. $\mathbf{R}_+$ hat zwar die Eigenschaft, dass jede nicht leere Teilmenge ein Infimum besitzt, doch dieses gehört in aller Regel nicht zu der gegebenen Teilmenge. Die nicht leeren Teilmengen von $\mathbf{Q}_+$ haben im Allgemeinen nicht einmal ein Infimum. Der Leser wird sich nun schwerlich vorstellen können, eine Anordnung etwa von $\mathbf{R}_+$ zu finden, bei der jede nicht leere Teilmenge ein kleinstes Element enthält. Ich kann es mir auch nicht vorstellen. Dennoch ist es mit Hilfe des Auswahlaxioms möglich zu zeigen, dass sich jede Menge so anordnen lässt, dass jede ihrer nicht leeren Teilmengen ein kleinstes Element enthält. Dies ist die Aussage des zermeloschen Wohlordnungssatzes. Hieran sieht man schon, welch ungewöhnliche Schlussfolgerungen man aus dem Auswahlaxiom ziehen kann.

Ist V ein Rechtsvektorraum über dem Körper K und ist X eine endliche Teilmenge von V, so heißt X genau dann *linear unabhängig*, wenn für jede Abbildung k von X in K aus der Gleichung

$$\sum_{y \in X} y k_y = 0$$

folgt, dass $k_y = 0$ ist für alle $y \in X$. Eine beliebige Teilmenge Y von V heißt *linear unabhängig*, genau dann, wenn jede endliche Teilmenge von Y linear unabhängig ist. Hier wiederum wird jedermann glauben, dass es in V maximale linear unabhängige Teilmengen gibt. Dies wird Folge des Lemmas von Teichmüller und Tukey sein. Dieses wiederum ist Folge des Auswahlaxioms. Eine genauere Analyse, die wir nicht vornehmen werden, zeigt, dass es genau dann in jedem Vektorraum eine maximale linear unabhängige Teilmenge — eine Basis also — gibt, wenn das Auswahlaxiom gültig ist. Soviel an Vorwarnungen an den Leser, dass ihn nun nicht ganz Alltägliches erwartet. Wer sich ausführlich über das Auswahlaxiom informieren möchte, lese Rubin und Rubin 1963.

Es sei M eine Menge und $\leq$ sei eine binäre Relation auf M. Man nennt $\leq$ *Anordnung* von M oder *Teilordnung* von M oder auch *Ordnung* auf M, falls gilt:

a) Es ist $a \leq a$ für alle $a \in M$.

b) Sind $a, b \in M$, ist $a \leq b$ und $b \leq a$, so ist $a = b$.

c) Sind $a, b, c \in M$, ist $a \leq b$ und $b \leq c$, so ist $a \leq c$.

Wegen a) sagt man, $\leq$ sei *reflexiv*, wegen b) *antisymmetrisch* und wegen c) *transitiv*.

Beispiel für eine solche Situation ist **N** mit der Teilbarkeit $|$. Es ist ja $a = a \cdot 1$ und folglich $a \mid a$. Ist $a \mid b$ und $b \mid a$, so gibt es $u, v \in \mathbf{N}$ mit $b = au$ und $a = bv$. Es folgt $a = bv = auv$ und folglich $uv = 1$. Dies hat $u = v = 1$ zur Folge. Also ist $b = a$. Ist $a \mid b$ und $b \mid c$, so gibt es $u, v \in \mathbf{N}$ mit $b = au$ und $c = bv$. Also ist $c = auv$ und daher $a \mid c$.

Nimmt man **Z** mit der üblichen Anordnung, die dadurch definiert ist, dass $a \leq b$ genau dann gilt, wenn $b - a \in \mathbf{N}_0$ ist, so ist $\leq$ sogar linear. Dabei heißt die Anordnung $\leq$ auf M *linear*, falls für $a, b \in M$ stets $a \leq b$ oder $b \leq a$ gilt, wenn also je zwei Elemente von M bezüglich $\leq$ *vergleichbar* sind.

Das Element $s \in M$ heißt *obere Schranke* der Teilmenge X von M, falls $y \leq s$ ist für alle $y \in M$. Entsprechend heißt s *untere Schranke* von X, falls $s \leq y$ ist für alle $y \in X$. Die Menge der oberen Schranken von X bezeichnen wir mit $\mathrm{Ma}(X)$, wobei Ma an *Majorante* erinnere, was ein anderes Wort für obere Schranke ist. Die Menge der unteren Schranken von X bezeichnen wir mit $\mathrm{Mi}(X)$, wobei Mi an *Minorante* erinnern soll.

Gibt es in $\mathrm{Ma}(X)$ ein *kleinstes Element*, dh., ein Element k mit $k \leq y$ für alle $y \in \mathrm{Ma}(X)$, so nennen wir es *Supremum* von X oder auch *obere Grenze* von X und bezeichnen es mit $\sup(X)$. Gibt es in $\mathrm{Mi}(X)$ ein *größtes Element*, dh., ein Element g mit $y \leq g$ für alle $y \in \mathrm{Mi}(X)$, so nennen wir es *Infimum* oder auch *untere Grenze* von X und bezeichnen es mit $\inf(X)$. Beispiele aus der Analysis zeigen, was hier alles passieren kann: Alles.

Es sei weiterhin $(M, \leq)$ eine angeordnete Menge. Ist $m \in M$, so heißt m *maximal* in M, falls aus $y \in M$ und $m \leq y$ stets folgt, dass $m = y$ ist. Entsprechend werden *minimale Elelemente* definiert.

Es seien $(M, \leq)$ und $(N, \leq)$ angeordnete Mengen. Die Abbildung f von M in N heißt *Homomorphismus* von $(M, \leq)$ in $(N, \leq)$, falls gilt: Sind $x, y \in M$ und ist $x \leq y$, so ist $f(x) \leq f(y)$.

Es sei $(M, \leq)$ eine angeordnete Menge. Die Ordnung $\leq$ heißt *Wohlordnung* von M, falls jede nicht leere Teilmenge von M ein kleinstes Element besitzt. Da dann auch zweielementige Teilmengen von M ein kleinstes Element besitzen, sind Wohlordnungen stets linear.

Zermelosches Lemma. *Es sei $(M, \leq)$ eine wohlgeordnete Menge. Ist f ein injektiver Homomorphismus von $(M, \leq)$ in sich, so ist $x \leq f(x)$ für alle $x \in M$.*

Beweis. Setze

$$W := \{ w \mid w \in M, f(w) < w \}.$$

Ist W nicht leer, so enthält W ein kleinstes Element k. Es folgt $f(k) < k$ und damit, da f ein injektiver Homomorphismus ist,

$$f\bigl(f(k)\bigr) < f(k).$$

Also ist $f(k) \in W$ und folglich $k \leq f(k)$ wegen der Minimalität von k. Dies widerspricht aber der Tatsache, dass $f(k) < k$ ist. Also ist W doch leer. Da Wohlordnungen linear sind, ist also $x \leq f(x)$ für alle $x \in M$.

Bei der Definition des *Isomorphismus* von geordneten Mengen muss man sorgfältig verfahren. Es genügt hier nicht zu verlangen, dass f ein bijektiver Homomorphismus ist, man muss darüber hinaus auch noch verlangen, dass f^{-1} ein Homomorphismus ist. Es gibt bijektive Homomorphismen, die keine Isomorphismen sind. Das ist hier so wie in der Topologie, wo die Umkehrabbildung einer stetigen bijektiven Abbildung nicht notwendig stetig ist. Ein Beispiel, dass ein bijektiver Homomorphismus von geordneten Mengen nicht notwendig ein Isomorphismus ist, kann man sich schnell verschaffen Wir nehmen als Mengen die Menge M aus den beiden Buchstaben a und b mit der Gleichheitsrelation als Anordnung und die Menge N aus den beiden Ziffern 1 und 2 mit der natürlichen Anordnung. Definiert man dann f durch $f(a) := 1$ und $f(b) := 2$, so ist f ein bijektiver Ordnungshomomorphismus von M auf N, der kein Isomorpphismus ist.

Satz 1. *Sind $(M, \leq)$ und $(N, \leq)$ wohlgeordnete Mengen, so gibt es höchstens einen Isomorphismus von $(M, \leq)$ auf $(N, \leq)$.*

Beweis. Es seien f und g Isomorphismen von $(M, \leq)$ auf $(N, \leq)$. Dann sind $g^{-1}f$ und $f^{-1}g$ Monomorphismen von M in sich. Nach dem zermeloschen Lemma ist daher $x \leq g^{-1}f(x)$ und $x \leq f^{-1}g(x)$ für alle $x \in M$. Es folgt

$$g(x) \leq f(x) \leq g(x)$$

für alle $x \in M$ und damit $f = g$.

Es sei $(M, \leq)$ eine geordnete Menge. Ist $A \subseteq M$, so heißt A *Anfang* von M, falls aus $x \in M$ und $x \leq a \in A$ stets folgt, dass $x \in A$ ist.

Satz 2. *Sind $(M, \leq)$ und $(M', \leq)$ wohlgeordnete Mengen, so gibt es genau einen Monomorphismus von $(M, \leq)$ auf einen Anfang von $(M', \leq)$ oder genau einen Monomorphismus von $(M', \leq)$ auf einen Anfang von $(M, \leq)$.*

Beweis. Es seien σ und τ Monomorphismen von $(M, \leq)$ auf Anfänge von $(M', \leq)$. Es sei weiter

$$W := \left\{ x \mid x \in M, \sigma(x) \neq \tau(x) \right\}.$$

Ist $W \neq \emptyset$, so enthält W ein kleinstes Element w. Wegen $\sigma(w) \neq \tau(w)$, dürfen wir $\sigma(w) < \tau(w)$ annehmen. Weil $\tau(M)$ ein Anfang von M' ist, ist $\sigma(w) \in \tau(M)$, so dass es ein $u \in M$ gibt mit $\tau(u) = \sigma(w)$. Wäre $w \leq u$, so folgte der Widerspruch

$$\tau(w) \leq \tau(u) = \sigma(w) < \tau(w).$$

Also ist $u < w$. Dann ist aber

$$\sigma(w) = \tau(u) = \sigma(u) < \sigma(w).$$

Dieser Widerspruch zeigt, dass $W = \emptyset$ ist. Folglich ist $\sigma = \tau$. Es gibt also höchstens einen Monomorphismus von M auf einen Anfang von M' und dann natürlich auch höchstens einen Monomorphismus von M' auf einen Anfang von M.

Und nun zur Existenz. Wir betrachten die Menge Φ aller binären Relationen R zwischen M und M' mit den Eigenschaften:

1) Sind (a, b), $(a', b') \in R$, so ist genau dann $a = a'$, wenn $b = b'$ ist.

2) Ist $(a, b) \in R$, ist $a' \in M$ und ist $a' \leq a$, so gibt es ein $b' \in M'$ mit $b' \leq b$ und $(a', b') \in R$.

3) Ist $(a, b) \in R$, ist $b' \in M'$ und ist $b' \leq b$, so gibt es ein $a' \in M$ mit $a' \leq a$ und $(a', b') \in R$.

Ist $R \in \Phi$, so bezeichne A_R die Menge der $a \in M$, zu denen es ein $b \in M'$ gibt mit $(a, b) \in R$. Entsprechend sei B_R definiert. Auf Grund von 2) und 3) sind A_R und B_R Anfänge von M bzw. M'. Ferner ist R eine ordnungstreue Bijektion von A_R auf B_R und R^{-1} ist ebenfalls ordnungstreu. Wir zeigen:

4) Sind $R, S \in \Phi$, so ist $R \subseteq S$ oder $S \subseteq R$.

Wir dürfen annehmen, das $A_S \nsubseteq A_R$ ist. Es gibt dann ein $a \in A_S$ mit $a \notin A_R$. Es sei $a' \in A_R$. Weil A_R ein Anfang ist, kann nicht $a \leq a'$ gelten. Weil Wohlordnungen linear sind, ist daher $a' < a$. Weil A_S ein Anfang ist, ist daher $a' \in A_S$. Dies zeigt, dass $A_R \subseteq A_S$ ist. Setze

$$W := \{ a \mid a \in A_R, R(a) \neq S(a) \}.$$

(Lassen Sie sich durch die Schreibweise $R(a)$ nicht verwirren. Wir nannten R und S zwar Relationen, interpretierten R und S dann aber als Abbildungen.) Ist $W \neq \emptyset$, so gibt es in W ein kleinstes Element w. Es sei $S(w) < R(w)$. Wegen $R(w) \in B_R$ ist dann auch $S(w) \in B_R$. Es gibt also ein $a' \in A_R$ mit $R(a') = S(w)$. Wegen $S(w) < R(w)$ ist dann $R(a') < R(w)$ und folglich $a' < w$. Aus der Minimalität von w folgt dann $R(a') = S(a')$ und damit der Widerspruch $S(a') = S(w)$. Also ist $R(w) < S(w)$. Es folgt $R(w) \in B_S$. Es gibt folglich ein $a'' \in A_S$ mit $S(a'') = R(w)$. Wegen $R(w) < S(w)$ ist dann $a'' < w$ und folglich $R(a'') = S(a'')$, dh., $R(a'') = R(w)$. Dies aber ergibt den Widerspruch $a'' = w$. Also ist $W = \emptyset$ und folglich $R \subseteq S$.

5) Setze $f := \bigcup_{X \in \Phi} X$. Dann ist $f \in \Phi$ und es gilt $A_f = M$ oder $B_f = M'$.

Mittels 4) folgt, dass f die Eigenschaften 1), 2) und 3) hat. Also ist $f \in \Phi$. Wäre nun $A_f \neq M$ und $B_f \neq M'$, so sei a das kleinste Element von $M - A_f$ und b das kleinste Element von $M - B_f$. Dann ist $f \cup \{(a, b)\} \in \Phi$ und folglich $f \cup \{(a, b)\} \subseteq f$. Dann wäre aber $(a, b) \in f$. Dieser Widerspruch zeigt die Gültigkeit von 5) und damit die Gültigkeit des Satzes.

Zermeloscher Wohlordnungssatz. *Es gelte das Auswahlaxiom. Ist M eine nicht leere Menge, so trägt M eine Wohlordnung.*

Beweis. Es sei Φ die Menge der nicht leeren Teilmengen von M. Weil das Auswahlaxiom gilt, gibt es eine Abbildung f von Φ in M mit $f_X \in X$ für alle $X \in \Phi$.

Eine bezüglich $\leq$ wohlgeordnete Teilmenge T von M heiße f-Menge, falls gilt:

Ist $a \in T$ und ist $A := \{t \mid t \in T, t < a\}$, so ist $f_{M-A} = a$.

Man beachte den Wechsel von T nach M.

1) Ist T eine f-Menge, so ist f_M das kleinste Element von T.

Ist nämlich a das kleinste Element von T, so ist A leer und folglich $f_M = f_{M-A} = a$.

2) Sind $(X, \leq')$ und $(Y, \leq)$ zwei f-Mengen, so ist X Anfang von Y und $\leq'$ ist die Einschränkung von $\leq$ auf X oder es ist Y Anfang von X und $\leq$ ist die Einschränkung von $\leq'$ auf Y.

Auf Grund von Satz 2 dürfen wir annehmen, dass sich $(X, \leq')$ monomorph durch σ auf einen Anfang B von $(Y, \leq)$ abbilden lässt. Wir zeigen, dass σ die Inklusionsabbildung ist, dass also $\sigma(x) = x$ gilt für alle $x \in X$. Ist σ nicht die Inklusionsabbildung, so gibt es ein kleinstes Element w mit $\sigma(w) \neq w$. Setze

$$A := \{x \mid x \in X, x < w\}$$

und

$$A' := \{y \mid y \in Y, y < \sigma(w)\}.$$

Dann folgt aus der Minimalität von w, dass $A = A'$ ist. Daher gilt doch

$$w = f_{M-A} = f_{M-A'} = \sigma(w).$$

Dieser Widerspruch zeigt, dass σ die Inklusionsabbildung ist.

Es sei U die Vereinigung aller f-Mengen. Da die f-Mengen, wie gesehen, bezüglich der Inklusion linear geordnet sind und da die Anordnung der kleineren die Einschränkung der Anordnung der größeren ist, trägt U eine lineare Anordnung $\leq$, die alle Anordnungen von f-Mengen fortsetzt. Wir zeigen, dass $\leq$ eine Wohlordnung von U ist und dass $U = M$ gilt.

Es sei $V \subseteq U$ und $V \neq \emptyset$. Es gibt dann ein $a \in V$. Es gibt ferner eine f-Menge T mit $a \in T$. Auf Grund von 2) und der Definition von U enthält T alle Elemente von U, die unterhalb a liegen. Also auch die Menge

$$V' := \{v \mid v \in V, v \leq a\}.$$

Da V' nicht leer ist, enthält V' ein kleinstes Element, welches dann auch kleinstes Element von V ist. Also ist $\leq$ eine Wohlordnung auf U.

Es sei $a \in U$ und $A := \{u \mid u \in U, u < a\}$. Es gibt wieder eine f-Menge T mit $a \in T$. Es folgt $A \subseteq T$ und daher

$$f_{M-A} = a,$$

so dass U eine f-Menge ist.

Es sei $M - U \neq \emptyset$. Setze $a := f_{M-U}$ und $W := U \cup \{a\}$. Setzt man die Anordnung von U fort zu einer Anordnung von W durch die Vorschrift $u < a$ für alle $u \in U$, so ist auch W eine f-Menge und daher $W \subseteq U$. Dies widerspricht aber der Tatsache, dass

$$a = f_{M-U} \in M - U$$

ist. Also ist doch $M = U$ und $\leq$ ist eine Wohlordnung von M.

Wir wollen sofort eine wichtige Anwendung dieses Satzes geben.

Satz 3. *Es gelte das Auswahlaxiom. Ist M eine Menge, so ist M entweder endlich oder es gibt eine Injektion von $\mathbf{N}$ in M.*

Beweis. Ist $M = \emptyset$, so ist M endlich. Es sei also $M \neq \emptyset$. Es gibt dann eine Wohlordnung $\leq$ auf M. Nach Satz 2 gibt es einen Monomorphismus von $(M, \leq)$ auf einen

Anfang von $(\mathbf{N}, \le)$ oder einen Monomorphismus von $(\mathbf{N}, \le)$ auf einen Anfang von $(M, \le)$. Im letzteren Fall sind wir fertig.

Es sei σ ein Monomorphismus von $(M, \le)$ auf einen Anfang von $(\mathbf{N}, \le)$. Die Anfänge von $\mathbf{N}$ sind die Mengen $\{1, \dots, n\}$, die alle endlich sind, oder aber $\mathbf{N}$. Im letzteren Fall ist σ^{-1} eine Injektion von $\mathbf{N}$ in M. In allen anderen Fällen ist M endlich.

Satz 4. *Lässt sich jede Menge wohlordnen, so gilt das Auswahlaxiom.*

Beweis. Es sei $(M_i \mid i \in I)$ eine nicht leere Familie nicht leerer Mengen. Man betrachte irgendeine Wohlordnung auf $\bigcup_{i \in I} M_i$. Es sei f_i das kleinste Element in M_i. Ein solches gibt es, da $M_i \ne \emptyset$ ist. Dann ist $f \in \operatorname{cart}_{i \in I} M_i$.

Ist $(M, \le)$ eine geordnete Menge, so heißt $K \subseteq M$ *Kette*, falls je zwei Elemente von K vergleichbar sind.

Zornsches Lemma. *Es gelte das Auswahlaxiom. Ist $(E, \le)$ eine geordnete Menge und hat jede Kette von E eine obere Schranke, so enthält E ein maximales Element.*

Beweis (H. Kneser). $\emptyset$ ist Kette von E, hat also eine obere Schranke in E. Folglich ist E nicht leer.

Ist $x \in E$ maximal, so setzen wir $O(x) := \{x\}$. Ist $x \in E$ nicht maximal, so setzen wir $O(x) := \{s \mid s \in E, x < s\}$. Dann ist $O(x) \ne \emptyset$ für alle $x \in E$, so dass es ein $f \in \operatorname{cart}_{x \in E} O(x)$ gibt. Dann gilt $x \le f(x)$ für alle $x \in E$. Wir müssen zeigen, dass es ein $m \in E$ gibt mit $m = f(m)$.

Eine zweite Anwendung des Auswahlaxioms liefert eine Abbildung p der Menge aller Ketten K von E in E, so dass $p(K)$ eine obere Schranke von K ist. Die Teilmenge L von E heißt f-Menge, wenn die Einschränkung von $\le$ auf L eine Wohlordnung von L ist und außerdem für alle $x \in L$ gilt, dass

$$x = f\big(p(L_x)\big)$$

ist. Dabei sei $L_x := \{y \mid y \in L, y < x\}$. Ist L eine f-Menge und ist H ein Anfang von L, so ist auch H eine f-Menge, da ja $H_x = L_x$ ist für alle $x \in H$.

Es seien L und M zwei f-Mengen und A sei ein Anfang von L mit der Eigenschaft, dass jeder echte Anfang von A Anfang von M ist. Ist dann A kein Anfang von M, so hat A ein größtes Element y und es gilt $M = A_y$:

Hat A kein größtes Element, so gibt es zu jedem $x \in A$ ein $z \in A$ mit $x < z$. (Da wir simultan für jedes x ein solches z brauchen, benötigen wir hier wieder das Auswahlaxiom.) Dann ist $x \in A_z \ne A$. Es folgt $A_z \subseteq M$ und folglich

$$A = \bigcup_{z \in A} A_z \subseteq M.$$

Dann ist A also auch Anfang von M. Hat A ein letztes Element y, so ist

$$A = A_y \cup \{y\}.$$

Wegen $A_y \ne A$ ist A_y Anfang von M. Ist $A_y \ne M$, so gibt es ein kleinstes Element $z \in M - A_y$. Es folgt $L_y = A_y = M_z$ und weiter

$$y = f\big(p(L_y)\big) = f\big(p(M_z)\big) = z.$$

Also ist auch in diesem Falle A ein Anfang von M. Der einzige noch verbleibende Fall ist, dass $A_y = M$ ist. Dies ist also der Fall, wo A kein Anfang von M ist.

Es seien weiterhin L und M zwei f-Mengen. Die Anfänge von L sind einmal die L_x mit $x \in L$ und zum andern L selbst. Ist nämlich A ein von L verschiedener Anfang und ist x das kleinste Element von $L - A$, so ist $A = L_x$. Offenbar gilt genau dann $x < y$, wenn $L_x \subseteq L_y$ ist. Somit sind die Anfänge von L bezüglich der Inklusion wohlgeordnet. Sind sie nicht allesamt auch Anfänge von M, so gibt es einen ersten Anfang A von L, welcher nicht Anfang von M ist. Nach dem gerade Bewiesenen hat A ein letztes Element y und es gilt $M = A_y = L_y$. Ist also L nicht Anfang von M, so ist M Anfang von L.

Es sei K die Vereinigung aller f-Mengen. Dann ist K linear geordnet. K ist sogar wohlgeordnet: Sei H eine nicht leere Teilmenge von K. Sei $h \in H$. Es gibt dann eine f-Menge L mit $h \in L$. Weil L wohlgeordnet ist, hat $H \cap L$ ein kleinstes Element h_0. Es sei $h_1 \in H$. Ist $h_1 \in L$, so ist $h_0 \leq h_1$. Ist $h_1 \notin L$, so gibt es eine f-Menge M mit $h_1 \in M$. Es folgt $M \nsubseteq L$. Dann aber ist L ein Anfang von M. Wegen $h_1 \notin L$ ist folglich $h_0 < h_1$. Also ist h_0 kleinstes Element von H, so dass K wohlgeordnet ist.

Es sei $x \in K$. Es gibt eine f-Menge L mit $x \in L$. Ist $y \in K$ und $y < x$, so gibt es eine f-Menge M mit $y \in M$. Dann ist auch $M_y \cup \{y\}$ eine f-Menge, die x nicht enthält. Folglich ist $M_y \cup \{y\}$ ein Anfang von L, so dass $y \in L$ gilt. Dies zeigt, dass L ein Anfang von K ist. Es folgt weiter $L_x = K_x$ und damit

$$x = f\big(p(L_x)\big) = f\big(p(K_x)\big),$$

so dass K eine f-Menge ist.

Setze $w := f\big(p(K)\big)$. Wegen $p(K) \leq f\big(p(K)\big) = w$ ist w eine obere Schranke von K. Wäre nun $w \notin K$, so wäre zunächst $K \cup \{w\}$ wohlgeordnet. Ferner gälte für jedes $x \in K \cup \{w\}$ die Gleichung

$$x = f\big(p((K \cup \{w\})_x)\big),$$

so dass $K \cap \{w\}$ eine f-Menge wäre. Hieraus folgte der Widerspruch $K \cup \{w\} \subseteq K$. Also ist doch $w \in K$. Hieraus folgt schließlich

$$w \leq p(K) \leq f\big(p(K)\big) = w$$

und damit $w = p(K) = f\big(p(K)\big) = w$, dh., $f(w) = w$. Somit ist w maximales Element von E.

Es sei M eine Menge und $\mathcal{F}$ sei eine Teilmenge von $P(M)$. Man nennt $\mathcal{F}$ *endlichem Charakter*, falls für $X \in P(M)$ genau dann $X \in \mathcal{F}$ gilt, wenn alle endlichen Teilmengen von X zu $\mathcal{F}$ gehören.

Typische Beispiele von Mengen von endlichem Charakter sind die Mengen der linear unabhängigen Teilmengen eines Vektorraumes und die Ketten einer geordneten Menge.

Lässt man im zornschen Lemma die Voraussetzung weg, dass das Auswahlaxiom gelte und erhebt man die Konklusion zum Postulat, so heißt auch dieses Postulat zornsches Lemma. Als solches ist es im nächsten Satz zu verstehen.

Lemma von Teichmüller & Tukey. *Es gelte das zornsche Lemma. Ist $\mathcal{F}$ eine nicht leere Menge von endlichem Charakter und ist $A \in \mathcal{F}$, so gibt es ein bezüglich der Inklusion als Teilordnung maximales Element $M \in \mathcal{F}$ mit $A \subseteq M$.*

Beweis. Setze

$$\mathcal{G} := \{X \mid X \in \mathcal{F}, A \subseteq X\}.$$

Wegen $A \in \mathcal{G}$ ist $\mathcal{G}$ nicht leer. Es sei $\mathcal{K}$ eine Kette von $\mathcal{G}$. Dann ist

$$A \subseteq \bigcup_{X \in \mathcal{K}} X =: S.$$

Es sei Y eine endliche Teilmenge von S. Ist $Y = \{y_1, \ldots y_n\}$, so gibt es $X_1, \ldots, X_n \in \mathcal{K}$ mit $y_i \in X_i$ für alle i. Weil $\mathcal{K}$ eine Kette ist, gibt es ein $t \in \{1, \ldots, n\}$ mit $X_i \subseteq X_t$ für alle i. Dann ist aber $Y \subseteq X_t$ und folglich $Y \in \mathcal{F}$. Dann ist aber auch $S \in \mathcal{F}$ und weiter $S \in \mathcal{G}$. Somit ist S sogar obere Grenze von $\mathcal{K}$ in $\mathcal{G}$. Auf Grund der Gültigkeit des zornschen Lemmas gibt es daher ein maximales M in $\mathcal{G}$, wie behauptet.

Was wir über das zornsche Lemma als Postulat gesagt haben, gilt *mutatis mutandis* auch für das Lemma von Teichmüller und Tukey.

Satz 5. *Aus dem Lemma von Teichmüller & Tukey folgt das Auswahlaxiom.*

Beweis. Es sei $(M_i \mid i \in I)$ eine nicht leere Familie von nicht leeren Mengen. Ersetzt man gegebenenfalls alle M_i durch $M_i \times \{i\}$, so sieht man, dass man $M_i \neq M_j$ annehmen darf, falls nur $i \neq j$ ist. Dann darf man aber $(M_i \mid i \in I)$ als eine nicht leere Familie Ξ von nicht leeren Mengen interpretieren.

Wir betrachten die Menge Φ der Paare (M, x) mit $M \in \Xi$ und $x \in M$. Schließlich sei Ψ die Menge aller derjenigen Teilmengen Ω von Φ, für die gilt:

Sind $(M, x), (M', x') \in \Omega$, und ist $M = M'$, so ist $x = x'$.

Dann ist Ψ von endlichem Charakter. Weil Ψ von endlichem Charakter ist, ist $\emptyset \in \Psi$. Mit $A = \emptyset$ erhält man daher auf Grund des Lemmas von Teichmüller und Tukey ein maximales $f \in \Psi$. Wäre nun $M \in \Xi$ und gäbe es kein $x \in M$ mit $(M, x) \in f$, so wäre $f \cup (M, x) \in \Psi$, wenn nur $x \in M$ wäre. Ein solches x gäbe es, da M nicht leer ist. Dann wäre f aber nicht maximal. Es gibt also doch zu jedem $M \in \Xi$ genau ein $x \in M$ mit $(M, x) \in f$. Daher ist f eine Auswahlfunktion von Ξ.

Wir hatten schon bemerkt, dass die Menge der Ketten einer teilweise geordneten Menge von endlichem Charakter ist. Daher gilt:

Hausdorffsches Maximumprinzip. *Gilt das Lemma von Teichmüller und Tukey, ist $(M, \leq)$ eine teilweise geordnete Menge und ist A eine Kette von M, so gibt es eine maximale Kette B von M mit $A \subseteq B$.*

Auch hier schließt sich der Kreis

Satz 6. *Aus dem hausdorffschen Maximumprinzip folgt das zornsche Lemma.*

Beweis. Es sei $(M, \leq)$ eine teilweise geordnete Menge und jede Kette von M sei nach oben beschränkt. Auf Grund des hausdorffschen Maximumprinzips gibt es eine maximale Kette K von M. Nach Voraussetzung gibt es eine Schranke s von K, Weil dann auch $K \cup \{s\}$ eine Kette ist, folgt aus der Maximalität von K, dass $s \in K$ ist. Es sei $t \in M$ und es gelte $s \leq t$. Dann ist auch t eine Schranke von K. Es folgt wieder $t \in K$ und damit $t \leq s$. Somit ist $t = s$, so dass s ein maximales Element von K ist.

Aufgaben

1. Es seien $(M, \leq)$ und $(M', \leq')$ zwei linear geordnete Mengen. Ist σ eine Bijektion von M auf M' und folgt aus $x, y \in M$ und $x \leq y$ stets, dass auch $\sigma(x) \leq' \sigma(y)$ ist, so ist σ ein Isomorphismus von $(M, \leq)$ auf $(M', \leq')$.

2. Es sei P die Menge der nicht negativen rationalen Zahlen. Wir definieren die Abbildung S von P auf das rationale Intervall $[0, 1)$ durch

$$S(x) := \frac{x}{x + 1}.$$

Dann ist S ein Isomorphismus von $(P, \leq)$ auf $([0, 1), \leq)$. (Dies brauchen Sie nicht zu beweisen.) Mit T_n bezeichnen wir die durch $T_n(x) := x + n$ definierte Abbildung von $[0, 1)$ auf $[n, n+1)$, die ebenfalls ein Isomorphismus ist, was Sie ebenfalls nicht beweisen müssen. Schließlich sei $P(\omega)$ die Menge der in P enthaltenen nicht negativen ganzen Zahlen. Angenommen wir hätten schon $P(\omega^k)$. Dann setzen wir

$$P(\omega^{k+1}) := \bigcup_{n \in \mathbf{N}_0} T_n S P(\omega^k).$$

Schließlich setzen wir noch

$$P(\omega^\omega) := \bigcup_{n \in \mathbf{N}_0} T_n S P(\omega^{n+1}).$$

Zeigen Sie, dass $P(\omega^n)$ für alle $n \in \mathbf{N}$ mit der von P ererbten Anordnung wohlgeordnet ist und dass dies auch für $P(\omega^\omega)$ gilt. Zeigen Sie ferner, dass diese Mengen mit ihren Wohlordnungen paarweise nicht isomorph sind.

3. Ich nehme an, dass der Leser die Begriffe Gruppe, Untergruppe und abelsche Gruppe kennt. Beweisen Sie: Jede Gruppe besitzt eine maximale abelsche Untergruppe. (Lemma von Teichmüller-Tukey oder Lemma von Zorn.)

4. Es sei V ein Vektorraum über dem Körper K. Ferner sei H eine Hyperebene von V, dh. ein Unterraum von V mit $\dim_K(V/H) = 1$. Zeigen Sie, dass es eine Basis B von V gibt mit $B \cap H = \emptyset$. (Lemma von Teichmüller-Tukey.)

5. Es sei V ein K-Vektorraum und X und Y seien Teilräume von V mit $X \cap Y = \{0\}$. Zeigen Sie, dass es einen Unterraum U von V gibt mit $Y \subseteq U$ und $V = X \oplus U$. (Lemma von Zorn)

6. Es sei $(M, \leq)$ eine geordnete Menge und a und b seien zwei unvergleichbare Elemente von M. Definiere die Relation $\leq'$ auf M durch: Sind $u, v \in M$, so gelte genau dann $u \leq' v$, wenn entweder $u \leq v$ oder $u \leq a$ und $b \leq v$ gilt. Dann ist $\leq'$ eine Anordnung von M mit $\leq \subseteq \leq'$ und $a \leq' b$. (Hieraus folgt, dass sich jede Anordnung einer endlichen

Menge in eine lineare Ordnung einbetten lässt. Algorithmen, die dies tun, sind unter dem Namen *topologisches Sortieren* bekannt.)

7. Es sei $(M, \leq)$ eine geordnete Menge. Zeigen Sie, dass es eine lineare Anordnung $\leq'$ auf M gibt mit $\leq \subseteq \leq'$. (Die Anordnungen auf M sind bezüglich der Inklusion geordnet. Nach dem hausdorffschen Maximumprinzip gibt es eine maximale Kette $\mathcal{K}$ von Anordnungen. Setze $\leq' := \bigcup_{o \in \mathcal{K}} o$. Benutzen Sie Aufgabe 16.)

8. Es seien A und B zwei Mengen. Gibt es keine injektive Abbildung von A in B, so gibt es eine injektive Abbildung von B in A. (Betrachten Sie die Menge Φ aller Teilmengen X von $A \times B$ mit der Eigenschaft: Sind (a, b), $(a', b') \in X$, so gilt genau dann $a = a'$, wenn $b = b'$ ist. Ordnen Sie Φ bezüglich der Inklusion und wenden Sie das hausdorffsche Maximumprinzip an. Die Mengen $X \in \Phi$ sind so etwas wie Keime injektiver Abbildungen von A nach B bzw. von B nach A.)

9. Es sei $(M, \leq)$ eine linear geordnete Menge. Ferner sei $E(M)$ die Menge der endlichen Teilmengen von M. Für $a \in M$ setzen wir

$$(a, \infty) := \{x \mid x \in M, a < x\}.$$

Ist $a \in M$, so definieren wir die Äquivalenzrelation equi(a) auf $E(M)$ durch: Sind X, $Y \in E(M)$, so gilt genau dann X equi(a) Y, wenn

$$X \cap (a, \infty) = Y \cap (a, \infty)$$

ist. Schließlich sei $T := \bigcup_{a \in M} E(M)/\text{equi}(a)$. Dann hat $(T, \subseteq)$ die folgenden Eigenschaften:

a) Sind A, B, $C \in T$ und gilt $A \subseteq B$ und $A \subseteq C$, so sind B und C vergleichbar.

b) Sind A, $B \in T$, so existiert $\sup(A, B)$.

3. Werkzeug aus der Mengenlehre

Wir beginnen mit dem dedekindschen Rekursionssatz, der die Konstruktion durch Rekursion begründet. Eine Analyse des Beweises zeigt, dass man von $\mathbf{N}_0$ nur die folgenden Eigenschaften benötigt: Es gibt eine Abbildung ν von $\mathbf{N}_0$ in sich, so dass gilt:

1) Es ist $0 \notin \nu(\mathbf{N}_0)$.

2) Die Abbildung ν ist injektiv.

3) Ist $X \subseteq \mathbf{N}_0$, gilt $0 \in X$ und $\nu(X) \subseteq X$, so ist $X = \mathbf{N}_0$.

Die dritte Bedingung ist natürlich das *Induktionsprinzip*.

Dedekindscher Rekursionssatz. *Es sei A eine Menge und es gelte $a \in A$. Ist R eine Abbildung von $\mathbf{N}_0 \times A$ in A, die* Rekursionsregel, *so gibt es genau eine Abbildung f von $\mathbf{N}_0$ in A mit $f(0) = a$ und*

$$f\big(\nu(n)\big) = R\big(n, f(n)\big)$$

für alle $n \in \mathbf{N}_0$.

Beweis. Es sei H die Menge aller Relationen $F \subseteq \mathbf{N}_0 \times A$ mit den Eigenschaften:

a) Es ist $(0, a) \in F$.

b) Ist $(n, s) \in F$, so ist auch $(\nu(n), R(n, s)) \in F$.

Dann ist $\mathbf{N}_0 \times A \in H$. Setze

$$f := \bigcap_{F \in H} F.$$

Dann hat auch f die Eigenschaften a) und b), so dass $f \in H$ gilt. Wir zeigen, dass f eine Abbildung ist,

Es sei X die Teilmenge von $\mathbf{N}_0$, für die es zu jedem $n \in X$ genau ein $s \in A$ gibt mit $(n, s) \in f$. Es ist $(0, a) \in f$. Es sei $b \in A$ und es gelte $b \neq a$ und $(0, b) \in f$. Setze

$$f' := f - \big\{(0, b)\big\}.$$

Dann erfüllt f' die Bedingung a). Es sei $(n, s) \in f'$. Dann ist $(n, s) \in f$ und folglich $(\nu(n), R(n, s)) \in f$. Weil 0 nicht in $\nu(\mathbf{N}_0)$ liegt, ist $(\nu(n), R(n, s)) \neq (0, b)$ und folglich $(\nu(n), R(n, s)) \in f'$. Also ist $f' \in H$, was den Widerspruch

$$(0, b) \in f \subseteq f'$$

zur Folge hat. Dies zeigt, dass doch $0 \in X$ ist.

Es sei $n \in X$. Es gibt dann genau ein $s \in A$ mit $(n, s) \in f$. Es folgt $(\nu(n), R(n, s)) \in f$. Wir nehmen an, es gäbe ein $t \in A$ mit $t \neq R(n, s)$ und $(\nu(n), t) \in f$. Setze

$$f' := f - \big\{(\nu(n), t)\big\}.$$

Wegen $0 \neq \nu(n)$ ist $(0, a) \in f'$. Sei $(b, x) \in f'$. Dann ist $(\nu(b), R(b, x)) \in f$. Ist $b \neq n$, so folgt aus der Injektivität von ν, dass $\nu(b) \neq \nu(n)$ ist. Also ist $(\nu(b), R(b, x)) \in f'$. Ist $b = n$, so folgt wegen $f' \subseteq f$ und $n \in X$, dass $x = s$ ist. Wegen $R(n, s) \neq t$ ist daher auch in diesem Falle

$$\big(\nu(b), R(b, x)\big) = \big(\nu(n), R(n, s)\big) \in f'.$$

Also gilt $f' \in H$ und damit

$$\big(\nu(n), t\big) \in f \subseteq f'.$$

Dieser Widerspruch zeigt, dass $\nu(n) \in X$ ist. Also ist $X = \mathbf{N}_0$. Damit ist gezeigt, dass f eine Abbildung ist, für die

$$f(0) = a$$

und

$$f\big(\nu(n)\big) = R\big(n, f(n)\big)$$

gilt.

Ist g eine zweite solche Abbildung, so folgt zunächst $g \in H$ und damit $f \subseteq g$. Weil f eine Abbildung ist, folgt $f = g$ nach Aufgabe 4. Damit ist alles bewiesen.

Mittels des Rekursionssatzes kann man nun auf $\mathbf{N}_0$ Addition und Multiplikation erklären, so dass $\nu(n) = n + 1$ ist, wobei 1 wiederum durch $1 := \nu(0)$ definiert wurde. Dieses Programm finden Sie in Lüneburg 1989 durchgeführt. Hat man dies, so garantiert der Rekursionssatz die Existenz einer Abbildung f von $\mathbf{N}_0$ in A mit $f(0) = a$ und

$$f(n + 1) = R\big(n, f(n)\big).$$

Falls es noch nicht gesagt wurde: Im weiteren Verlauf des Buches setzen wir stets die Gültigkeit des Auswahlaxioms voraus.

Die Menge X heißt *endlich der Länge n*, wenn sie sich bijektiv auf die Menge $\{1, \dots, n\}$ abbilden lässt. Ist $X = \emptyset$, so heißt X *endlich der Länge* 0. Nun müsste man eine Reihe von Sätzen über endliche Mengen beweisen, die das, was man immer intuitiv als richtig ansieht, erhärten. Wir verzichten hier darauf. Wer mehr darüber wissen möchte, sei an Lüneburg 1989 verwiesen.

Der nächste Satz ist eine Verfeinerung von Satz 3 aus Abschnitt 2. Dieser ist der Spezialfall $T = \emptyset$ jenes Satzes.

Satz 1. *Ist X eine unendliche Menge und ist T eine endliche Teilmenge der Länge n von X, so gibt es eine injektive Abbildung μ von $\mathbf{N}$ in X mit*

$$\mu(\{1, \dots, n\}) = T.$$

Beweis. Es sei $E(X)$ die Menge der endlichen Teilmengen von X. Ist $Y \in E(X)$, so ist $X - Y \neq \emptyset$, da X nicht endlich ist. Es gibt also eine Auswahlfunktion

$$f \in \mathrm{cart}_{Y \in E(X)}(X - Y).$$

Wir definieren die Abbildung R von $\mathbf{N}_0 \times E(X)$ in $E(X)$ durch

$$R(n, Y) := Y \cup \{f(Y)\}.$$

Nach dem dedekindschen Rekursionssatz gibt es eine Abbildung g von $\mathbf{N}$ in $E(X)$ mit $g(0) = T$ und

$$g(n + 1) = R\big(n, g(n)\big) = g(n) \cup \{f(g(n))\}.$$

Man beachte, dass $g(n) \subseteq g(n+1)$ ist, so dass die $g(i)$ eine Kette bilden.

Es sei nun h eine Bijektion von $\{1, \dots, n\}$ auf T. Definiere μ durch

$$\mu(i) := \begin{cases} h(i) & \text{für } i \leq n \\ (fg)(i - n) & \text{für } i > n. \end{cases}$$

Dann ist μ eine Abbildung von $\mathbf{N}$ in X mit $\mu(\{1, \dots, n\}) = T$. Darüberhinaus gilt, dass μ injektiv ist. Dies folgt aus der Injektivität von h und daraus, dass

$$\mu(n + i - 1) \in g(i)$$

und

$$\mu(n + i) \notin g(i)$$

ist für alle $i \in \mathbf{N}$.

Korollar. *Ist X eine unendliche Menge und ist T eine endliche Teilmenge von X, so gibt es eine Bijektion von X auf $X - T$.*

Beweis. Setze $n := |T|$. Nach Satz 1 gibt es eine injektive Abbildung f von $\mathbf{N}$ in X mit $f(\{1, \dots, n\}) = T$. Definiere β durch

$$\beta(x) := \begin{cases} f(i + n), & \text{falls } x = f(i) \text{ ist,} \\ x, & \text{falls } x \neq f(i) \text{ ist für alle } i. \end{cases}$$

Dann leistet β das Verlangte.

Setzt man in diesem Satz $T := \emptyset$, so erhält man aufs Neue Satz 3 von Abschnitt 2.

Der nächste Satz und sein Korollar dienen hier einzig dem Zweck, den Satz von Schröder und Bernstein zu beweisen. Dieser Satz besagt, dass es eine Bijektion der Menge M auf die Menge N gibt, wenn es gleichzeitig eine injektive Abbildung von M in N und eine injektive Abbildung von N in M gibt.

Satz von Knaster & Tarski. *M und N seien Mengen. Ferner sei f ein Homomorphismus von $(P(M), \subseteq)$ in $(P(N), \subseteq)$ und g sei ein Homomorphismus von $(P(N), \subseteq)$ in $(P(M), \subseteq)$. Setze*

$$F := \big\{ X \mid X \in P(M), M - g(N - f(X)) \subseteq X \big\},$$
$$S_1 := \bigcap_{X \in F} X,$$
$$S_2 := M - S_1,$$
$$T_1 := f(S_1),$$
$$R_2 := N - T_1.$$

Dann ist $g(T_2) = S_2$.

Beweis. Es seien $A, B \in P(M)$ und es gelte $A \subseteq B$. Dann ist

$$f(A) \subseteq f(B),$$
$$N - f(B) \subseteq N - f(A),$$
$$g(N - f(B)) \subseteq g(N - f(A)),$$
$$M - g(N - f(A)) \subseteq M - g(N - g(B)).$$

Ist nun $X \in F$, so ist $S_1 \subseteq X$. Nach der gerade gemachten Bemerkung ist daher

$$M - g(N - f(S_1)) \subseteq M - g(N - f(X)) \subseteq X.$$

für alle $X \in F$. Folglich ist

$$M - g(N - f(S_1)) \subseteq S_1$$

und daher $S_1 \in F$. Setze $S' := M - g(N - f(S_1))$. Dann ist $S' \subseteq S_1$ und folglich

$$M - g(N - f(S')) \subseteq M - g(N - f(S_1)) = S'.$$

Also ist $S' \in F$ und damit $S_1 \subseteq S'$. Folglich ist $S' = S_1$, dh., $S_1 = M - g(N - f(S_1))$. Es folgt weiter

$$\begin{aligned}
g(T_2) &= g(N - T_1) \\
&= g(N - f(S_1)) \\
&= M - (M - g(N - f(S_1))) \\
&= M - S_1 = S_2.
\end{aligned}$$

Damit ist der Satz bewiesen.

Korollar. *Es seien M und N Mengen und f sei eine Abbildung von M in N und g sei eine Abbildung von N in M. Es gibt dann Mengen S_1, S_2, T_1, T_2 mit*
   a) Es ist $M = S_1 \cup S_2$ und $S_1 \cap S_2 = \emptyset$.
   b) Es ist $N = T_1 \cup T_2$ und $T_1 \cap T_2 = \emptyset$.
   c) Es ist $T_1 = \{f(x) \mid x \in S_1\}$.
   d) Es ist $S_2 = \{g(y) \mid y \in T_2\}$.

Beweis. Wir definieren die Abbildung f_0 von $P(M)$ in $P(N)$ und die Abbildung g_0 von $P(N)$ in $P(M)$ durch

$$f_0(X) := \{f(x) \mid x \in X\}$$

und

$$g_0(Y) := \{g(y) \mid y \in Y\}$$

für $X \in P(M)$ bzw. $Y \in P(N)$. Der Satz von Knaster und Tarski liefert dann die Behauptung.

Satz von Schröder & Bernstein. *M und N seien Mengen. Gibt es eine injektive Abbildung von M in N und eine injektive Abbildung von N in M, so gibt es eine bijektive Abbildung von M auf N.*

Beweis. Es sei f eine injektive Abbildung von M in N und g sei eine solche von N in M. Nach dem Korollar zum Satz von Knaster und Tarski gibt es Mengen S_1, S_2, T_1, T_2 mit $M = S_1 \cup S_2$ und $S_1 \cap S_2 = \emptyset$ sowie $N = T_1 \cup T_2$ und $T_1 \cap T_2 = \emptyset$, so dass $T_1 = \{f(x) \mid x \in S_1\}$ und $S_2 = \{g(y) \mid y \in T_2\}$ ist. Setze

$$\beta := \big\{(x, f(x)) \mid x \in S_1\big\} \cup \big\{(g(y), y)) \mid y \in T_2\big\}.$$

Dann ist β eine Bijektion von M auf N.

Den Satz von Schröder-Bernstein benötigen wir im nächsten Abschnitt zusammen mit der transfiniten Version des Heiratssatzes, um die Gleichmächtigkeit der Basen eines Vektorraumes zu beweisen. Der Heiratssatz gibt hinreichende Bedingungen für die Existenz von injektiven Auswahlfunktionen.

Es sei $(A_i \mid i \in I)$ eine Familie von Mengen. Wir sagen, dass $(A_i \mid i \in I)$ die *hallsche Bedingung* erfüllt (nach Philip Hall 1935), wenn für jede endliche Teilmenge J von I gilt, dass

$$\Big| \bigcup_{j \in J} A_j \Big| \geq |J|$$

ist.

Hilfssatz (R. Rado). *Erfüllt $(A_i \mid i \in I)$ die hallsche Bedingung, ist $j \in I$ und $|A_j| \geq 2$, so gibt es ein $x \in A_j$, so dass auch die Familie $(B_i \mid i \in I)$, die durch $B_i := A_i$ für $i \neq j$ und $B_j := A_j - \{x\}$ definiert ist, die hallsche Bedingung erfüllt.*

Beweis. Wegen $|A_j| \geq 2$ gibt es zwei verschiedene Elemente x_1, $x_2 \in A_j$. Definiere die Familien $(B_i \mid i \in I)$ und $(C_i \mid i \in I)$ durch $B_i := A_i$ und $C_i := A_i$ für alle $i \neq j$ und $B_j := A_j - \{x_1\}$ und $C_j := A_j - \{x_2\}$. Wegen $x_1 \neq x_2$ ist $x_2 \in B_j$ und $x_1 \in C_j$. Also ist $B_j \cup C_j = A_j$.

Wir nehmen an, dass weder $(B_i \mid i \in I)$ noch $(C_i \mid i \in I)$ die hallsche Bedingung erfüllt. Es gibt dann endliche Teilmengen J und K von I mit

$$\Big| \bigcup_{i \in J} B_i \Big| \leq |J| - 1$$

und

$$\Big| \bigcup_{i \in K} C_i \Big| \leq |K| - 1.$$

Weil $(A_i \mid i \in I)$ die hallsche Bedingung erfüllt, ist $j \in J \cap K$. Setze $J' := J - \{j\}$ und

$K' := K - \{j\}$. Dann ist $|J'| = |J| - 1$ und $|K'| = |K| - 1$. Daher ist

$$
\begin{aligned}
|J'| + |K'| &\geq \Big| \bigcup_{i \in J} B_i \Big| + \Big| \bigcup_{i \in K} C_i \Big| \\
&= \Big| \bigcup_{i \in J} B_i \cup \bigcup_{i \in K} C_i \Big| + \Big| \Big(\bigcup_{i \in J} B_i \Big) \cap \Big(\bigcup_{i \in K} C_i \Big) \Big| \\
&\geq \Big| \bigcup_{i \in J' \cup K'} A_i \cup A_j \Big| + \Big| \Big(\bigcup_{i \in J'} A_i \Big) \cap \Big(\bigcup_{i \in K'} A_i \Big) \Big| \\
&\geq \big| J' \cup K' \cup \{j\} \big| + \big| J' \cap K' \big| = |J'| + |K'| + 1,
\end{aligned}
$$

ein Widerspruch.

Der Heiratssatz für endliche Mengen wurde von P. Hall 1935 publiziert. Die transfinite Version stammt von M. Hall jr. 1948. Der hier wiedergegebene Beweis von R. Rado.

Heiratssatz. *Es sei* $(A_i \mid i \in I)$ *eine nicht leere Familie endlicher Mengen. Genügt* $(A_i \mid i \in I)$ *der hallschen Bedingung, so besitzt* $(A_i \mid i \in I)$ *eine injektive Auswahlfunktion.*

Beweis. Es sei Φ die Menge aller Familien $(B_i \mid i \in I)$ mit $B_i \subseteq A_i$ für alle i, die die hallsche Bedingung erfüllen. Wegen $(A_i \mid i \in I) \in \Phi$ ist Φ nicht leer. Wir ordnen Φ, indem wir setzen

$$
(B_i \mid i \in I) \leq (C_i \mid i \in I)
$$

genau dann, wenn $C_i \subseteq B_i$ ist für alle $i \in I$.

Es sei K eine Kette von Φ. Für $i \in I$ setzen wir

$$
\mathcal{M}(i) := \big\{ X \mid \text{Es gibt ein } (X_j \mid j \in I) \in K \text{ mit } X = X_i \big\}
$$

und

$$
O_i := \bigcap_{X \in \mathcal{M}(i)} X.
$$

Wir zeigen, dass $(O_i \mid i \in I) \in \Phi$ gilt.

Dazu zeigen wir zunächst:

Ist $J \in E(I)$, so gibt es ein $(B_i \mid i \in I) \in K$ mit $B_i = O_i$ für alle $i \in J$.

Ist $J = \{j\}$ eine einelementige Menge, so folgt die Behauptung daraus, dass $B_j \subseteq A_j$ gilt und dass A_j eine endliche Menge ist. Es sei $|J| > 1$ und $j \in J$. Es gibt dann $(B_i \mid i \in I)$, $(C_i \mid i \in I) \in K$ mit $O_i = B_i$ für alle $i \in J - \{j\}$ und $O_j = C_j$. Weil K eine Kette ist, ist entweder $(B_i \mid i \in I) \leq (C_i \mid i \in I)$ oder $(C_i \mid i \in I) \leq (B_i \mid i \in I)$. Im ersten Falle ist $C_i \subseteq B_i$ für alle i und daher insbesondere

$$
C_i \subseteq B_i = O_i
$$

für alle $i \in J - \{j\}$. Wegen $C_j = O_j$ ist daher $C_i \subseteq O_i$ für alle $i \in J$. Andererseits gilt $O_i \subseteq C_i$ für alle $i \in J$. Daher ist $C_i = O_i$ für alle $i \in J$.

Ist $(C_i \mid i \in I) \leq (B_i \mid i \in I)$, so folgt entsprechend $O_i = B_i$ für alle $i \in J$. Damit ist die Zwischenbehauptung bewiesen.

Um zu zeigen, dass $(O_i \mid i \in I)$ zu Φ gehört, sei J eine endliche Teilmenge von I. Dann gibt es, wie gerade gesehen, ein $(B_i \mid i \in I) \in K$ mit $O_i = B_i$ für alle $i \in J$. Weil $(B_i \mid i \in I)$ die hallsche Bedingung erfüllt, ist also

$$\left| \bigcup_{i \in j} O_i \right| = \left| \bigcup_{i \in J} B_i \right| \geq |J|,$$

so dass auch $(O_i \mid i \in I)$ die hallsche Bedingung erfüllt. Also ist $(O_i \mid i \in I) \in \Phi$. Wegen $O_i \subseteq X_i$ für alle $i \in I$ und alle $(X_i \mid i \in I) \in K$ ist $(O_i \mid i \in I)$ eine obere Schranke von K. Auf Grund des zornschen Lemmas gibt es ein maximales $(M_i \mid i \in I) \in \Phi$. Ist $i \in I$, so ist $|M_i| \geq |\{i\}| = 1$, so dass M_i nicht leer ist. Ist $j \in I$ und $|M_j| \geq 2$, so gibt es nach dem Hilfssatz ein $x \in M_j$, so dass die durch $M_i' := M_i$ für $i \neq j$, bzw. $M_j' := M_j - \{x\}$ definierte Familie $(M_i' \mid i \in I)$ zu Φ gehört. Dann folgt aber der Widerspruch

$$(M_i \mid i \in I) < (M_i' \mid i \in I).$$

Also ist $|M_i| = 1$ für alle i. Ist dann f_i das einzige Element in M_i, so ist $f \in \mathrm{cart}_{i \in I} A_i$. Ferner gilt für $i \neq j$

$$\left| \{f_i, f_j\} \right| = |M_i \cup M_j| \geq |\{i, j\}| = 2.$$

Also ist f injektiv.

Dass man bei der transfiniten Version des Heiratssatzes nicht auf die Endlichkeit der M_i verzichten kann, zeigt folgendes Beispiel. Setze $M_0 := \mathbf{N}$ und $M_i := \{i\}$ für $i \in \mathbf{N}$. Dann erfüllt die Familie $(M_i \mid i \in \mathbf{N}_0)$ zwar die hallsche Bedingung, besitzt aber keine injektive Auswahlfunktion.

Der Heiratssatz ist Ausgangspunkt für einen ganzen Zweig der Kombinatorik, Transversalentheorie genannt. Ein Buch zu diesem Gegenstand ist Mirsky 1971. Wenn Sie wissen wollen, wie der Heiratssatz zu seinem Namen kam, so konsultieren Sie Lüneburg 1989, S. 373 und S. 493.

Aufgaben

Verifizieren Sie den folgenden, von M. Hall jr. stammenden Algorithmus:

Algorithmus Heiratsvermittler

Eingabe: Eine Liste $M_1, \ldots, M_t$ von endlichen Mengen.
Ausgabe: Boolesche Variable *noTrans* und im Falle *noTrans* = false eine injektive Auswahlfunktion v der Familie $(M_1, \ldots, M_t)$ und im Falle *noTrans* = true eine Teilmenge I von $\{1, \ldots, t\}$ und eine Menge J mit $J = \bigcup_{k \in I} M_k$ und $1 + |J| = |I|$. Der Buchstabe v steht für „Vertreter". Es ist also v_i der Vertreter der Menge M_i.

begin *noTrans* := false;
   $X := \emptyset$;
   (∗ X besteht aus den schon gefundenen Vertretern.
   $n := 0$;

repeat $n := n + 1;$
    $(* \; v_1, \ldots, v_{n-1}$ ist Vertretersystem für $M_1, \ldots, M_{n-1}.$
    $(* \; X = \{v_1, \ldots, v_{n-1}\}.$
    $(* \; H_1 := M_n.$ Die Variable H taucht nur in den Kommentaren auf.
    $J := M_n; \; I := \{n\};$
    $(* \; J = \bigcup_{k \in I} M_k.$
    $l := 1;$
    $k := 1;$
    $(* \; l \leq k.$
    while $(J \subseteq X)$ and $(k < n)$ do
      $k := 1;$
      notcont := false;
      repeat
      if not$(k \in I)$ and $(v_k \in J)$ then
        $I := I \cup \{k\};$
        notcont := not$(M_k \subseteq J);$
        if *notcont* then
            $(* \; H_l := J$
            $J := J \cup M_k;$
            $(* \; J = \bigcup_{r \in I} M_r.$
            $c_l := k;$
            $(* \; J - H_l = M_{c_l} - H_l \neq \emptyset.$
            $(* \; v_{c_l} \in H_l.$
            $(* \; I = \{n\} \cup \{c_r \mid r := 1, \ldots, l\}.$
            $l := l + 1$
        endif
      endif;
      $k := k + 1$
      $(* \; l \leq k$
      until $(k = n)$ or *notcont*
    endwhile;
    $(* \; J = \bigcup_{r \in I} M_r.$
    $(* \; I = \{c_r \mid r := 1, \ldots l - 1\} \cup \{n\}.$
    If $J \subseteq X$ then
    $(*$ Alle Elemente von J sind von der Form v_r mit $r \in I.$
    $(*$ Ferner gilt $v_r \in M_r$ und $M_r \subseteq J$ für alle $r \in I.$
    $(*$ Folglich ist $J = \{v_{c_r} \mid r := 1, \ldots, l - 1\}.$
    $(*$ Also ist $|J| + 1 = |I|$ und $M_n \subseteq J.$ Daher gibt es keine
    $(*$ injektive Auswahlfunktion.
    noTrans := true
    else
      $(*$ Ist $l = 1,$ so ist $J = H_l = M_n,$ andernfalls ist
      $(* \; J = M_{c_{l-1}} \cup H_{l-1}.$
      $J := J - X;$
      $(* \; J \neq \emptyset$

```
    choose z ∈ J;
    X := X ∪ {z};
    (* Wenn nötig, werden die schon gefundenen vᵢ umnummeriert.
    while not(z ∈ Mₙ) do
    (* Es ist l > 1
        l := l - 1;
        (* Es ist z ∈ M_{cₗ} ∪ Hₗ.
        (* Folglich ist z ∈ M_{sᵣ} für ein passendes r mit 1 ≤ r ≤ l.
        (* Daher funktioniert die folgende while-Schleife.
        while not(z ∈ M_{cₗ}) do l := l - 1 endwhile;
        pp := v_{cₗ};
        v_{cₗ} := z;
        z := pp;
        (* z ∈ Hₗ Ist l > 1, so ist Hₗ = M_{cₗ₋₁} ∪ Hₗ₋₁,
        (* andernfalls ist Hₗ = Mₙ.
        (* v₁, ..., vₙ₋₁ ist ein Vertretersystem für
        (* M₁, ..., Mₙ₋₁ und z ∉ {v₁, ..., vₙ₋₁}.
    endwhile;
    (* v₁, ..., vₙ₋₁ ist ein Vertretersystem von (* M₁, ..., Mₙ₋₁.
    (* Ferner gilt z ∉ {v₁, ..., vₙ₋₁} und z ∈ Mₙ
    vₙ := z
    (* v₁, ..., vₙ ist ein Vertretersystem von M₁, ..., Mₙ
    endif
until (n = t) or noTrans
end; (* Heiratsvermittler
```

4. Unabhängigkeitsstrukturen

Aus der Theorie der Vektorräume kennt man den Begriff der linearen Unabhängigkeit. Man definiert zuerst, wann eine endliche Menge von Vektoren eines Vektorraumes V linear unabhängig heißt und nennt eine beliebige Teilmenge von V linear unabhängig, wenn alle ihre endlichen Teilmengen linear unabhängig sind. Die Menge der linear unabhängigen Teilmengen eines Vektorraumes ist also von endlichem Charakter. Man zeigt dann ferner, dass für die linear unabhängigen Teilmengen von V der steinitzsche Austauschsatz gilt. Auf diese Situation, dass man eine Familie von endlichem Charakter hat, für die der steinitzsche Austauschsatz gilt, trifft man häufiger, so dass es sich lohnt, den Begriff der Unabhängigkeitsstruktur abstrakt einzuführen und zu untersuchen. Beispiele für Unabhängigkeitsstrukturen werden wir durch die Aufgaben zu diesem Abschnitt kennenlernen und für den Fall der algebraischen Unabhängikeit später noch eingehender untersuchen.

Es sei V eine Menge und I sei eine nicht leere Teilmenge von $P(V)$. Wir nennen I eine *Unabhängigkeitsstruktur* auf V, falls I den folgenden Bedingungen genügt.

1) I ist von endlichem Charakter.

2) Sind A und B endliche Teilmengen von V, sind $A, B \in I$ und gilt $|B| = |A| + 1$, so gibt es ein $b \in B - A$ mit $A \cup \{b\} \in I$.

Die Bedingung 2) kennt man unter dem Namen *steinitzscher Austauschsatz*, obwohl dieser Satz schon von H. Grassmann in seiner Ausdehnungslehre formuliert wurde.

Ist I eine Unabhängigkeitsstruktur auf V und ist B ein maximales Element von $(I, \subseteq)$, so heißt B eine *I-Basis* von V.

Auf Grund des Lemmas von Teichmüller und Tukey gilt:

Satz 1. *Es sei I eine Unabhängigkeitsstruktur auf der Menge V. Ist $X \in I$, so gibt es eine I-Basis B von V mit $X \subseteq B$.*

Es sei I eine Unabhängigkeitsstruktur auf V. Weil I nicht leer ist, gibt es ein $Y \in I$. Weil I von endlichem Charakter ist, ist $\emptyset$ als endliche Teilmenge von Y Element von I. Ist nun X eine Teilmenge von V, so ist also

$$\emptyset \in I_X := P(X) \cap I.$$

Daher ist I_X eine Unabhängigkeitsstruktur auf X, so dass X eine I_X-Basis besitzt. Statt von I_X-Basen werden wir von I-Basen, bzw. auch nur von Basen von X reden. Ziel dieses Abschnitts ist zu zeigen, dass zwei Basen von X stets gleichmächtig sind.

Grundlegend für das Weitere ist der folgende Satz.

Satz 2. *Es sei I eine Unabhängigkeitsstruktur auf V. Ist $X \in P(V)$ und sind A und B Basen von X, so gilt: Ist A endlich, so ist auch B endlich und es gilt $|A| = |B|$.*

Beweis. Es sei C eine Teilmenge von B und es gelte $|C| = |A| + 1$. Setze $Y := C \cup A$. Dann ist $Y \subseteq X$ und folglich $I_Y \subseteq I_X$. Daher ist A auch Basis von Y. Mit dem steinitzschen Austauschsatz folgt die Existenz eines $c \in C$, so dass $A \cup \{c\} \in I_Y$ ist. Dies widerspricht der Maximalität von A in I_Y. Daher besitzt B keine Teilmenge der Länge $|A| + 1$. Folglich ist B endlich und es gilt $|B| \leq |A|$. Weil B als endlich erkannt ist, können wir die Rollen von A und B vertauschen und erhalten $|A| \leq |B|$. Also ist in der Tat $|A| = |B|$.

Es sei I eine Unabhängigkeitsstruktur auf V. Es sei ferner $x \in V$ und $A \subseteq V$. Wir nennen x *abhängig* von A, wenn entweder $x \in A$ ist oder es ein $B \in I_A$ gibt mit $B \cup \{x\} \notin I$. Ist x abhängig von A so schreiben wir dafür $x \, \alpha \, A$.

Satz 3. *Es sei I eine Unabhängigkeitsstruktur auf V. Ferner sei $x \in V$ und $A, B \subseteq V$. Ist $a \, \alpha \, A$ und $A \subseteq B$, so ist $x \, \alpha \, B$.*

Beweis. Wir dürfen annehmen, dass $x \notin B$ ist. Dann ist $x \notin A$. Es gibt daher ein $C \in I_A$ mit $C \cup \{x\} \notin I$. Wegen $I_A \subseteq I_B$ ist daher $x \, \alpha \, B$.

Man erinnere sich, $E(M)$ ist die Menge der endlichen Teilmengen von M.

Satz 4. *Es sei I eine Unabhängigkeitsstruktur auf V. Ist $x \in V$ und $A \subseteq V$, so gilt genau dann $x \, \alpha \, A$, wenn es ein $B \in E(A)$ gibt mit $x \, \alpha \, B$.*

Beweis. Ist $B \in E(A)$ und gilt $x \, \alpha \, B$, so gilt auch $x \, \alpha \, A$ nach Satz 3.

Es sei $x \, \alpha \, A$. Ist $x \in A$, so ist $\{x\} \in E(A)$ und $x \, \alpha \, \{x\}$. Es sei also $x \notin A$. Es gibt dann ein $C \in I_A$ mit $\{x\} \cup C \notin I$. Weil I von endlichem Charakter ist, gibt es eine endliche Teilmenge D von $\{x\} \cup C$ mit $D \notin I$. Wegen $C \in I$ kann nicht $D \subseteq C$ gelten. Also ist $x \in D$. Setze $B := D - \{x\}$. Dann ist B eine endliche Teilmenge von C und es gilt somit $B \in I_A$. Ferner ist $B \cup \{x\} = D \notin I$. Also ist $x \, \alpha \, B$. Damit ist alles bewiesen.

Satz 5. *Es sei I eine Unabhängigkeitsstruktur auf V. Ferner sei $A \subseteq V$ und B sei eine endliche I-Basis von A. Ist $x \in V$ und $x \, \alpha \, A$, so ist $x \, \alpha \, B$.*

Beweis. Angenommen x hinge nicht von B ab. Wegen $B \in I_B$ ist dann $\{x\} \cup B \in I$. Weil B Basis von A ist, folgt $x \notin A$. Wegen $x \, \alpha \, A$ gibt es ein $C \in I_A$ mit $\{x\} \cup C \notin I$. Nach Satz 1 gibt es eine Basis B' von A mit $C \subseteq B'$. Weil B endlich ist, ist nach Satz 2 auch B' endlich und es gilt $|B| = |B'|$. Daher ist

$$|B \cup \{x\}| = |B| + 1 = |B'| + 1.$$

Wegen $B \cup \{x\} \in I$ folgt aus dem steinitzschen Austauschsatz die Existenz eines $y \in B \cup \{x\}$ mit $\{y\} \cup B' \in I$ und $y \notin B'$. Weil B' eine Basis von A ist, folgt $y \notin A$ und damit $y = x$. Folglich ist $\{x\} \cup B' \in I$. Weil C eine endliche Teilmenge von B' ist, erhalten wir schließlich den Widerspruch $\{x\} \cup C \in I$. Also ist doch $x \, \alpha \, B$, wie behauptet.

Sind A und B zwei Teilmengen einer Menge mit Unabhängigkeitsstruktur, so setzen wir genau dann $A \, \alpha \, B$, wenn $x \, \alpha \, B$ gilt für alle $x \in A$.

Satz 6. *Es sei I eine Unabhängigkeitsstruktur auf V. Ist $x \in V$, sind $A, B \subseteq V$ und gilt $x \, \alpha \, A$ und $A \, \alpha \, B$, so ist $x \, \alpha \, B$.*

Beweis. Wir nehmen zunächst an, dass A und B endlich seien. Es sei Y eine Basis von B. Dann ist Y endlich und folglich $A \alpha Y$ nach Satz 5. Folglich ist Y Basis von $A \cup B$. Mit Satz 3 folgt $x \alpha A \cup B$ und mit Satz 5 dann weiter $x \alpha Y$. Mit Satz 3 folgt schließlich $x \alpha B$.

Nun seien A und B beliebig. Nach Satz 4 gibt es eine endliche Teilmenge Z von A mit $x \alpha Z$. Für jedes $a \in Z$ gibt es eine endliche Teilmenge G_a von B mit $a \alpha G_a$. Setze

$$C := \bigcup_{a \in Z} G_a.$$

Dann ist $a \alpha C$ für alle $a \in Z$ nach Satz 3. Somit ist $Z \alpha C$. Weil Z und C endlich sind, ist $x \alpha C$. Dann ist aber $x \alpha B$ nach Satz 3.

Satz 7. *Es sei I eine Unabhängigkeitsstruktur auf V. Sind A, $B \in I$, sind A und B endlich und ist $A \alpha B$, so ist $|A| \leq |B|$.*

Beweis. Angenommen es wäre $|A| > |B|$. Dann gäbe es ein $C \subseteq A$ mit $|C| = |B| + 1$. Es gäbe folglich ein $c \in C - B$ mit $\{c\} \cup B \in I$. Hieraus folgte, dass c nicht von B abhinge. Andererseits wäre $c \in A$. Wegen $A \alpha B$ folgte der Widerspruch $c \alpha B$ nach Satz 6. Also ist doch $|A| \leq |B|$.

Wir nennen die Mengen A und B *gleichmächtig*, wenn es eine Bijektion von A auf B gibt. Um dies auszudrücken, schreiben wir auch $|A| = |B|$.

Satz 8. *Es sei I eine Unabhängigkeitsstruktur auf V. Sind A und B Basen von $X \in P(V)$, so ist $|A| = |B|$. Insbesondere sind alle Basen von V gleichmächtig.*

Beweis. Es sei $a \in A$. Dann ist $a \in X$, so dass $a \alpha B$ gilt. Nach Satz 4 gibt es eine endliche Teilmenge B_a von B mit $a \alpha B_a$. Mittels des Auswahlaxioms erhält man ein solches B_a simultan für alle $a \in A$. Es sei nun X eine endliche Teilmenge von A. Dann ist X abhängig von $\bigcup_{a \in X} B_a$. Mit Satz 7 folgt

$$\left| \bigcup_{a \in X} B_a \right| \geq |X|.$$

Somit erfüllt die Familie $(B_a \mid a \in A)$ die hallsche Bedingung. Auf Grund des Heiratssatzes gibt es daher eine injektive Auswahlfunktion f dieser Familie. Dann ist f aber eine injektive Abbildung von A in B. Vertauscht man die Rollen von A und B, so folgt, dass es auch eine injektive Abbildung von B in A gibt. Nach dem Satz von Schröder & Bernstein gibt es also auch eine Bijektion von A auf B. Damit ist der Satz bewiesen.

Aufgaben

1. Es sei I eine Unabhängigkeitsstruktur auf V. Für $X \in P(V)$ sei $H_I(X)$ die Menge der von X abhängigen Punkte von V. Es ist zu zeigen, dass H_I ein *Hüllenoperator* ist, dh., dass H_I die folgenden Eigenschaften hat:

   a) Es ist $X \subseteq H_I(X)$ für alle $X \in P(V)$.

   b) Es ist $H_I(H_I(X)) = H_I(X)$ für alle $X \in P(V)$.

c) Sind $X, Y \in P(V)$ und ist $X \subseteq Y$, so ist $H_I(X) \subseteq H_I(Y)$.

2. Es sei V ein Rechtsvektorraum über dem Körper K. Die Teilmenge X von V heißt *affin unabhängig* genau dann, wenn die folgende Bedingung erfüllt ist: Ist $Y \in E(X)$ und ist f eine Abbildung von Y in K, so dass

$$\sum_{y \in Y} y f_y = 0 \quad \text{und} \quad \sum_{y \in Y} f_y = 0$$

gilt, so ist $f_y = 0$ für alle $y \in Y$. Zeigen Sie, dass die Menge der affin unabhängigen Teilmengen von V eine Unabhängigkeitsstruktur ist.

3. Es sei V ein endlich-dimensionaler Vektorraum über dem Körper K. Ist n die Dimension von V und ist Φ eine maximale affin unabhängige Teilmenge von V, so ist $|\Phi| = n + 1$.

Ist $b_1, \ldots, b_n$ eine Basis im Vektorraumsinne von V, so ist $b_1, \ldots, b_n, 0$ eine maximale affin unabhängige Teilmenge von V.

4. Es sei V ein Vektorraum über dem Körper K. Ist Φ eine maximale affin unabhängige Teilmenge von V, und ist $v \in V$, so gibt es ein $Y \in E(\Phi)$ und eine Abbildung f von Y in K mit

$$v = \sum_{y \in Y} y f_y \quad \text{und} \quad \sum_{y \in Y} f_y = 1.$$

(Die f_y sind die baryzentrischen Koordinaten von v.)

5. Es sei V ein Vektorraum über dem Körper K und A sei die Menge der affin unabhängigen Teilmengen von V. Ist $T \in P(V)$, so heißt T Teilraum des *affinen Raumes* (V, A), wenn es eine Teilmenge X von V gibt mit $T = H_A(X)$.

Ist T Teilraum des affinen Raumes (V, A), so gibt es einen Teilraum U des Vektorraumes V und ein $v \in V$ mit

$$T = v + U = \{v + u \mid u \in U\}.$$

6. Diese Aufgabe ist für Kenner der Graphentheorie. Es sei E die Ecken- und K die Kantenmenge eines Graphen (E, K). Die Teilmenge X von K heißt unabhängig, wenn (E, X) ein Wald ist. Es ist zu zeigen, dass die Menge W der unabhängigen Teilmengen von K eine Unabhängigkeitsstruktur ist. (Ist $B \in W$ Basis von (K, W), so ist B ein aufspannender Wald (spanning forest) von (E, K).)

5. Gruppen

Eine *binäre Verknüpfung* auf der Menge G ist eine Abbildung von $G \times G$ in G. Das Bild von (g, h) unter dieser Abbildung bezeichnet man häufig mit gh oder auch mit $g + h$. Im ersten Falle spricht man von Multiplikation und im zweiten von Addition. Im ersten Fall deutet man dies durch $(G, \cdot)$ und im zweiten Fall durch $(G, +)$ an.

Es sei $(G, \cdot)$ eine Menge mit einer binären Verknüpfung $\cdot$. Wir nennen $(G, \cdot)$ *Gruppe*, falls gilt:

a) Für alle a, b, $c \in G$ gilt $(ab)c = a(bc)$.

b) Es gibt ein Element $e \in G$ mit den Eigenschaften:

    b1) Es ist $ea = a$ für alle $a \in G$.

    b2) Zu jedem $a \in G$ gibt es ein $b \in G$ mit $ba = e$.

Eine Verknüpfung, die eine Menge zu einer Gruppe macht, ist also stets *assoziativ*, hat immer ein *linksneutrales Element* (*Linkseins, Linksnull*) und jedes Element hat ein bezüglich des linksneutralen Elementes *linksinverses Element*.

Beispiele. 1) Ist M eine Menge, so bezeichne S_M die Menge der bijektiven Abbildungen von M auf sich. Dann ist S_M mit der Hintereinanderausführung von Abbildungen als Verknüpfung eine Gruppe, die *symmetrische Gruppe* auf M. Dies ist für $M = \emptyset$ wegen $S_M = \{\emptyset\}$ mangels Masse richtig. Ist $M \neq \emptyset$, so folgt dies mit den Sätzen 1, 2 und 10 des Abschnitts 1.

2) $(\mathbf{Z}, +)$, $(\mathbf{Q}, +)$, $(\mathbf{R}, +)$, $(\mathbf{C}, +)$, $(\mathbf{Q}^*, \cdot)$, $(\mathbf{R}^*, \cdot)$, $(\mathbf{C}^*, \cdot)$ sind Gruppen. Dabei wurde $K^* := K - \{0\}$ gesetzt für $K = \mathbf{Q}, \mathbf{R}, \mathbf{C}$.

3) Es sei M eine Menge und $P(M)$ sei ihre Potenzmenge. Sind $X, Y \in P(M)$, so setzen wir

$$X + Y := (X \cup Y) - (X \cap Y).$$

Dann ist $(P(M), +)$ eine Gruppe (Aufgabe 1). Man nennt $+$ die *symmetrische Differenz*. Sie wird meist mit Δ bezeichnet.

Ist $(G, \cdot)$ eine Gruppe, so heißt G *abelsch*, wenn $ab = ba$ für alle a, $b \in G$ gilt, wenn die Verknüpfung $\cdot$ also kommutativ ist.

Satz 1. *Es sei G eine Gruppe. Erfüllt $e \in G$ die Eigenschaft b), so gilt:*

1) Es ist $ae = a$ für alle $a \in G$.

2) Ist $f \in G$ und gilt $fa = a$ für ein $a \in G$, so ist $f = e$. Es gibt also nur ein Element in G, welches b) erfüllt.

3) Ist $ba = e$, so ist auch $ab = e$ und b ist durch a eindeutig bestimmt.

Beweis. Es gibt Elemente b, $c \in G$ mit $ba = e$ und $cb = e$. Dann ist

$$a = ea = (cb)a = c(ba) = ce.$$

Also ist

$$ab = (ce)b = c(eb) = cb = e.$$

Damit ist der erste Teil von 3) bewiesen.

Es ist

$$ae = a(ba) = (ab)a = ea = a.$$

Folglich gilt 1).

Ist $fa = a$, so ist

$$f = fe = f(ab) = (fa)b = ab = e.$$

Also gilt 2).

Ist schließlich $xa = e$, so ist

$$x = xe = x(ab) = (xa)b = eb = b.$$

Damit ist alles bewiesen.

Eine Gruppe G hat also nur eine Linkseins und diese ist gleichzeitig eine Rechtseins, dh., eine *Eins* von G. Jedes Element hat genau ein Linksinverses und dieses ist gleichzeitig ein *Rechtsinverses*, dh., ein *Inverses* des Elementes. Man bezeichnet es mit a^{-1}, falls die Verknüpfung in G multiplikativ geschrieben ist, und mit $-a$, falls sie additiv geschrieben ist.

Ist die Verknüpfung in G multiplikativ geschrieben, so schreiben wir 1 für das Einselement, ist sie additiv geschrieben, so nennen wir das neutrale Element der Addition die *Null* von G und bezeichnen es in der Regel mit 0.

Satz 2. *Es sei G eine Gruppe. Dann gilt:*
  1) Es ist $(a^{-1})^{-1} = a$ für alle $a \in G$.
  2) Es ist $(ab)^{-1} = b^{-1}a^{-1}$ für alle $a, b \in G$.
  3) Sind $a, b \in G$, so gibt es eindeutig bestimmte Elemente $x, y \in G$ mit $ax = b = ya$.
  Beweis. 1) Es ist $aa^{-1} = 1 = (a^{-1})^{-1}a^{-1}$. Nach Satz 1 ist daher $a = (a^{-1})^{-1}$.
  2) Es ist $(ab)^{-1}ab = 1 = b^{-1}a^{-1}ab$. Mit Satz 1 folgt $(ab)^{-1} = b^{-1}a^{-1}$.
  3) Ist $x \in G$ und $ax = b$, so ist

$$a^{-1}b = a^{-1}(ax) = (a^{-1}a)x = 1x = x.$$

Es gibt also höchstens ein $x \in G$ mit $ax = b$. Setzt man andererseits $x := a^{-1}b$, so folgt

$$ax = a(a^{-1}b) = (aa^{-1})b = 1b = b.$$

Es gibt also stets genau eine Lösung der Gleichung $ax = b$.

Ebenso einfach sieht man, dass $y := ba^{-1}$ die einzige Lösung der Gleichung $ya = b$ ist.

Es sei G eine Gruppe und U sei eine Teilmenge von G. Mann nennt U *Untergruppe* von G, falls gilt:

  1) Es ist $U \neq \emptyset$.

2) Sind $u, v \in U$, so ist $uv \in U$.

3) Ist $u \in U$, so ist $u^{-1} \in U$.

Ist U eine Untergruppe von G, so gibt es also ein $a \in U$. Wegen 3) ist $a^{-1} \in U$ und wegen 2) dann auch $1 = a^{-1}a \in U$. Es folgt weiter $1u = u \in U$ für alle $u \in U$, so dass 1 auch in U eine Linkseins ist, und wegen $1 = u^{-1}u \in U$ für alle $u \in U$ ist u^{-1} auch ein Linksinverses von u in U. Ferner gilt $u(vw) = (uv)w$ für alle $u, v, w \in U$. Daher ist U mit der von G ererbten Verknüpfung eine Gruppe, so dass der Name Untergruppe gerechtfertigt ist.

Satz 3. *Es sei U eine Teilmenge der Gruppe G. Genau dann ist U Untergruppe von G, falls U nicht leer ist und für $u, v \in U$ stets $uv^{-1} \in U$ gilt.*

Beweis. Es sei U Untergruppe von G. Dann ist U nicht leer. Sind $u, v \in U$, so ist $v^{-1} \in U$ und dann auch $uv^{-1} \in U$.

Es sei umgekehrt $U \neq \emptyset$ und für alle $u, v \in U$ gelte $uv^{-1} \in U$. Weil U nicht leer ist, gibt es ein $u \in U$. Es folgt $1 = uu^{-1} \in U$. Wegen $1, u \in U$ folgt weiter $u^{-1} = 1u^{-1} \in U$. Sind schließlich $u, v \in U$, so folgt $u, v^{-1} \in U$ und damit $uv = u(v^{-1})^{-1} \in U$.

Das folgende Beispiel ist sehr, sehr wichtig, so dass es sich der Leser gut einprägen möge.

Beispiel. Es sei U eine Teilmenge von $\mathbf{Z}$. Genau dann ist U Untergruppe von $(\mathbf{Z}, +)$, wenn es eine nicht negative ganze Zahl d gibt mit

$$U = d\mathbf{Z} = \{dz \mid z \in \mathbf{Z}\}.$$

Beweis. Es sei U eine Untergruppe. Ist $U = \{0\}$, so ist $U = 0\mathbf{Z}$. Es sei also $U \neq \{0\}$. Dann gibt es ein $u \in U$ mit $u \neq 0$. Dann ist aber auch $0 \neq -u \in U$. Folglich ist $U \cap \mathbf{N} \neq \emptyset$. Es gibt also eine kleinste natürliche Zahl d in $U \cap \mathbf{N}$. Wegen $d \in U$ folgt $d\mathbf{Z} \subseteq U$ (Beweis!). Es sei $u \in U$. Division mit Rest liefert ein $z \in \mathbf{Z}$ und ein $v \in \mathbf{N}_0$ mit $u = dz + v$ und $v < d$. Wegen $dz \in U$ folgt $v = u - dz \in U$. Also ist $v \in U \cap \mathbf{N}_0$. Weil d das kleinste Element in $U \cap \mathbf{N}$ ist und $v < d$ gilt, folgt $v = 0$, so dass $u = dz$ ist. Also ist $U = d\mathbf{Z}$.

Die Umkehrung ist noch banaler zu beweisen.

Ist U eine nicht leere Teilmenge von G und gilt $uv \in U$ für alle $u, v \in U$, so heißt U *multiplikativ abgeschlossen* Ist die Verknüpfung additiv geschrieben, so sagt man natürlich *additiv abgeschlossen*.

Satz 4. *Ist U eine nicht leere, endliche Teilmenge der Gruppe G, so ist U genau dann Untergruppe, wenn U multiplikativ abgeschlossen ist.*

Beweis. Jede Untergruppe einer Gruppe ist multiplikativ abgeschlossen. Es sei also umgekehrt U eine endliche, nicht leere, multiplikativ abgeschlossene Teilmenge von G. Ist $v \in U$, so definieren wir die Abbildung $\sigma(v)$ von U in sich durch

$$u^{\sigma(v)} := uv$$

für alle $u \in U$. Weil U multiplikativ abgeschlossen ist, ist $\sigma(v)$ tatsächlich eine Abbildung von U in sich. Es seien $u, w \in U$ und es gelte $u^{\sigma(v)} = w^{\sigma(v)}$. Dann ist $uv = wv$.

Mit Satz 2, 3) folgt $u = w$, so dass $\sigma(v)$ injektiv ist. Weil U endlich ist, ist $\sigma(v)$ auch surjektiv. Es gibt daher ein $u \in U$ mit

$$uv = u^{\sigma(v)} = v.$$

Es folgt $u = 1$, so dass $1 \in U$ ist. Es gibt dann ein $u \in U$ mit $uv = u^{\sigma(v)} = 1$, so dass $v^{-1} = u \in U$ gilt. Also ist U Untergruppe von G.

Es sei U eine Untergruppe der Gruppe G. Sind a und $b \in G$, so nennen wir a *rechtskongruent zu b modulo U*, wenn $ab^{-1} \in U$ ist. Für diesen Sachverhalt schreiben wir $a \equiv_r b \bmod U$.

Satz 5. *Ist U eine Untergruppe der Gruppe G, so ist die Rechtskongruenz modulo U eine Äquivalenzrelation auf G. Ist $X \in G/ \equiv_r$ und $a \in X$, so ist*

$$X = Ua := \{ua \mid u \in U\}.$$

Beweis. Es sei $a \in G$. Dann ist $aa^{-1} = 1 \in U$ und folglich $a \equiv_r a \bmod U$.
Sind $a, b \in G$ und ist $a \equiv_r b \bmod U$, so ist $ab^{-1} \in U$ und folglich

$$ba^{-1} = (b^{-1})^{-1}a^{-1} = (ab^{-1})^{-1} \in U,$$

so dass auch $b \equiv_r a \bmod U$ ist.
Sind $a, b, c \in G$ und ist $a \equiv_r b$, $b \equiv_r c \bmod U$, so ist $ab^{-1}, bc^{-1} \in U$ und dann auch

$$ac^{-1} = ab^{-1}bc^{-1} \in U,$$

so dass die Rechtskongruenz modulo U einen Äquivalenzrelation ist.
Es sei X eine Äquivalenzklasse dieser Relation und $a \in X$. Ist $u \in U$ und $b := ua$, so ist

$$ab^{-1} = aa^{-1}u^{-1} = u^{-1} \in U$$

und folglich $ua = b \in X$. Also ist $Ua \subseteq X$. Es sei $b \in X$. Setze $u := ba^{-1}$. Wegen $b \equiv_r a \bmod U$ ist dann $u \in U$ und folglich $b = ua \in Ua$. Also ist $Ua = X$.

Man nennt Ua *Rechtsrestklasse* von G modulo U.

Satz 6. *Es sei U eine Untergruppe der Gruppe G. Sind $a, b \in G$ und definiert man σ durch $(ua)^{\sigma} := ub$ für alle $u \in U$, so ist σ eine Bijektion von Ua auf Ub.*

Beweis. Trivial.

Ist G eine endliche Gruppe, so heißt die Anzahl $|G|$ der Elemente von G die *Ordnung* von G. Ist U Untergruppe der endlichen Gruppe G, so bezeichne $|G : U|$ die Anzahl der Rechtsrestklassen von U in G. Man nennt $|G : U|$ den *Index* von U in G.

Satz von Lagrange. *Ist G eine endliche Gruppe und ist U eine Untergruppe von G, so ist*

$$|G| = |G : U||U|.$$

Insbesondere ist $|U|$ also Teiler von $|G|$.

Beweis. Setze $n := |G : U|$. Es seien $Ux_1, \ldots, Ux_n$ die Rechtsrestklassen von G modulo U. Dann ist $G = \bigcup_{i:=1}^n Ux_i$ und $Ux_i \cap Ux_j = \emptyset$, falls $i \neq j$ ist. Daher ist

$$|G| = \sum_{i:=1}^n |Ux_i|.$$

Es ist $U = U1$ eine Rechtsrestklasse. Nach Satz 6 ist daher $|U| = |Ux_i|$ für alle i. Also ist

$$|G| = n|U| = |G : U||U|.$$

Damit ist der Satz von Lagrange bewiesen.

Es sei G eine Gruppe und $g \in G$. Wir definieren die Abbildung R von $\mathbf{N}_0 \times G$ in G durch $R(n, x) := xg$. Nach dem dedekindschen Rekursionssatz gibt es dann genau eine Abbildung $n \to g^n$ mit $g^0 = 1$ und $g^{n+1} = R(n, g^n) = g^n g$. Setze schließlich $g^{-n} := (g^n)^{-1}$. Dann ist g^z für alle $z \in \mathbf{Z}$ erklärt und es gelten die bekannten Rechenregeln. Ist die Verknüpfung in G additiv geschrieben, so ist das Potenzieren als Vervielfachen zu interpretieren. Man schreibt dann sinngemäß zg an Stelle von g^z.

Es sei G eine Gruppe. Für $g \in G$ setzen wir

$$O(g) := \{z \mid z \in \mathbf{Z}, g^z = 1\}.$$

Dann ist $0 \in O(g)$, da ja $g^0 = 1$ ist. Sind $m, n \in O(g)$, so ist

$$g^{m-1} = g^m(g^n)^{-1} = 1 \cdot 1 = 1,$$

so dass auch $m - n \in O(g)$ gilt. Nach Satz 3 ist $O(g)$ also eine Untergruppe von $\mathbf{Z}$, so dass es ein Element $o(g) \in \mathbf{N}_0$ gibt mit $O(g) = o(g)\mathbf{Z}$. Ist $o(g) > 0$, so heißt $o(g)$ *Ordnung* von g. Ist $o(g) = 0$, so heißt g von *unendlicher Ordnung*. In diesem Falle ist nämlich $g^i \neq g^j$, falls nur $i \neq j$. ist. Aus $g^i = g^j$ folgt ja $i - j \in O(g) = \{0\}$ und damit $i = j$. Daher ist $\{g^i \mid i \in \mathbf{Z}\}$ eine unendliche Teilmenge von G. Dies erklärt den Namen „unendliche Ordnung".

Satz 7. *Ist G eine endliche Gruppe und ist $g \in G$, so hat g endliche Ordnung und $o(g)$ teilt $|G|$.*

Beweis. Aus der zuvor gemachten Bemerkung folgt, dass $o(g) > 0$ ist. Setze $n := o(g)$ und

$$U := \{1, g, g^2, \ldots, g^{n-1}\}.$$

Dann ist $|U| = n$. Sind nämlich $g^i, g^j \in U$ und ist $g^i = g^j$ und ist etwa $i \geq j$, so folgt $g^{i-j} = 1$, dh., $i - j \in O(g)$ und folglich

$$i - j \equiv 0 \bmod n.$$

Wegen $0 \leq i - j \leq i < n$ ist daher $i - j = 0$, dh., $i = j$.

Sind $g^i, g^j \in U$, so ist $g^{i+j} \in U$. Dies ist gewiss richtig, wenn $i + j < n$ ist. Ist $i + j \geq n$, so ist $i + j = n + k$ mit $0 \leq k \leq n - 1$ und

$$g^{i+j} = g^{n+k} = g^n g^k = g^k \in U.$$

Also ist U nach Satz 4 eine Untergruppe von G, so dass die Behauptung nun mittels des Satzes von Lagrange folgt, da ja $|U| = o(g)$ ist.

Korollar. *Ist G eine endliche Gruppe und $g \in G$, so ist $g^{|G|} = 1$.*
  Beweis. Es ist ja $|G| \in o(g)\mathbf{Z} = O(g)$.

Aufgaben

1. Es sei M eine Menge und $P(M)$ ihre Potenzmenge. Bezeichnet $+$ die symmetrische Differenz auf $P(M)$, so ist $(P(M), +)$ eine abelsche Gruppe.

2. Es sei M eine Menge. Dann ist die Menge $E(M)$ aller Teilmengen endlicher Länge eine Untergruppe von $(P(M), +)$, wobei $+$ wieder die symmetrische Differenz auf $P(M)$ bezeichne. Ist $G(M)$ die Menge aller endlichen Teilmengen gerader Länge von M, so ist $G(M)$ eine Untergruppe von $E(M)$ und es gilt $|E(M) : G(M)| = 2$. (Ist M endlich, so besagt die letzte Aussage, dass M ebenso viele Teilmengen gerader Länge wie Teilmengen ungerader Länge enthält.)

3. Ist G eine Gruppe und gilt für alle $g \in G$, dass $g^2 = 1$ ist, so ist G abelsch.

4. Konstruieren Sie ein Beispiel einer Menge G mit einer binären, assoziativen Verknüpfung $\cdot$, so dass G ein Element e enthält mit den Eigenschaften:

  a) Es ist $ea = a$ für alle $a \in G$,

  b) Es gibt zu jedem $a \in G$ ein $b \in G$ mit $ab = e$,

so dass $(G, \cdot)$ keine Gruppe ist.

6. Homomorphismen

Im letzten Abschnitt definierten wir für Gruppen die Relation der Rechtskongruenz modulo einer Untergruppe. Genauso gut kann man die *Linkskongruenz* der Elemente a, $b \in G$ nach einer Untergruppe U definieren, indem man $a \equiv_l b \bmod U$ genau dann setzt, wenn $b^{-1}a \in U$ gilt. Die Äquivalenzklassen sind dann die *Linksrestklassen* aU von G modulo U.

Es gilt $a \equiv_r b \bmod U$ genau dann, wenn $b^{-1} \equiv_l a^{-1} \bmod U$ gilt. Ist G endlich, so folgt hieraus, dass $|G : U|$ auch die Anzahl der Linksrestklassen von G modulo U ist.

Wann sind Links- und Rechtskongruenz modulo U gleich? Um diese Frage zu beantworten, benötigen wir noch die folgende Definition: Ist G eine Gruppe und sind X, Y nicht leere Teilmengen von G, so setzen wir

$$XY := \{xy \mid x \in X, y \in Y\}.$$

Diese Multiplikation heißt *Komplexmultiplikation*. Im Falle reeller Vektorräume spricht man auch von *minkowskischer Addition*. Die Komplexmultiplikation ist assoziativ.

Besteht bei der Komplexmultiplikation ein Faktor nur aus einem Element, so lassen wir die geschweiften Klammern um das allein stehende Element weg. Sind a, $b \in G$ und $\emptyset \neq N \subseteq G$, so ist also

$$NaNb = \{xayb \mid x, y \in N\}.$$

Satz 1. *Ist G eine Gruppe und ist N eine Untergruppe von G, so sind die folgenden Bedingungen äquivalent:*
1) *Es ist $(\equiv_r \bmod N) = (\equiv_l \bmod N)$.*
2) *Es ist $Na = aN$ für alle $a \in G$.*
3) *Es ist $a^{-1}Na = N$ für alle $a \in G$.*
4) *Es ist $NaNb = Nab$ für alle a, $b \in G$.*

Beweis. Es ist Na die Äquivalenzklasse von $\equiv_r \bmod N$, zu der a gehört, und aN ist die Äquivalenzklasse von $\equiv_l \bmod N$, die a enthält. Nach bekannten Sätzen über Äquivalenzrelationen sind 1) und 2) daher gleichbedeutend.

2) impliziert 3): Es ist $N = 1N = a^{-1}aN$ für alle $a \in G$. Daher ist

$$a^{-1}Na = a^{-1}aN = N$$

für alle $a \in G$.

3) impliziert 4): Es ist

$$NaNb = Na(a^{-1}Na)b = Naa^{-1}Nab = NNab = Nab$$

für alle a, $b \in G$.

4) impliziert 2): Wegen $1 \in N$ ist $aN \subseteq NaN$. Es folgt

$$aN \subseteq NaN = NaN1 = Na1 = Na$$

für alle $a \in G$. Insbesondere ist auch $a^{-1}N \subseteq Na^{-1}$. Hieraus folgt $Na \subseteq aN$, so dass $Na = aN$ für alle $a \in G$ gilt.

Hat die Untergruppe N von G eine und damit alle vier der Eigenschaften von Satz 1, so heißt N *Normalteiler* von G. Ist G abelsch, so sind alle Untergruppen von G Normalteiler, da in diesem Falle ja $a^{-1}Na = N$ für alle Untergruppen N von G und alle $a \in G$ gilt.

Im Falle eines Normalteilers N von G bezeichnen wir die Menge der Rechtsrestklassen von G modulo N, die ja gleich der Menge der Linksrestklassen ist, mit G/N. Außerdem deuten wir das Normalteilersein durch das Zeichen $N \sqsubseteq G$ an. Zwei Normalteiler hat jede Gruppe, nämlich $\{1\}$ und G. Sind dies die einzigen Normalteiler von G, so heißt G *einfach*. Dies ist ein Terminus technicus, der nicht im Sinne von simpel missverstanden werden sollte.

Was Normalteiler so interessant macht, ist die vierte Eigenschaft von Satz 1. Sie besagt letztlich, dass man der Menge G/N eine Gruppenstruktur aufprägen kann, die von der Gruppenstruktur von G herrührt. Dies ist Inhalt des nächsten Satzes.

Satz 2. *Ist G eine Gruppe und ist N Normalteiler von G, so ist G/N mit der Komplexmultiplikation als Verknüpfung eine Gruppe. Sind a, $b \in G$, so ist*

$$NaNb = Nab.$$

Überdies ist N das Einselement dieser Gruppe.

Beweis. Nach Satz 1 ist $NaNb = Nab$. Daher führt die Komplexmultiplikation nicht aus G/N heraus.

Sind $X, Y, Z \in G/N$, so gibt es $a \in X$, $b \in Y$ und $c \in Z$. Es folgt $X = Na$, $Y = Nb$ und $Z = Nc$. Also ist

$$(XY)Z = (NaNb)Nc = (Nab)Nc = N(ab)c = Na(bc)$$
$$= Na(Nbc) = Na(NbNc) = X(YZ).$$

Ferner ist $NX = NNa = Na = X$ und $Na^{-1}X = Na^{-1}Na = Na^{-1}a = N$. Damit ist alles gezeigt.

Beispiel. Es sei $G := \mathbf{Z}$. Wir betrachten die Gruppe $(G, +)$. Ist N eine Untergruppe von G, so ist N Normalteiler von G, da G abelsch ist. Wie schon gesehen gibt es ein $n \in \mathbf{N}_0$ mit $N = nG$. Ist $n = 0$, so ist $N = \{0\}$ und daher

$$z + N = z + \{0\} = \{z\}.$$

Folglich ist $G/N = \{\{z\} \mid z \in G\}$ und

$$\{z\} + \{z'\} = \{z + z'\}$$

für alle z, $z' \in G$. Die Gruppen G und G/N unterscheiden sich hier also nur um die geschweiften Klammern, die die Elemente von G in G/N umfassen. Es sei nun $n > 0$. Ist $a \in G$, so gibt es eindeutig bestimmte q, $r \in G$ mit $a = qn + r$ und $0 \le r < n$. Es folgt

$$a + N = r + qn + nG = r + nG.$$

Dies besagt, dass G/N höchstens n Elemente enthält. Ist andererseits $r + N = s + N$ und $0 \le s \le r < n$, so ist $r - s \equiv 0 \bmod n$ und

$$0 \le r - s \le r < n.$$

Folglich ist $r = s$ und daher $|G/N| \ge n$. Also ist $|G/N| = n$. Damit haben wir unseren Vorrat an Gruppen vergrößert und insbesondere gezeigt, dass es zu $n \in \mathbf{N}$ stets eine Gruppe, sogar eine abelsche Gruppe, der Ordnung n gibt. Ist n eine Primzahl, so hat G/N auf Grund des Satzes von Lagrange nur zwei Untergruppen, ist also insbesondere einfach.

Welche Ordnung hat das Element $1 + N$? Es ist

$$n(1 + N) = n1 + N = N.$$

Folglich ist $n \in O(1+N)$ und daher $N = nG \subseteq O(1+N)$. Ist andererseits $k \in O(1+N)$, so ist

$$k + N = k(1 + N) = N$$

und folglich $k \in N$. Also gilt auch $O(1 + N) \subseteq N$ und damit $O(1 + N) = N$. Dann ist aber $o(1 + N) = n$.

Ist $X \in G/N$, so gibt es ein $k \in \mathbf{Z}$ mit

$$X = k + N = k(1 + N).$$

Jedes Element von G/N ist also ganzzahliges Vielfaches von $1 + N$. Dies gilt auch für $N = \{0\}$. Gruppen, die von einem Element *erzeugt* werden, heißen *zyklisch*. Dabei bedeutet für eine Gruppe $(G, \cdot)$ von einem Element erzeugt zu werden, dass es ein $g \in G$ gibt mit

$$G = \{g^z \mid z \in \mathbf{Z}\}.$$

Wird die Verknüpfung in G additiv geschrieben, so bedeutet es, dass

$$G = \{zg \mid z \in \mathbf{Z}\}$$

ist. Ist also wieder G die additive Gruppe von $\mathbf{Z}$ und ist N eine Untergruppe von G, so ist G/N zyklisch.

Es sei G eine Gruppe und N sei ein Normalteiler von G. Dann gilt für den kanonischen Epimorphismus κ von G auf G/N die Gleichung

$$\kappa(ab) = \kappa(a)\kappa(b)$$

für alle $a, b \in G$. Nach Satz 1 ist ja

$$\kappa(ab) = Nab = NaNb = \kappa(a)\kappa(b).$$

Dies gibt Anlass zu der folgenden Definition. Sind G und H Gruppen und ist φ eine Abbildung von G in H, so heißt φ *Homomorphismus* von G in H, falls für alle $a, b \in G$ die Gleichung

$$\varphi(ab) = \varphi(a)\varphi(b)$$

gilt. Der kanonische Epimorphismus von G auf G/N ist also ein Homomorphismus von G auf G/N.

Ein weiteres Beispiel für einen Homomorphismus ist die *Exponentialfunktion* exp. Sie ist ein Homomorphismus von $(\mathbf{C}, +)$ auf $(\mathbf{C}^*, \cdot)$. Der *Logarithmus* log, der $(\mathbf{R}^*_+, \cdot)$ auf $(\mathbf{R}, +)$ abbildet und für den die Funktionalgleichung

$$\log(xy) = \log x + \log y$$

gilt, war zweihundert Jahre lang das Rechenhilfsmittel schlechthin. Im Zeitalter des Taschenrechners war er jedoch in wenigen Jahren aus dem Gedächtnis der jüngeren Zeitgenossen verschwunden.

Homomorphismen mit zusätzlichen Eigenschaften bekommen eigene Namen. Surjektive Homomorphismen heißen *Epimorphismen*, injektive *Monomorphismen*, bijektive *Isomorphismen*. Homomorphismen einer Gruppe in sich heißen *Endomorphismen* und Isomorphismen einer Gruppe auf sich *Automorphismen*. Gibt es einen Isomorphismus der Gruppe G auf die Gruppe H, so heißen G und H *isomorph*. Sind G und H isomorph, so drücken wir dies durch das Zeichen $G \cong H$ aus.

Satz 3. *Es sei φ ein Homomorphismus der Gruppe G in die Gruppe H. Dann ist $\varphi(1) = 1$ und $\varphi(a)^{-1} = \varphi(a^{-1})$ für alle $a \in G$. Ist U eine Untergruppe von G, so ist $\varphi(U)$ Untergruppe von H.*

Beweis. Es ist

$$\varphi(1) = \varphi(1 \cdot 1) = \varphi(1)\varphi(1)$$

und daher $\varphi(1) = 1$. Es folgt

$$1 = \varphi(1) = \varphi(aa^{-1}) = \varphi(a)\varphi(a^{-1})$$

und damit $\varphi(a^{-1}) = \varphi(a)^{-1}$.

Sind $x, y \in \varphi(U)$, so gibt es $a, b \in U$ mit $\varphi(a) = x$ und $\varphi(b) = y$. Es folgt $\varphi(b^{-1}) = y^{-1}$ und daher

$$xy^{-1} = \varphi(a)\varphi(b^{-1}) = \varphi(ab^{-1}).$$

Wegen $ab^{-1} \in U$ ist $xy^{-1} \in \varphi(U)$. Weil auch $1 \in U$ und damit $1 = \varphi(1) \in \varphi(U)$ gilt, ist $\varphi(U)$ nach Satz 3 von Abschnitt 5 eine Untergruppe von H.

Satz 4. *Es sei φ ein Homomorphismus der Gruppe G in die Gruppe H. Es sei ferner κ der kanonische Epimorphismus von G auf $G/\mathrm{kern}(\varphi)$. Ist dann $N := \kappa(1)$, so ist N Normalteiler von G und es gilt $G/N = G/\mathrm{kern}(\varphi)$.*

Beweis. Wir zeigen zunächst, dass N eine Untergruppe ist. Wegen $N = \kappa(1)$ ist $1 \in N$, so dass N nicht leer ist. Sind $a, b \in N$, so ist $\varphi(a) = \varphi(b) = \varphi(1) = 1$ und daher

$$\varphi(ab^{-1}) = \varphi(a)\varphi(b)^{-1} = 1 \cdot 1 = 1 = \varphi(1),$$

so dass auch $ab^{-1} \in N$ gilt. Also ist N eine Untergruppe.

Es seien $a, b \in G$. Genau dann gilt $a \operatorname{kern}(\varphi) b$, wenn $\varphi(a) = \varphi(b)$ ist. Dies ist genau dann der Falle, wenn $\varphi(ab^{-1}) = 1 = \varphi(1)$ ist. Dies ist wiederum genau dann der Fall, wenn $ab^{-1} \operatorname{kern}(\varphi) 1$ ist, dh., wenn $ab^{-1} \in N$ gilt. Also ist

$$\operatorname{kern}(\varphi) \; = \equiv_r \; \operatorname{mod} N.$$

Analog erhält man

$$\operatorname{kern}(\varphi) \; = \equiv_l \; \operatorname{mod} N.$$

Also gilt auch

$$\equiv_r \operatorname{mod} N \; = \equiv_l \operatorname{mod} N.$$

Mit Satz 1 folgt daher die Behauptung.

Dieser Satz zeigt, dass der Kern eines Homomorphimus bereits durch die Äquivalenzklasse der 1 des Kerns des Homomorphismus völlig festgelegt ist. Um die Injektivität eines Homomorphismus zu testen, braucht man sich also nur diese Äquivalenzklasse anzusehen. Der Homomorphismus ist genau dann injektiv, wenn sie nur aus der 1 besteht.

Da Kerne von Homomorphismen von Gruppen durch die Äquivalenzklasse der 1 bereits festgelegt sind, werden wir in diesen Fall diese Äquivalenzklasse, wie allgemein üblich, als den Kern des Homomorphismus bezeichnen. Ist φ ein Homomorphismus einer Gruppe in eine andere, so ist also

$$\operatorname{Kern}(\varphi) = \{g \mid g \in G, \varphi(g) = 1\}.$$

Aufgefasst in diesem neuen Sinne ist der Kern eines Homomorphismus also stets ein Normalteiler.

Kerne von Abbildungen sind Äquivalenzrelationen und wir haben gesehen, dass jede Äquivalenzrelation auch Kern einer Abbildung ist, nämlich Kern des zugehörigen kanonischen Epimorphismus. Es ist also zu erwarten, dass jeder Normalteiler Kern eines Homomorphismus ist, nämlich des kanonischen Epimorphismus κ von G auf G/N, wenn nur G eine Gruppe und $N \sqsubseteq G$ ist. Es ist ja $\kappa(a) = aN$ und folglich $\kappa(a) = N$ genau dann, wenn $a \in N$ ist.

Erster Isomorphiesatz. *Es sei φ ein Homomorphismus der Gruppe G in die Gruppe H. Setze $N := \operatorname{Kern}(\varphi)$. Es gibt dann genau einen Monomorphismus σ von G/N in H mit $\sigma(aN) = \varphi(a)$ für alle $a \in G$. Ist φ surjektiv, so ist σ ein Isomorphismus.*

Beweis. Wegen $G/N = G/\operatorname{kern}(\varphi)$ folgt Existenz und Einzigkeit von σ aus dem ersten Isomorphiesatz für Mengen (Abschnitt 1). Es ist nur noch zu zeigen, dass σ multiplikativ ist. Es ist

$$\sigma(aN)\sigma(bN) = \varphi(a)\varphi(b) = \varphi(ab) = \sigma(abN) = \sigma(aNbN).$$

Damit ist alles bewiesen.

Satz 5. *Es sei f ein Epimorphismus der Gruppe G auf die Gruppe H. Ist U Untergruppe von G und gilt* $\mathrm{Kern}(f) \subseteq U$, *so setzen wir*

$$f^*(U) := \{f(u) \mid u \in U\}.$$

Dann ist f^* *eine Bijektion der Menge der* $\mathrm{Kern}(f)$ *umfassenden Untergruppen von G auf die Menge der Untergruppen von H. Sind U und V zwei* $\mathrm{Kern}(f)$ *umfassende Untergruppen von G, so gilt genau dann* $f^*(U) \subseteq f^*(V)$, *wenn* $U \subseteq V$ *ist. Ist schließlich N Untergruppe von G mit* $\mathrm{Kern}(f) \subseteq N$, *so ist genau dann* $N \sqsubseteq G$, *wenn* $f^*(N) \sqsubseteq H$ *ist.*

Beweis. 1) Nach Satz 3 ist $f^*(U)$ Untergruppe von H, falls U Untergruppe von G ist.

2) Es sei V eine Untergruppe von H. Setze

$$g(V) := \{x \mid x \in G, f(x) \in V\}.$$

Dann ist $g(V)$ Untergruppe von G mit $\mathrm{Kern}(f) \subseteq g(V)$. Letzteres folgt daraus, dass für alle $x \in \mathrm{Kern}(f)$ gilt, dass $f(x) = 1 \in V$ ist. Sind $x, y \in g(V)$, so ist

$$f(xy^{-1}) = f(x)f(y)^{-1} \in V.$$

Also ist $xy^{-1} \in g(V)$, so dass $g(V)$ eine Untergruppe von G ist.

3) Ist U eine Untergruppe von G mit $\mathrm{Kern}(f) \subseteq U$, so ist $(gf^*)(U) = U$. Ist nämlich $x \in U$, so ist $f(x) \in f^*(U)$ und folglich $x \in g(f^*(U)) = (gf^*)(U)$. Also ist $U \subseteq (gf^*)(U)$. Es sei $y \in (gf^*)(U) = g(f^*(U))$. Dann ist also $f(y) \in f^*(U)$. Es gibt also ein $u \in U$ mit $f(y) = f(u)$. Es folgt $f(yu^{-1}) = 1$ und dann $yu^{-1} \in \mathrm{Kern}(f) \subseteq U$. Hieraus folgt $y \in Uu = U$. Also ist $(gf^*)(U) = U$.

4) Ist V eine Untergruppe von H, so ist $(f^*g)(V) = V$. Sei $v \in V$. Weil f surjektiv ist, gibt es ein $u \in G$ mit $f(u) = v$. Es folgt $u \in g(V)$ und weiter $v = f(u) \in f^*(g(V)) = (f^*g)(V)$. Also ist $V \subseteq (f^*g)(V)$.

Es sei $y \in (f^*g)(V) = f^*(g(V))$. Es gibt dann ein $z \in g(V)$ mit $y = f(z)$. Nun ist $g(V)$ die Menge der Urbilder von V unter f, also ist $f(z) \in V$ und damit $y \in V$. Es folgt $(f^*g)(V) = V$.

Die Aussagen 1) bis 4) besagen, dass f^* eine Bijektion ist.

5) Es seien U und V Untergruppen von G, die $\mathrm{Kern}(f)$ umfassen. Ist $U \subseteq V$, so ist $f^*(U) \subseteq f^*(V)$. Ist umgekehrt $f^*(U) \subseteq f^*(V)$, so ist

$$U = gf^*(U) \subseteq gf^*(V) = V.$$

6) Es sei N Untergruppe von G mit $\mathrm{Kern}(f) \subseteq N$. Ferner sei $N \sqsubseteq G$. Ist $x \in H$, so gibt es ein $y \in G$ mit $f(y) = x$, da f ja surjektiv ist. Es folgt

$$\begin{aligned}
xf^*(N)x^{-1} &= \{f(y)f(u)f(y)^{-1} \mid u \in N\} \\
&= \{f(yuy^{-1}) \mid u \in N\} \\
&= \{f(v) \mid v \in N\} \\
&= f^*(N).
\end{aligned}$$

Also ist $f^*(N)$ Normalteiler.

Es sei umgekehrt $f^*(N) \sqsubseteq H$. Ist $u \in N$ und $x \in G$, so ist

$$f(xux^{-1}) = f(x)f(u)f(x)^{-1}$$

Somit ist $xux^{-1} \in g(f^*(N)) = N$. Also ist N Normalteiler in G. Damit ist alles bewiesen.

Es sei G eine Gruppe und $N \sqsubseteq G$. Ferner sei κ der kanonische Epimorphismus von G auf G/N. Ist U Untergruppe von G mit $N \subseteq U$, so ist

$$\kappa^*(U) = \{\kappa(u) \mid u \in U\} = \{Nu \mid u \in U\},$$

dh. es ist $\kappa^*(U) = U/N$. Satz 5 besagt also in diesem Falle, dass es zu jeder Untergruppe V von G/N eine Untergruppe U von G gibt mit $N \subseteq U$ und $V = U/N$. Ferner gilt, dass U/N genau dann in G/N normal ist, wenn U in G normal ist.

Satz 6. *Es seien A und B Untergruppen der Gruppe G. Genau dann ist AB Untergruppe von G, wenn $AB = BA$ ist.*

Beweis. Es sei AB Untergruppe von G. Dann ist

$$ba = (a^{-1}b^{-1})^{-1} \in AB,$$

so dass $BA \subseteq AB$ ist. Es sei $a \in A$ und $b \in B$. Dann ist

$$b^{-1}a^{-1} \in BA \subseteq AB.$$

Es gibt also ein $u \in A$ und ein $v \in B$ mit $b^{-1}a^{-1} = uv$. Es folgt

$$ab = (b^{-1}a^{-1})^{-1} = (uv)^{-1} = v^{-1}u^{-1} \in BA.$$

Also gilt auch $AB \subseteq BA$ und damit $AB = BA$.

Es gelte $AB = BA$. Ferner seien $a, u \in A$ und $b, v \in B$. Dann ist

$$ab(uv)^{-1} = abv^{-1}u^{-1}.$$

Wegen $BA = AB$ gibt es $a' \in A$ und $b' \in B$ mit $bv^{-1}u^{-1} = a'b'$. Es folgt

$$ab(uv)^{-1} = aa'b' \in AB.$$

Somit ist AB Untergruppe von G.

Korollar. *Ist A Untergruppe und N Normalteiler der Gruppe G, so ist AN Untergruppe von G.*

Beweis. Ist $a \in A$, so ist $aN = Na$ nach Satz 1 dieses Abschnitts. Also ist $AN = NA$, so dass AN nach Satz 6 Untergruppe von G ist.

Zweiter Isomorphiesatz. *Es sei G eine Gruppe und N sei Normalteiler von G. Ist U Untergruppe von G, so gibt es genau einen Isomorphismus σ von $U/(U \cap N)$ auf $(UN)/N$ mit*

$$\sigma\bigl(v(U \cap N)\bigr) = vN$$

für alle $v \in U$.

Beweis. Definiere die Abbildung φ von U in UN/N durch

$$\varphi(v) := vN.$$

Dann ist φ die Einschränkung des kanonischen Epimorphismus von G nach G/N auf U. Insbesondere ist φ multiplikativ, also ein Homomorphismus von U in UN/N. Es sei $gN \in UN/N$. Es gibt dann ein $v \in U$ und ein $n \in N$ mit $g = vn$. Es folgt

$$gN = vnN = vN = \varphi(v),$$

so dass φ surjektiv ist. Schließlich gilt $\varphi(u) = N$ genau dann, wenn $u \in U \cap N$ ist. Hieraus folgt mit Hilfe des ersten Isomorphiesatzes die Existenz und Einzigkeit von σ.

Dritter Isomorphiesatz. *Es seien M und N Normalteiler der Gruppe G. Ist $N \subseteq M$, so gibt es genau einen Isomorphismus σ von G/M auf $(G/N)/(M/N)$ mit*

$$\sigma(gM) = (gN)(M/N)$$

für alle $g \in G$.

Beweis. Wie nach Satz 5 bemerkt, ist M/N Normalteiler von G/N, so dass der Satz zumindest syntaktisch korrekt ist.

Es sei κ der kanonische Epimorphismus von G auf G/N und λ sei der kanonische Epimorphismus von G/N auf $(G/N)/(M/N)$. Dann ist $\varphi := \lambda\kappa$ ein Epimorphismus von G auf $(G/N)/(M/N)$ und es gilt

$$\varphi(g) = (\lambda\kappa)(g) = \lambda(\kappa(g)) = \lambda(gN) = (gN)(M/N).$$

Nun ist genau dann $\varphi(g) = M/N$, wenn $gN \in M/N$, dh., genau dann, wenn es ein $m \in M$ gibt mit $gN = mN$. Dies ist genau dann der Fall, wenn es ein $m \in M$ gibt mit $m^{-1}g \in N$. Wegen $N \subseteq M$ ist dies genau dann der Fall, wenn $g \in M$ ist. Somit ist $M = \mathrm{Kern}(\varphi)$. Folglich ist die Behauptung des Satzes Konsequenz des ersten Isomorphiesatzes.

Nach Satz 2 und vor den Definitionen der Begriffe Homomorphismus, etc. haben wir den Begriff der zyklischen Gruppe eingeführt. Eine Gruppe heißt demnach zyklisch, wenn es ein $g \in G$ gibt mit $G = \{g^z \mid z \in \mathbf{Z}\}$. Dies besagt, das die zyklischen Gruppen genau die epimorphen Bilder von $\mathbf{Z}$ sind.

Satz 7. *Es sei $n \in \mathbf{N}$ und G sei eine zyklische Gruppe der Ordnung n. Ist $m \in \mathbf{N}$, so hat G genau dann eine und dann auch nur eine Untergruppe der Ordnung m, wenn m Teiler von n ist. Alle Untergruppen von G sind zyklisch.*

Beweis. Besitzt G eine Untergruppe der Ordnung m, so ist m nach dem Satz von Lagrange Teiler von n.

Es sei $n = mk$ mit $k \in \mathbf{N}$. Weil G zyklisch ist, gibt es einen Epimorphismus φ von $(\mathbf{Z}, +)$ auf G. Es folgt

$$|\mathbf{Z}/\mathrm{Kern}(\varphi)| = n.$$

Hieraus folgt weiter $\mathrm{Kern}(\varphi) = n\mathbf{Z}$. Wegen $n = km$ ist $n\mathbf{Z} \subseteq k\mathbf{Z}$. Nach Satz 5 ist $\varphi^*(k\mathbf{Z})$ Untergruppe von G. Diese ist nach dem ersten Isomorphiesatz isomorph zu $k\mathbf{Z}/n\mathbf{Z}$. Nach dem dritten Isomorphiesatz gilt, dass $\mathbf{Z}/k\mathbf{Z}$ isomorph ist zu $(\mathbf{Z}/n\mathbf{Z})/(k\mathbf{Z}/n\mathbf{Z})$. Also ist

$$k = |\mathbf{Z}/k\mathbf{Z}| = \frac{|\mathbf{Z}/n\mathbf{Z}|}{|k\mathbf{Z}/n\mathbf{Z}|} = \frac{n}{|k\mathbf{Z}/n\mathbf{Z}|} = \frac{mk}{|k\mathbf{Z}/n\mathbf{Z}|}.$$

Also ist $|k\mathbf{Z}/n\mathbf{Z}| = m$, so dass G eine Untergruppe der Ordnung m enthält.

Ist schließlich U eine Untergruppe der Ordnung m von G, so gibt es nach Satz 5 eine Untergruppe V von $\mathbf{Z}$ mit $n\mathbf{Z} \subseteq V$ und $f^*(V) = U$. Es gibt ferner ein $a \in \mathbf{N}_0$ mit $n\mathbf{Z} \subseteq V = a\mathbf{Z}$. Wie eben gesehen ist $|a\mathbf{Z}/n\mathbf{Z}| = \frac{n}{a}$. Es folgt

$$m = |U| = |a\mathbf{Z}/n\mathbf{Z}| = \frac{n}{a} = \frac{mk}{a},$$

so dass $k = a$ ist. Damit ist auch die Einzigkeit von U nachgewiesen.

Dass alle Untergruppen von G zyklisch sind, folgt daraus, dass sie alle — bis auf Isomorphie — von der Form $k\mathbf{Z}/n\mathbf{Z}$ sind, wie wir gerade gesehen haben.

Korollar. *Ist $\varphi(n)$ die Anzahl der Erzeugenden einer zyklischen Gruppe der Ordnung n, so ist*

$$n = \sum_{d|n} \varphi(d).$$

Dabei bedeute, wie schon früher, $d \mid n$, dass d Teiler von n ist.

Beweis. Es sei G eine zyklische Gruppe der Ordnung n. Ist $g \in G$ und $o(g) = d$, so ist d Teiler von n und g erzeugt eine Untergruppe der Ordnung d von G. Da G zu jedem Teiler d von n genau eine Untergruppe der Ordnung d enthält, und da alle Untergruppen von G zyklisch sind, folgt die Behauptung.

Die gerade definierte Funktion φ heißt *eulersche Totientenfunktion*. Sie spielt in der Zahlentheorie eine wichtige Rolle. Wir werden ihr später noch begegnen.

Aufgaben

1. Es sei N eine Untergruppe vom Index 2 der Gruppe G. Zeigen Sie, dass N Normalteiler von G ist.

2. Es sei V ein Rechtsvektorraum über dem Körper K. Mit $\mathrm{GL}(V)$ bezeichnen wir die Gruppe der bijektiven linearen Abbildungen von V auf sich. Ist $\sigma \in \mathrm{GL}(V)$ und $v \in V$, so definieren wir die Abbildung $\gamma(\sigma, v)$ von V in sich durch

$$x^{\gamma(\sigma, v)} := x^{\sigma} + v.$$

Dann gilt:

a) $\Gamma := \{\gamma(\sigma,v) \mid \sigma \in \mathrm{GL}(V), v \in V\}$ ist mit der Hintereinanderausführung als Verküpfung eine Gruppe von bijektiven Abbildungen von V auf sich.

b) Die Menge $T := \{\gamma(1,v) \mid v \in V\}$ ist ein Normalteiler von Γ.

c) Γ operiert zweifach transitiv auf V, dh., dass es zu u, u', v, $v' \in V$ mit $u \neq v$ und $u' \neq v'$ stets ein $\gamma \in \Gamma$ gibt mit $u^\gamma = u'$ und $v^\gamma = v'$.

3. Es sei V ein Rechtsvektorraum über K. Mit $\mathrm{PGL}(V)$ bezeichnen wir die Gruppe, die von $\mathrm{GL}(V)$ auf der Menge der Unterräume von V induziert wird. Enthält V mindestens zwei linear unabhängige Vektoren, so ist $\mathrm{PGL}(V)$ auf der Menge der Punkte zweifach transitiv. Dabei heißen die Unterräume der Dimension 1 von V *Punkte*. (Sind P und Q bzw. P' und Q' zwei verschiedene Punkte, so gibt es Unterräume H und H' mit $V = P + Q + H = P' + Q' + H'$ und $(P+Q) \cap H = \{0\} = (P'+Q') \cap H'$. Hiermit schließe man weiter.)

4. Es sei V ein Rechtsvektorraum der Dimension 2 über dem Körper K. Es bezeichne wieder $\mathrm{PGL}(V)$ die Gruppe, die von $\mathrm{GL}(V)$ auf der Menge der Unterräume von V induziert wird. Zeigen sie, dass $\mathrm{PGL}(V)$ auf der Menge der Unterräume der Dimension 1 von V dreifach transitiv operiert, dh., dass es zu drei verschiedenen Punkten P_1, P_2, P_3 und drei weiteren verschiedenen Punkten Q_1, Q_2, Q_3 stets ein $\gamma \in \mathrm{PGL}(V)$ gibt mit $P_i^\gamma = Q_i$ für $i := 1, 2, 3$. (Beginnen Sie damit zu zeigen, dass es zu drei verschiedenen Unterräumen P_1, P_2, P_3 der Dimension 1 Vektoren b_1, b_2, b_3 gibt mit $P_i = b_i K$ und $b_3 = b_1 + b_2$.

Die Hörer meiner Vorlesung taten sich mit dem Begriff der Transitivität sehr schwer. Es dauerte lange, bis sie sich an ihn gewöhnten. Erschwerend kam hinzu, dass sie erhebliche Defizite in linearer Algebra hatten. Sie bekamen dort nur kleine Brötchen gebacken. Das hat den Aufgabenteil meiner Vorlesung und dann auch dieses Buches beeinflusst.)

5. Es sei G eine Gruppe und M und N seien Normalteiler von G. Ist $M \cap N = \{1\}$, so gilt $mn = nm$ für alle $m \in M$ und alle $n \in N$.

6. Es sei G eine endliche Gruppe. Hat die Gleichung $x^n = 1$ für alle natürlichen Zahlen n in G höchstens n Lösungen, so ist G zyklisch. (Ist $d \in \mathbf{N}$ und bezeichnet $a(d)$ die Anzahl der Elemente der Ordnung d in G, so ist $a(d) \leq \varphi(d)$, wobei φ die eulersche Totientenfunktion ist. Dies ist zu zeigen und damit weiter zu schließen.)

7. Es bezeichne φ die eulersche Totientenfunktion. Sind m und n teilerfremde natürliche Zahlen, so ist $\varphi(mn) = \varphi(m)\varphi(n)$. (Schließen Sie mit Hilfe gewisser Untergruppen der zyklischen Gruppe der Ordnung mn.)

8. Es sei φ die eulersche Totientenfunktion. Ist $n \in \mathbf{N}$, so ist $\varphi(n)$ die Anzahl der natürlichen Zahlen d mit $d \leq n$ und $\mathrm{ggT}(d,n) = 1$. (Zur Erinnerung: Wir hatten $\varphi(n)$ definiert als die Anzahl der Erzeugenden einer zyklischen Gruppe der Ordnung n.)

7. Operatorgruppen

Es sei M eine Menge und G eine Gruppe. Wir nennen G *Operatorgruppe* auf M, wenn es eine Abbildung von $M \times G$ in M gibt, die (m, g) auf m^g abbildet, so dass gilt:

1) Es ist $m^1 = m$ für alle $m \in M$.

2) Es ist $m^{gh} = (m^g)^h$ für alle $m \in M$ und alle $g, h \in G$.

Beispiele von Operatorgruppen sind natürlich die symmetrischen Gruppen S_X, die auf X als Operatorgruppen wirken. Andere Beispiele erhält man mittels Vektorräumen. Auf ihnen wirken die multiplikativen Gruppen des zu Grunde liegenden Körpers als Operatorgruppen. Doch dieses sind Exoten für die Theorie. Man interessiert sich vor allem für die symmetrischen Gruppen und ihre Untergruppen.

Ist G Operatorgruppe auf M, so definieren wir die binäre Relation $\sim$ auf M durch $x \sim y$ genau dann, wenn es ein $g \in G$ gibt mit $x^g = y$. Dann ist $\sim$ eine Äquivalenzrelation. Es ist ja $x^1 = x$ und folglich $x \sim x$. Ist $x \sim y$, so gibt es ein $g \in G$ mit $x^g = y$. Es folgt

$$y^{g^{-1}} = (x^g)^{g^{-1}} = x^{gg^{-1}} = x^1 = x$$

und damit $y \sim x$. Gilt $x \sim y$ und $y \sim z$, so gibt es $g, h \in G$ mit $x^g = y$ und $y^h = z$. Es folgt

$$x^{gh} = (x^g)^h = y^h = z,$$

so dass auch $x \sim z$ gilt. Die Äquivalenzklassen dieser Relation nennen wir die *Bahnen* von G auf M.

Ist G Operatorgruppe auf M und ist $x \in M$, so setzen wir

$$G_x := \{g \mid g \in G, x^g = x\}$$

und nennen G_x den *Stabilisator* von x in G. Offenbar ist G_x Untergruppe von G.

Satz 1. *Es sei G eine endliche Operatorgruppe auf der Menge M. Ist B eine Bahn von G auf M und ist $x \in B$, so ist*
$$|G| = |B||G_x|.$$

Beweis. Wir definieren eine Äquivalenzrelation β auf G durch $g \, \beta \, h$ genau dann, wenn $x^g = x^h$ ist. Weil B aus den Bildern von x unter G besteht, ist B endlich, da G endlich ist. Es folgt weiter, dass $|B|$ die Anzahl der Äquivalenzklassen von β ist. Es sei $C \in G/\beta$ und $g \in C$. Für $h \in G_x$ sei $f(h)$ definiert als $f(h) := hg$. Es folgt

$$x^{f(h)} = x^{hg} = (x^h)^g = x^g$$

und damit $f(h) \in C$. Ist andererseits $c \in C$, so ist

$$x^{cg^{-1}} = x^{gg^{-1}} = x$$

und daher $cg^{-1} \in G_x$. Weiter folgt

$$x^{f(cg^{-1})} = x^{cg^{-1}g} = x^c = x^g.$$

Da f banalerweise injektiv ist, ist f also eine Bijektion von G_x auf C, so dass alle Äquivalenzklassen von β die Länge $|G_x|$ haben. Folglich ist

$$|G| = |B||G_x|.$$

Der Beweis des nächsten Satzes ist ein Juwel. Er stammt von James H. McKay. Er fand ihn, als er noch Student war, wie er mir erzählte.

Satz von Cauchy. *Es sei G eine endliche Gruppe. Ist p eine Primzahl, die $|G|$ teilt, so ist die Anzahl der $x \in G$ mit $x^p = 1$ durch p teilbar. Insbesondere enthält G ein Element der Ordnung p.*

Beweis. Setze
$$M := \{(g_1, \ldots, g_p) \mid g_i \in G, g_1 g_2 \cdots g_p = 1\}.$$

Wegen
$$g_2 g_3 \cdots g_p g_1 = g_1^{-1} g_1 g_2 \cdots g_p g_1$$

folgt aus $(g_1, \ldots, g_p) \in M$, dass auch $(g_2, \ldots, g_p, g_1) \in M$ ist. Folglich operiert die zyklische Gruppe Z_p der Ordnung p als Operatorgruppe auf M. Weil p eine Primzahl ist, folgt mit Satz 1, dass die Bahnen von Z_p auf M die Länge 1 oder p haben. Ist $(g_1, \ldots, g_p) \in M$, so gehört $(g_1, \ldots, g_p)$ genau dann zu einer Bahn der Länge 1, wenn $g_1 = g_2 = \ldots = g_p$ ist. Folglich ist die Anzahl der Bahnen der Länge 1 gleich der Anzahl der $x \in G$ mit $x^p = 1$. Es sei A diese Anzahl und B sei die Anzahl der Bahnen der Länge p. Dann ist
$$|M| = A + pB.$$

Zu $g_1, g_2, \ldots, g_{p-1} \in G$ gibt es genau ein $g_p \in G$ mit $(g_1 \cdots g_{p-1})g_p = 1$, dh., mit $(g_1, \ldots, g_{p-1}, g_p) \in M$. Also ist $|M| = |G|^{p-1}$. All dies gilt unabhängig davon, ob p Teiler von $|G|$ ist oder nicht. Wegen $(1, \ldots, 1) \in M$ gilt überdies noch $A \geq 1$.

Weil nun p Teiler von $|G|$ und weil $p - 1 \geq 1$ ist, ist p Teiler von $|M|$ und wegen $|M| = A + pB$ dann auch von A. Dies beweist die erste Behauptung. Wegen $A \geq 1$ folgt weiter $A \geq p$. Es gibt also ein $x \in G$ mit $1 \neq x$ und $x^p = 1$. Dann ist aber $o(x) = p$. Damit ist auch die letzte Behauptung bewiesen.

Mit Satz 1 haben wir fast auch schon den nächsten Satz bewiesen, der auch unter dem Namen kleiner Satz von Fermat bekannt ist.

Satz 2 (Fermat). *Ist $n \in \mathbf{N}$, ist p eine Primzahl und ist p kein Teiler von n, so ist*

$$n^{p-1} \equiv 1 \bmod p.$$

Beweis. Es sei G die zyklische Gruppe der Ordnung n. Ist dann A die Anzahl der $g \in G$ mit $g^p = 1$, so ist
$$n^{p-1} \equiv A \bmod p,$$

wie wir beim Beweise des Satzes von Cauchy bemerkten. Weil p kein Teiler von n ist, hat G keine Elemente der Ordnung p. Folglich ist $A = 1$. Damit ist der Satz bewiesen.

Es sei G eine Gruppe und H sei eine Untergruppe von G. Wir machen H zu einer Operatorgruppe auf G durch die Vorschrift

$$g^h := h^{-1}gh$$

für alle $g \in G$ und alle $h \in H$. Sind $u, v \in H$, so ist

$$g^{uv} = (uv)^{-1}guv = v^{-1}u^{-1}guv = (g^u)^v.$$

Ferner ist $g^1 = g$ für alle $g \in G$. Somit ist H wirklich Operatorgruppe auf G. Den Stabilisator von $x \in G$ unter der Wirkung von H bezeichnen wir mit $C_H(x)$ und nennen ihn den *Zentralisator* von x in H. Offenbar besteht $C_H(x)$ aus allen Elementen von H, die mit x vertauschbar sind, dh. aus allen Elementen h, für die $hx = xh$ gilt. Liegen x und y in der gleichen Bahn von H, so heißen x und y *konjugiert unter H*. Ist $H = G$, so heißen die Bahnen die *Konjugiertenklassen* von G. Die Vereinigung aller Konjugiertenklassen der Länge 1 von G ist eine Untergruppe $Z(G)$ von G. Man nennt $Z(G)$ *Zentrum* von G. Es besteht aus all den Elementen von G, die mit allen Elementen von G vertauschbar sind.

Es sei weiterhin vermerkt, dass die Abbildung $x \to x^g$ ein Automorphismus von G ist. Es ist ja

$$(xy)^g = g^{-1}xyg = g^{-1}xgg^{-1}yg = x^g y^g,$$

so dass $x \to x^g$ multiplikativ ist. Ferner ist $x \to x^{g^{-1}}$ die zu $x \to x^g$ inverse Abbildung, wie schnell zu sehen. Automorphismen dieser Art heißen *innere Automorphismen* von G, da sie sich innerhalb von G beschreiben lassen.

Es gilt nun die wichtige

Klassengleichung. *Es sei G eine endliche Gruppe und $x_1, \ldots, x_t$ seien Vertreter der Konjugiertenklassen von G, die mehr als ein Element enthalten. Dann ist*

$$|G| = |Z(G)| + \sum_{i:=1}^{t} |G : C_G(x_i)|.$$

Beweis. Es seien $K_1, \ldots, K_t$ die Konjugiertenklassen mit $x_i \in K_i$. Dann sind also $K_1, \ldots, K_t$ die Konjugiertenklassen von G, die mehr als ein Element enthalten. Es folgt

$$|G| = |Z(G)| + \sum_{i:=1}^{t} |K_i|.$$

Nach Satz 1 gilt $|G| = |K_i||C_G(x_i)|$ und nach dem Satz von Lagrange daher

$$|K_i| = |G : C_G(x_i)|.$$

Damit ist die Klassengleichung bewiesen.

Ist p eine Primzahl und ist G eine Gruppe, deren Elemente alle eine Ordnung haben, die eine Potenz von p ist, so heißt G eine *p-Gruppe*. Ist G eine endliche p-Gruppe, so folgt mit dem Satz von Cauchy, dass $|G|$ eine Potenz von p ist.

Eine erste Anwendung der Klassengleichung liefert, wie wir nun sehen werden, den folgenden für die Theorie der endlichen p-Gruppen grundlegenden Satz, der für unendliche p-Gruppen nicht gilt, wie Aufgabe 8 dieses Abschnitts zeigt.

Satz 3. *Ist p eine Primzahl und ist G eine endliche p-Gruppe, die von $\{1\}$ verschieden ist, so ist $Z(G) \neq \{1\}$.*

Beweis. Weil G eine von $\{1\}$ verschiedene p-Gruppe ist, ist $|G| = p^n$ mit $n \geq 1$. Es folgt, dass der Index jeder von G verschiedenen Untergruppe von G durch p teilbar ist. Mittels der Klassengleichung folgt, dass auch $|Z(G)|$ durch p teilbar ist. Wegen $1 \in Z(G)$ ist $|Z(G)| \geq 1$ und damit $|Z(G)| \geq p$.

Satz 4. *Es sei p eine Primzahl. Ist G eine endliche Gruppe und ist p Teiler von $|G : H|$ für alle von G verschiedenen Untergruppen von G, so ist G eine p-Gruppe.*

Beweis. Ist $G = \{1\}$, so ist G eine p-Gruppe. Es sei also $|G| > 1$. Dann ist

$$|G| = |G : \{1\}|$$

durch p teilbar. Mittels der Klassengleichung folgt, dass $|Z(G)|$ durch p teilbar ist. Nach dem Satz von Cauchy enthält $Z(G)$ ein Element der Ordnung p und damit eine Untergruppe C der Ordnung p. Weil C im Zentrum liegt, ist C Normalteiler von G. Ist U eine echte Untergruppe von G/C, so gibt es, wie wir wissen, eine Untergruppe V von G mit $U = V/C$. Es folgt

$$|G/C : U| = |G/C : V/C| = \frac{|G/C|}{|V/C|} = \frac{|G|}{|C|} \cdot \frac{|C|}{|V|} = |G : V|.$$

Also ist V echte Untergruppe von G, so dass $|G : V|$ und damit $|G/C : U|$ durch p teilbar ist. Nach Induktionsannahme ist also G/C eine p-Gruppe. Wegen

$$|G| = |G/C||C| = |G/C|p$$

ist dann auch G eine p-Gruppe.

Die Umkehrung des Satzes von Lagrange gilt nicht. Es gibt also nicht immer zu einem Teiler k von $|G|$ auch eine Untergruppe der Ordnung k von $|G|$. Es gilt jedoch

Erster Satz von Sylow. *Es sei G eine endliche Gruppe, es sei p eine Primzahl und $n \in \mathbf{N}$. Ist p^n Teiler von $|G|$, so enthält G eine Untergruppe der Ordnung p^n.*

Beweis. Ist $|G| = p^n$, so ist nichts zu beweisen. Es sei also $|G| > p^n$. Ist U eine echte Untergruppe von G, so dass $|G : U|$ nicht durch p teilbar ist, so folgt aus $|G| = |G : U||U|$, dass p^n Teiler von $|U|$ ist. Nach Induktionsannahme enthält U und damit G eine Untergruppe der Ordnung p^n. Es sei also p Teiler von $|G : U|$ für alle echten Untergruppen U von G. Nach Satz 4 ist G dann p-Gruppe. Mit Satz 3 und dem Satz von Cauchy folgt wieder, dass $Z(G)$ eine Untergruppe C der Ordnung p enthält. Weil C

als Untergruppe des Zentrums Normalteiler von G ist, ist G/C eine Gruppe. Überdies ist p^{n-1} Teiler von $|G/C|$. Nach Induktionsannahme enthält G/C eine Untergruppe V der Ordnung p^{n-1}. Es gibt nun eine Untergruppe U von G mit $C \subseteq U$ und $U/C = V$. Es folgt $|U| = |V|p = p^n$, so dass U eine Untergruppe der Ordnung p^n von G ist.

Ist p^n die höchste in $|G|$ aufgehende Potenz von p, so heißt jede Untergruppe von G, deren Ordnung p^n ist, p-*Sylowgruppe* von G nach dem norwegischen Mathematiker M. L. Sylow. Die Menge der p-Sylowgruppen von G bezeichnen wir mit $\mathrm{Syl}_p(G)$. Es ist also $\mathrm{Syl}_p(G) \neq \emptyset$ für alle Primzahlen p.

Satz 5. *Es seien U und V endliche Untergruppen einer Gruppe G. Dann ist*

$$|UV| = \frac{|U||V|}{|U \cap V|}$$

unabhängig davon, ob UV eine Untergruppe von G ist oder nicht.

Beweis. Mache aus $U \times V$ eine Gruppe durch die Vorschrift

$$(u,v)(u',v') := (uu', vv').$$

Diese Gruppe heißt *direktes Produkt* von U und V. Mache $U \times V$ zu einer Operatorgruppe auf UV durch die Vorschrift

$$g^{(u,v)} := u^{-1}gv$$

für alle $g \in UV$ und alle $(u,v) \in U \times V$. Sind g, $g' \in UV$, so gibt es x, $x' \in U$ und y, $y' \in V$ mit $g = xy$ und $g' = x'y'$. Setze $u := xx'^{-1}$ und $v := y^{-1}y'$. Dann ist

$$g^{(u,v)} = (xx'^{-1})^{-1}xyy^{-1}y' = x'y' = g'.$$

Also ist UV eine Bahn von $U \times V$. Es folgt

$$|U||V| = |U \times V| = |UV||(U \times V)_1|$$

nach Satz 1. Nun gilt

$$1 = 1^{(u,v)} = u^{-1}v$$

genau dann, wenn $u = v \in U \cap V$ ist. Also ist $|(U \times V)_1| = |U \cap V|$. Damit ist alles bewiesen.

Satz 6. *Es sei p eine Primzahl und G sei eine endliche Operatorgruppe auf der Menge M. Ferner sei T eine nicht leere Teilmenge von M. Enthält G_x für jedes $x \in T$ eine p-Untergruppe P_x, die keinen anderen Fixpunkt als x hat, so gibt es eine Bahn B von G mit $T \subseteq B$. Die Bahn B ist endlich und es gilt $|B| \equiv 1 \bmod p$.*

Beweis. Weil $T \neq \emptyset$ ist, gibt es eine Bahn B von G mit $T \cap B \neq \emptyset$. Weil G endlich ist, ist B endlich. Es sei $x \in T \cap B$. Dann zerlegt die Gruppe P_x die Bahn B ihrerseits in Bahnen, deren Längen nach Satz 1 allesamt Potenzen von p sind. Eine dieser Bahnen ist $\{x\}$. Weil G_x keinen Fixpunkt außer x hat, sind die Längen der übrigen Bahnen alle durch p teilbar. Also ist $|B| \equiv 1 \bmod p$. Wäre $T \not\subseteq B$, so gäbe es ein $y \in T - B$. Die Gruppe P_y zerlegte B in lauter Bahnen, deren Längen wegen $y \notin B$ alle durch p teilbar wären. Es folgte der Widerspruch $|B| \equiv 0 \bmod p$. Also ist doch $T \subseteq B$.

Die Untergruppen U und V der Gruppe G heißen *konjugiert*, falls es ein $g \in G$ gibt mit $g^{-1}Ug = V$. Hier haben wir wieder eine Operatorgruppensituation vorliegen. Der Stabilisator von U unter dieser Wirkung werde mit $N_G(U)$ bezeichnet und *Normalisator* von U in G genannt. Der Normalisator von U in G ist die größte Untergruppe von G, in der U Normalteiler ist. Ist V eine Teilmenge von $N_G(U)$, so sagen wir, dass V die Gruppe U *normalisiere*.

Zweiter Satz von Sylow. *Alle p-Sylowgruppen einer endlichen Gruppe sind konjugiert.*

Beweis. Es seien $P, Q \in \mathrm{Syl}_p(G)$ und es gelte $P \subseteq N_G(Q)$. Dann ist $gQ = Qg$ für alle $g \in P$. Nach Satz 6 von Abschnitt 6 ist PQ daher eine Untergruppe von G. Nach Satz 5 ist

$$|PQ| = \frac{|P||Q|}{|P \cap Q|},$$

so dass PQ eine p-Untergruppe von G ist. Nach dem Satz von Lagrange ist $|PQ|$ Teiler von $|G|$. Es folgt $|PQ| \leq |P|$ und damit $|PQ| = |P|$, dh., $|P \cap Q| = |P|$, so dass $P = Q$ ist. Folglich *normalisiert* P nur sich selbst unter allen p-Sylowgruppen. Mit Satz 6 folgt daher, dass $\mathrm{Syl}_p(G)$ in einer Konjugiertenklasse von Untergruppen von G enthalten ist. Da die Konjugierten einer p-Sylowgruppe wieder p-Sylowgruppen sind, folgt, dass $\mathrm{Syl}_p(G)$ eine Konjugiertenklasse ist. Damit ist der zweite Satz von Sylow bewiesen.

Mit Satz 6 folgt aber auch noch

Dritter Satz von Sylow. *Ist G eine endliche Gruppe und ist p eine Primzahl, so ist*

$$\big|\mathrm{Syl}_p(G)\big| \equiv 1 \bmod p.$$

Auf das Thema Sylowgruppen werden wir u. a. in Abschnitt 10 noch einmal zurückkommen. Dort werden wir nämlich die Sylowgruppen der symmetrischen Gruppen rekursiv konstruieren, um dann mit ihrer Hilfe einen zweiten Beweis für den ersten Satz von Sylow zu geben.

Aufgaben

1. Es sei G eine Gruppe und H sei eine Operatorgruppe auf G, für die überdies gilt, dass $(gh)^\alpha = g^\alpha h^\alpha$ ist für alle $g, h \in G$ und alle $\alpha \in H$. Auf $H \times G$ definieren wir eine Verknüpfung durch

$$(\alpha, g)(\beta, h) := (\alpha\beta, g^\beta h).$$

Zeigen Sie, dass $(H \times G, \cdot)$ eine Gruppe ist. Man nennt sie *semidirektes Produkt* von G mit H. Zeigen Sie ferner, dass $T := \{(1, g) \mid g \in G\}$ ein zu G isomorpher Normalteiler und $S := \{(\alpha, 1) \mid \alpha \in H\}$ eine zu H isomorphe Untergruppe des semidirekten Produktes Γ von G mit H ist und dass außerdem $\Gamma = TS$ und $T \cap S = \{1\}$ gilt. Zeigen

Sie schließlich, dass S genau dann normal in Γ ist, wenn für alle $\alpha \in H$ und alle $g \in G$ gilt, dass $g^\alpha = g$ ist.

(In Aufgabe 2 von Abschnitt 6 haben wir die Situation des semidirekten Produktes von V mit $\mathrm{GL}(V)$ gesehen.)

2. Ist A eine abelsche Gruppe, so ist $a \to a^{-1}$ ein Automorphismus von A. Unter welchen Bedinungen an A ist das semidirekte Produkt von A mit $\{1, -1\}$ abelsch? (Ist A zyklisch, so heißt das semidirekte Produkt von A mit $\{1, -1\}$ *Diedergruppe*.)

3. Es seien p und q zwei verschiedene Primzahlen und G sei eine Gruppe der Ordnung pq. Ist p kein Teiler von $q - 1$ und q kein Teiler von $p - 1$, so ist G zyklisch.

4. Es sei G eine endliche Gruppe. Ist N ein Normalteiler von G und gilt

$$\mathrm{ggT}(|G/N|, |N|) = 1,$$

so ist N eine *charakteristische Untergruppe*. (Normalteiler dieser Art heißen in der Literatur auch *hallsche Normalteiler* nach Philip Hall.)

5. Ist G eine Gruppe und ist $G/Z(G)$ zyklisch, so ist G abelsch.

6. Es sei p eine Primzahl.

   a) Ist G eine Gruppe der Ordnung p^2, so ist G abelsch.

   b) Es gibt nur zwei Isomorphietypen von Gruppen der Ordnung p^2.

7. Falls der Leser die endlichen Körper $\mathrm{GF}(p)$, wobei p eine Primzahl ist, nicht kennen sollte, nehme er diese und die nächsten beiden Aufgabe erst in Angriff, wenn die Galoisfelder eingeführt sind.

   Es sei p eine Primzahl und V sei ein Vektorraum vom Range n über $\mathrm{GF}(p)$. Es sei ferner $b_1, \ldots, b_n$ eine Basis von V. Ist Π die Menge der Endomorphismen τ von V, die für $j := 1, \ldots, n$ durch

$$\tau(b_j) = b_j + \sum_{i:=j+1}^{n} b_i \alpha_{ij}$$

mit $\alpha_{ij} \in \mathrm{GF}(p)$ dargestellt werden, so ist Π eine p-Sylowgruppe von $\mathrm{GL}(V)$.

8. Es sei p eine Primzahl und D sei die Menge aller oberen $(n \times n)$-Dreiecksmatrizen über $\mathrm{GF}(p)$, deren Einträge auf der Hauptdiagonalen alle 1 sind. Zeigen Sie, dass D eine p-Gruppe ist und dass für $a \in D$ genau dann $a \in Z(D)$ gilt, wenn $a_{ij} = 0$ für $i \neq j$ und $(i,j) \neq (1,n)$. (Zeigen Sie zunächst, dass D bezüglich der Matrizenmultiplikation als Verknüpfung eine Gruppe ist und bestimmen Sie dann $|D|$. Die Charakterisierung des Zentrums von D gilt über beliebigen Körpern.)

9. Es sei p eine Primzahl und V sei ein Rechtsvektorraum über $\mathrm{GF}(p)$ mit einer abzählbaren Basis $b_1, \ldots, b_n, \ldots$. Es sei M die Menge aller Abbildungen a von $\mathbf{N} \times \mathbf{N}$ in $\mathrm{GF}(p)$ mit $a_{ij} = 0$ für $i > j$ und $a_{ii} = 1$, so dass es nur endlich viele Paare (i,j) mit $i \neq j$ und $a_{ij} \neq 0$ gibt. Definiere für $a \in A$ die lineare Abbildung $\tau(a)$ durch

$$b_n^{\tau(a)} := b_n + \sum_{i:=n+1}^{\infty} b_i a_{in}.$$

Zeigen Sie, dass M eine p-Untergruppe von $\mathrm{GL}(V)$ und dass $Z(M) = \{1\}$ ist.

8. Die symmetrische Gruppe

Die symmetrische Gruppe auf n Ziffern ist allen aus der Theorie der Determinanten geläufig. Sie wollen wir nun etwas näher untersuchen.

Ist X eine Menge, so bezeichne S_X die Menge der Bijektionen von X auf sich. Wie wir zu Beginn von Abschnitt 5 schon feststellten, ist S_X mit der Hintereinanderausführung von Abbildungen als Verknüpfung eine Gruppe, die *symmetrische Gruppe* auf X. Ist $\gamma \in S_X$, so heißt γ auch *Permutation* auf X oder von X. Man nennt die Untergruppen und nur die Untergruppen von S_X *Permutationsgruppen* auf X.

Hat X mindestens drei Elemente a, b, c, so definieren wir ρ durch $a^\rho = b$, $b^\rho = c$, $c^\rho = a$ und $x^\rho = x$ für alle $x \in X - \{a, b, c\}$ und σ durch $a^\sigma = a$, $b^\sigma = c$, $c^\sigma = b$ und $x^\sigma = x$ für alle übrigen x. Dann ist $a^{\rho\sigma} = b^\sigma = c$ und $a^{\sigma\rho} = a^\rho = b$. Also ist $\rho\sigma \neq \sigma\rho$, so dass S_X nicht abelsch ist.

Satz 1. *Es sei f eine Bijektion der Menge X auf die Menge Y. Wir setzen*

$$g(\pi) := f^{-1}\pi f$$

für alle $\pi \in S_X$. Dann ist g ein Isomorphismus von S_X auf S_Y. Ferner gilt

$$x^{fg(\pi)} = x^{\pi f}$$

für alle $x \in X$ und alle $\pi \in S_X$.

Beweis. Weil f, π und f^{-1} Bijektionen sind, ist auch $f^{-1}\pi f$ eine Bijektion und zwar von Y auf sich. Es ist also $g(\pi) \in S_Y$. Für $\mu \in S_Y$, sei

$$h(\mu) := f\mu f^{-1}.$$

Dann ist $gh = 1_{S_X}$ und $hg = 1_{S_Y}$. Also ist g bijektiv. Schließlich ist

$$g(\pi\pi') = f^{-1}\pi\pi' f = f^{-1}\pi f f^{-1}\pi' f = g(\pi)g(\pi')$$

und

$$x^{fg(\pi)} = x^{ff^{-1}\pi f} = x^{\pi f}.$$

Damit ist alles bewiesen.

Hinter dem gerade bewiesenen Satz verbirgt sich ein ganzes Konzept, auf das hier nur hingewiesen werden soll, nämlich das Konzept der Isomorphie von Operatorgruppen. Ist G eine Operatorgruppe auf der Menge X und ist H eine Operatorgruppe auf der Menge Y, so heißen (X, G) und (Y, H) isomorph, falls es eine Bijektion f von X auf Y und einen Isomorphismus g von G auf H gibt mit

$$x^{fg(\pi)} = x^{\pi f}$$

für alle $x \in X$ und alle $\pi \in G$. In diesem Sinne sind also (X, S_X) und (Y, S_Y) isomorph, falls es eine Bijektion von X auf Y gibt.

Ist V ein Rechtsvektorraum über dem Körper K, so ist insbesondere die multiplikative Gruppe K^* von K Operatorgruppe auf V. Die Wirkung von K^* auf V hat aber weitere zusätzliche Eigenschaften: Sie ist mit der auf V erklärten Struktur einer abelschen Gruppe verträglich und auch für die in K erklärte Addition werden noch Verträglichkeitseigenschaften bei der Wirkung von K auf V verlangt. Der Isomorphiebegriff bei Operatorgruppen führt hier dann dazu, von dem Paar (f, g) zu verlangen, dass f ein Isomorphismus der abelschen Gruppe V auf die abelsche Gruppe W und dass g ein Isomorphismus von K auf den dem Vektorraum W zu Grunde liegenden Körper L ist. Damit erhält man den Begriff der *semilinearen Abbildung*.

All das und noch viel mehr kann man von einem einzigen Standpunkt aus betrachten und dann u. a. die Isomorphiesätze so allgemein beweisen, dass die Isomorphiesätze für Gruppen, Ringe, Vektorräume und Moduln über Ringen nur Spezialfälle dieser allgemeinen Sätze sind. Dieser Standpunkt ist der Standpunkt der universellen Algebra. Ein hervorragendes Buch zu diesem Gegenstand ist Cohn 1965.

Es sei G eine Permutationsgruppe auf der Menge X und es sei $t \in \mathbf{N}$. Wir nennen G eine *t-fach transitive* Gruppe auf X, falls es zu je zwei injektiven Abbildungen x und y von $\{1, \ldots, t\}$ in X stets ein $\gamma \in G$ gibt mit $x_i^\gamma = y_i$ für $i := 1, \ldots, t$. Ist G eine t-fach transitive Gruppe auf X, so ist G auch s-fach transitiv für alle $s \leq t$.

Satz 2. *Es sei X eine Menge, die wenigstens t Elemente enthalte. Dann operiert S_X auf X mindestens t-fach transitiv.*

Beweis. Es seien x und y zwei injektive Abbildungen von $\{1, \ldots, t\}$ in X. Setze

$$Z := \{x_i \mid i := 1, \ldots, t\} \cup \{y_i \mid i := 1, \ldots, t\}.$$

Dann ist Z endlich. Setze $n := |Z|$. Es gibt dann Bijektionen g und h von $\{1, \ldots, n\}$ auf Z mit $g_i = x_i$ und $h_i = y_i$ für $i := 1, \ldots, t$. Definiere π durch

$$g_i^\pi = h_i$$

für $i := 1, \ldots, n$ und $x^\pi = x$ für alle $x \in X - Z$. Dann ist $\pi \in S_X$ und $x_i^\pi = y_i$ für $i := 1, \ldots, t$.

Setze $0! := 1$ und $(n+1)! := (n+1)n!$. Die Zahlen $n!$ heißen bekanntlich *Fakultäten*.

Satz 3. *Ist X eine n-Menge, so ist $|S_X| = n!$.*

Beweis. Ist $X = \emptyset$, so gibt es genau eine Bijektion von X auf sich nämlich $\emptyset$. Also ist $|S_\emptyset| = 1 = 0!$ Es sei $n \geq 0$ und X sei eine $(n+1)$-Menge. Es sei $a \in X$. Setze $\Sigma := S_X$. Weil Σ auf X transitiv (das ist 1-transitiv) operiert, gilt nach Satz 1 von Abschnitt 7, dass

$$|\Sigma| = |X||\Sigma_a| = (n+1)|\Sigma_a|$$

ist. Die Einschränkung von Σ_a auf $X - \{a\}$ ist offenkundig ein Isomorphismus von Σ_a auf $S_{X - \{a\}}$. Also ist

$$|\Sigma| = (n+1)n! = (n+1)!$$

Ist X eine endliche Menge, so können wir auf Grund von Satz 1 annehmen, dass $X = \{1, \ldots, n\}$ ist, wenn wir S_X studieren. In diesem Falle schreiben wir S_n statt $S_{\{1,\ldots,n\}}$ und nennen S_n die *symmetrische Gruppe vom Grade n*. Wir nutzen nun aus, dass $\{1, \ldots, n\}$ eine Ordnung trägt.

Ist $\pi \in S_n$, so bezeichnen wir mit $i(\pi)$ die Anzahl der Paare (x, y) mit $1 \leq x < y \leq n$ und $\pi(y) < \pi(x)$. Man nennt $i(\pi)$ die *Anzahl der Inversionen* von π.

Satz 4. *Für σ, $\tau \in S_n$ gilt*

$$i(\sigma\tau) \equiv i(\sigma) + i(\tau) \bmod 2.$$

Beweis. Setze

$$M_0 := \{(x,y) \mid x < y, x^\sigma < y^\sigma, x^{\sigma\tau} < y^{\sigma\tau}\},$$
$$M_1 := \{(x,y) \mid x < y, x^\sigma < y^\sigma, y^{\sigma\tau} < x^{\sigma\tau}\},$$
$$M_2 := \{(x,y) \mid x < y, y^\sigma < x^\sigma, y^{\sigma\tau} < x^{\sigma\tau}\},$$
$$M_3 := \{(x,y) \mid x < y, y^\sigma < x^\sigma, x^{\sigma\tau} < y^{\sigma\tau}\}.$$

Dann ist

$$M_0 \cup M_1 \cup M_2 \cup M_3 = \{(x,y) \mid x < y\}$$

und $M_i \cap M_j = \emptyset$ für $i \neq j$. Ferner ist

$$M_1 \cup M_2 = \{(x,y) \mid x < y, y^{\sigma\tau} < x^{\sigma\tau}\},$$
$$M_2 \cup M_3 = \{(x,y) \mid x < y, y^\sigma < x^\sigma\}$$

und daher

$$i(\sigma\tau) = |M_1 \cup M_2| = |M_1| + |M_2|,$$
$$i(\sigma) = |M_2 \cup M_3| = |M_2| + |M_3|.$$

Setze $U := \{(u,v) \mid u < v, v^\tau < u^\tau\}$. Ist $(u,v) \in U$, so gibt es genau ein Paar (x,y) mit $x < y$ und $\{x^\sigma, y^\sigma\} = \{u,v\}$. Wir setzen $f(u,v) := (x,y)$ und zeigen, dass f eine Bijektion von U auf $M_1 \cup M_3$ ist.

Ist $f(u,v) = (x,y)$, so ist $x < y$ und $\{x^\sigma, y^\sigma\} = \{u,v\}$.

1. Fall: Es ist $x^\sigma = u$ und $y^\sigma = v$. Dann ist $x^\sigma < y^\sigma$ und

$$y^{\sigma\tau} = v^\tau < u^\tau = x^{\sigma\tau},$$

so dass $(x,y) \in M_1$ ist.

2. Fall: Es ist $x^\sigma = v$ und $y^\sigma = u$. Dann ist $y^\sigma < x^\sigma$ und

$$x^{\sigma\tau} = v^\tau < u^\tau = y^{\sigma\tau}.$$

Also ist $(x,y) \in M_3$. Somit ist f eine Abbildung von U in $M_1 \cup M_3$.

Es sei $f(u,v) = f(u',v') = (x,y)$. Ist $x^\sigma = u$, so ist $y^\sigma = v$ und damit $x^\sigma < y^\sigma$. Wegen $\{x^\sigma, y^\sigma\} = \{u',v'\}$ und $u' < v'$ folgt $x^\sigma = u'$ und $y^\sigma = v'$, so dass $(u,v) = (u',v')$ ist. Ist $x^\sigma = v$, so folgt $y^\sigma = u$ und dann auch $y^\sigma = u'$ und $x^\sigma = v'$. Damit ist gezeigt, dass f injektiv ist.

Es bleibt zu zeigen, dass f auch surjektiv ist. Dazu sei $(x, y) \in M_1 \cup M_3$. Es gibt dann u, v mit $u < v$ und $\{u^{\sigma^{-1}}, v^{\sigma^{-1}}\} = \{x, y\}$.

1. Fall: Es ist $u^{\sigma^{-1}} = x$ und $v^{\sigma^{-1}} = y$. Dann ist $x^\sigma = u < v = y^\sigma$ und daher $(x, y) \in M_1$. Es folgt

$$v^\tau = y^{\sigma\tau} < x^{\sigma\tau} = u^\tau.$$

Also ist $(u, v) \in U$.

2. Fall: Es ist $u^{\sigma^{-1}} = y$ und $v^{\sigma^{-1}} = x$. Dann ist $y^\sigma = u < v = x^\sigma$ und daher $(x, y) \in M_3$. Es folgt

$$v^\tau = x^{\sigma\tau} < y^{\sigma\tau} = u^\tau$$

und damit auch hier $(u, v) \in U$. Folglich ist f bijektiv. Dann ist aber

$$i(\tau) = |U| = |M_1 \cup M_3| = |M_1| + |M_3|$$

und weiter

$$i(\sigma\tau) + 2|M_3| = i(\sigma) + i(\tau).$$

Damit ist der Satz bewiesen.

Korollar. *Die durch* $\operatorname{sgn}(\sigma) := (-1)^{i(\sigma)}$ *definierte Abbildung* sgn *ist ein Homomorphismus von* S_n *in* $\{1, -1\}$. *Ist* $n \geq 2$, *so ist* sgn *surjektiv.*

Beweis. Die erste Aussage folgt unmittelbar aus Satz 4.

Es sei $n \geq 2$. Definiere τ durch $1^\tau = 2$, $2^\tau = 1$ und $x^\tau = x$ für alle $x > 2$. Dann ist $i(\tau) = 1$ und folglich $\operatorname{sgn}(\tau) = -1$.

Setze $A_n := \operatorname{Kern}(\operatorname{sgn})$. Dann ist $A_n \sqsubseteq S_n$. Ist $n \geq 2$, so ist $|S_n : A_n| = 2$ und daher $|A_n| = \frac{1}{2}n!$

Es sei X eine n-Menge und f sei eine Bijektion von X auf $\{1, \ldots, n\}$. Die durch

$$g(\gamma) := f^{-1}\gamma f$$

definierte Abbildung g ist nach Satz 1 ein Isomorphismus von S_X auf S_n. Wir nennen γ *gerade*, wenn $g(\gamma) \in A_n$ ist, andernfalls *ungerade*. Ist f' eine zweite Bijektion von X auf $\{1, \ldots, n\}$, so ist

$$\begin{aligned}
i(f'^{-1}\gamma f') &= i(f'^{-1}ff^{-1}\gamma ff^{-1}f') \\
&\equiv i(f'^{-1}f) + i(f^{-1}\gamma f) + i(f^{-1}f') \\
&\equiv i(f'^{-1}ff^{-1}f') + i(f^{-1}\gamma f) \\
&\equiv i(f^{-1}\gamma f) \bmod 2.
\end{aligned}$$

Dies zeigt, dass die Definition der Parität einer Permutation nicht von der Bijektion von X auf $\{1, \ldots, n\}$ abhängt.

Die Menge A_X der geraden Permutationen ist, da g ein Isomorphismus ist, ein Normalteiler von S_X. Man nennt ihn die *alternierende Gruppe* auf X. Es erhebt sich die Frage, ob man A_X innerhalb von S_X charakterisieren kann. Man kann, wie wir gleich sehen werden. Hierzu bedienen wir uns des Graphenbegriffs.

Ein Paar (E, K) aus einer Menge E und einer Teilmenge K der Menge $P_2(E)$ der 2-Teilmengen von E nennen wir im Folgenden einen *Graphen*. Die Elemente aus E nennen wir *Ecken* und die Elemente aus K *Kanten*. Dies ist nicht der allgemeinste Graphenbegriff. Mehr brauchen wir aber nicht.

Es sei (E, K) ein Graph. Ist $U \subseteq E$, so setzen wir

$$K_U := \{k \mid k \in K, k \subseteq U\}.$$

Der Graph (E, K) heißt *zusammenhängend*, wenn aus $U \subseteq E$ und $K_U \cup K_{E-U} = K$ stets folgt, dass $U = \emptyset$ oder $U = E$ ist. Dieser Begriff ist dem Zusammenhangsbegriff der Topologie nachgebildet.

Es sei $x, y \in E$. Ein *Pfad* von x nach y ist eine Folge $k_1, \ldots, k_t$ von Kanten mit $x \in k_1$, $y \in k_t$ und $k_i \cap k_{i+1} \neq \emptyset$ für $i := 1, \ldots t - 1$.

Satz 5. *Es sei (E, K) ein Graph. Genau dann ist (E, K) zusammenhängend, wenn je zwei Ecken von E durch einen Pfad verbunden sind.*

Beweis. Wir definieren eine Relation $\sim$ auf E durch $x \sim y$ genau dann, wenn $x = y$ ist oder wenn es einen Pfad von x nach y gibt. Dann ist $\sim$ eine Äquivalenzrelation. Es ist ja $x \sim x$. Es sei $x \sim y$ und $x \neq y$. Es gibt dann einen Pfad $k_1, \ldots, k_t$ der x mit y verbindet. Dann verbindet der Pfad $k_t, \ldots, k_1$ die Ecke y mit x. Also gilt $y \sim x$. Ist schließlich $x \sim y$ und $y \sim z$, so gibt es einen Pfad $k_1, \ldots, k_t$, der x mit y verbindet, und einen Pfad $k_{t+1}, \ldots, k_s$, der y mit z verbindet. Wegen $y \in k_t \cap k_{t+1}$ ist dann $k_1, \ldots, k_s$ ein Pfad, der x mit z verbindet. Also ist $x \sim z$. Damit ist $\sim$ als Äquivalenzrelation erkannt.

Es sei $Y \in E/\sim$. Ist k eine Kante, die einen Punkt aus Y enthält, so ist der zweite Punkt von k zum ersten äquivalent, gehört also auch zu Y. Daher gilt

$$K_Y \cup K_{E-Y} = K.$$

Ist nun (E, K) zusammenhängend, so ist $Y = E$, da $Y \neq \emptyset$ ist. Also sind zwei Ecken stets durch einen Pfand verbunden.

Es sei umgekehrt $Y = E$. Es sei ferner U eine nicht leere Teilmenge von E mit

$$K_U \cup K_{E-U} = K.$$

Es sei $x \in U$ und $y \in E = Y$. Dann sind x und y durch einen Pfad $k_1, \ldots, k_t$ verbunden. Es sei t minimal gewählt. Dann ist $x \notin k_2$ und folglich $k_1 \cap k_2 = \{x'\}$ mit $x' \neq x$. Es folgt $x' \in U$. Weil $k_2, \ldots, k_t$ ein Pfad ist, der x' mit y verbindet, folgt mittels Induktion nach t, dass $y \in U$ ist. Also ist $U = E$, so dass (E, K) zusamenhängend ist.

Die Äquivalenzklassen der Relation $\sim$ heißen die *Zusammenhangskomponenten* von (E, K).

Der Graph (E, K) heißt *Baum*, wenn er zusammenhängend, aber $(E, K - \{k\})$ für alle $k \in K$ unzusammenhängend ist.

Satz 6. *Es sei E eine nicht leere endliche Menge und B sei eine Teilmenge von $P_2(E)$. Ist (E, B) ein Baum, so ist $|B| = |E| - 1$.*

Beweis. Dies ist richtig für $|E| = 1$. Es sei $|E| > 1$. Weil (E, B) zusammenhängend ist, folgt mit Satz 5, dass B nicht leer ist. Es gibt also ein $k \in B$. Es folgt, dass $(E, B - \{k\})$ unzusammenhängend ist. Es gibt folglich eine Teilmenge U von E mit $U \neq \emptyset$, E und

$$B_U \cup B_{E-U} = B - \{k\}.$$

Die Graphen (U, B_U) und $(E-U, B_{E-U})$ sind zusammenhängend, da sonst (E, B) nicht zusammenhängend wäre. Darüberhinaus sind (U, B_U) und $(E - U, B_{E-U})$ Bäume, da sonst (E, B) kein Baum wäre. Es folgt $|B_U| = |U| - 1$ und $|B_{E-U}| = |E - U| - 1$. Also ist

$$|B| = |B - \{k\}| + 1 = |U| - 1 + |E - U| - 1 + 1 = |E| - 1.$$

Damit ist der Satz bewiesen.

Ist x Ecke eines Graphen, so bezeichnen wir mit $\deg(x)$ den *Eckengrad* von x, dh. die Anzahl der Kanten des Graphen, die x enthalten. Ist $\deg(x) = 1$, so heißt x *Blatt* des Graphen.

Satz 7. *Ist (E, B) ein endlicher Baum mit $|E| > 1$, so enthält (E, B) mindestens zwei Blätter.*

Beweis. Das Prinzip der zweifachen Abzählung (Aufgabe 5 von Abschnitt 1) liefert

$$2|B| = \sum_{x \in E} \deg(x).$$

Weil (E, B) zusammenhängend ist, ist $\deg(x) > 0$ für alle x. Nach Satz 6 ist $|B| = |E| - 1$. Wäre nun $\deg(x) \geq 2$ für alle $x \in E$, so folgte

$$2(|E| - 1) = \sum_{x \in E} \deg(x) \geq 2|E|,$$

ein Widerspruch. Es gibt also doch ein y mit $\deg(y) = 1$. Es folgt, dass es noch eine weitere Ecke z mit ungeradem Eckengrad gibt. Gäbe es kein weiteres Blatt, so wäre $\deg(z) \geq 3$ und es ergäbe sich ein weiteres Mal der Widerspruch

$$2(|E| - 1) \geq 1 + 3 + \sum_{x \in E - \{y,z\}} \deg(x) \geq 4 + 2(|E| - 2) = 2|E|.$$

Also enthält (E, K) doch mindestens zwei Blätter.

Es sei X eine Menge und $\gamma \in S_X$. Wir definieren den *Träger* Trä(γ) von γ durch

$$\text{Trä}(\gamma) := \{x \mid x \in X, x^\gamma \neq x\}.$$

Genau dann heißt γ *Transposition*, wenn $|\text{Trä}(\gamma)| = 2$ ist. Ist $Y \in P_2(X)$, so gibt es genau eine Transposition γ mit Trä$(\gamma) = Y$.

Es sei G eine Gruppe. Ist X eine Teilmenge von G, so bezeichne $\langle X \rangle$ den Schnitt über alle Untergruppen von G, die X enthalten. Dann ist $\langle X \rangle$ eine Untergruppe von G, die *von X erzeugte Untergruppe* von G. Den Spezialfall, dass X nur aus einem Element besteht, haben wir früher schon betrachtet. Es sind gerade die zyklischen Gruppe, die sich von einem Element erzeugen lassen.

Ist X nicht leer, so betrachte man die Menge H der Produkte der Form

$$x_1^{e_1} x_2^{e_2} \cdots x_t^{e_t}$$

mit $x_i \in X$ und $e_i \in \{1, -1\}$. Dann ist natürlich $H \subseteq \langle X \rangle$. Andererseits ist $H \neq \emptyset$ und es gilt

$$x_1^{e_1} \cdots x_t^{e_t} (y_1^{f_1} \cdots y_n^{f_n})^{-1} = x_1^{e_1} \cdots x_t^{e_t} y_n^{-f_n} \cdots y_1^{-f_1} \in H,$$

so dass H eine Untergruppe von G ist, die natürlich X enthält. Daher gilt $\langle X \rangle \subseteq H$, so dass $H = \langle X \rangle$ ist.

Satz 8. *Es sei X eine endliche Menge und T sei eine Menge von Transpositionen von S_X. Setze*

$$K := \big\{ \mathrm{Tr\ddot{a}}(\gamma) \,\big|\, \gamma \in T \big\}.$$

Genau dann wird S_X von T erzeugt, wenn der Graph (X, K) zusammenhängend ist.

Beweis. Es sei (X, K) zusammenhängend. Indem man K ggf. ausdünnt, sehen wir, dass wir annehmen dürfen, dass (X, K) ein Baum ist. Ist $|X| = 1$, so ist $K = \emptyset$ und folglich auch $T = \emptyset$. Es folgt

$$\langle T \rangle = \{1\} = S_X.$$

Es sei also $|X| \geq 2$. Nach Satz 7 enthält (X, K) dann ein Blatt a. Es sei $k \in K$ mit $a \in k$. Es sei ferner γ das Element aus T mit $\mathrm{Tr\ddot{a}}(\gamma) = k$. Dann ist

$$(X - \{a\}, K - \{k\})$$

ein Baum. Nach Induktionsannahme erzeugt $T - \{\gamma\}$ eine Untergruppe H von S_X, die zu $S_{X-\{a\}}$ isomorph ist. Dann ist aber $|H| = (n-1)!$, wobei $n := |X|$ gesetzt wurde. Es folgt $H = G_a$, wenn $G := \langle T \rangle$ gesetzt wird, da ja $|G_a| \leq (n-1)!$ ist und $H \subseteq G_a$ gilt. Wir wissen ferner, dass H auf $X - \{a\}$ transitiv operiert. Wegen $a^\gamma \in X - \{a\}$ folgt, dass G auf X transitiv operiert. Weil $G \subseteq S_X$ ist, folgt weiter

$$n! \geq |G| = n|G_a| = n|H| = n(n-1)! = n!.$$

Also ist $|G| = n!$ und folglich $G = S_X$. Somit wird S_X von T erzeugt.

Es sei (X, K) nicht zusammenhängend. Es gibt dann zwei nicht leere Teilmengen U und V von X mit $X = U \cup V$, $U \cap V = \emptyset$ und $K = K_U \cup K_V$. Es folgt, dass jedes $\gamma \in T$ mit $\mathrm{Tr\ddot{a}}(\gamma) \in K_U$ die Menge U global und die Menge V punktweise festlässt. Ebenso gilt, dass γ die Menge V global und die Menge U punktweise festlässt, wenn $\mathrm{Tr\ddot{a}}(\gamma) \in V$ ist. Also lässt jedes $\sigma \in \langle T \rangle$ als Produkt von Elementen aus T sowohl U als auch V global fest. Daher ist $\langle T \rangle$ auf X nicht transitiv, so dass $\langle T \rangle$ eine echte Untergruppe von S_X ist. Damit ist der Satz bewiesen.

Korollar. *Ist X endlich, so wird S_X von der Menge seiner Transpositionen erzeugt.*
Beweis. Der Graph $(X, P_2(X))$ ist zusammenhängend.

Nun sind wir in der Lage, die alternierenden Gruppen A_X innerhalb von S_X zu charakterisieren, wobei wir allerdings immer noch X zu Hilfe nehmen müssen, jedoch keine Bijektion von X auf $\{1,\ldots,n\}$ mehr benötigen.

Satz 9. *Es sei X eine endliche Menge. Für $\delta \in S_X$ sind äquivalent:*

a) Es ist $\delta \in A_X$.

b) Sind $\gamma_1, \ldots, \gamma_k$ Transpositionen von S_X mit $\delta = \gamma_1 \cdots \gamma_k$, so ist k gerade.

c) Es gibt Transpositionen $\gamma_1, \ldots, \gamma_{2t} \in S_X$ mit $\delta = \gamma_1 \cdots \gamma_{2t}$.

Beweis. Ist $|X| = 1$, so ist nichts zu beweisen. Es sei also $|X| \geq 2$ und $x, y \in X$ mit $x \neq y$. Ferner sei γ die Transposition mit $\text{Trä}(\gamma) = \{x, y\}$. Es gibt dann eine Bijektion f von X auf $\{1,\ldots,|X|\}$ mit $x^f = 1$ und $y^f = 2$. Es folgt

$$\text{Trä}(f^{-1}\gamma f) = \{1, 2\},$$

so dass γ eine ungerade Permutation ist. Dies zeigt, dass A_X keine Transpositionen enthält. Es folgt aus $|S_X/A_X| = 2$, dass das Produkt von zwei Transpositionen in A_X liegt. Dann liegt aber auch das Produkt einer geraden Anzahl von Transpositionen von S_X in A_X. Ferner folgt, dass das Produkt einer ungeraden Anzahl von Transpositionen niemals in A_X liegt. Also folgt b) aus a) und a) aus c). Es bleibt zu zeigen, dass c) aus b) folgt. Nach dem Korollar zu Satz 8 gibt es Transpositionen $\gamma_1, \ldots, \gamma_k$ mit $\delta = \gamma_1 \cdots \gamma_k$. Wegen b) ist $k = 2t$. Damit ist alles bewiesen.

Es sei X eine endliche Menge und $p \in X$ sowie $\pi \in S_X$. Dann ist die Menge

$$\{p^{\pi^i} \mid i \in \mathbf{N}_0\}$$

endlich. Es gibt daher $i, j \in \mathbf{N}_0$ mit $i > j$ und $p^{\pi^i} = p^{\pi^j}$. Es folgt $p^{\pi^{i-j}} = p$. Wegen $i - j \in \mathbf{N}$ gibt es also ein kleinste, nicht negative ganze Zahl l mit $p^{\pi^{l+1}} = p$. Dann sind $p, p^\pi, p^{\pi^2}, \ldots, p^{\pi^l}$ paarweise verschiedene Elemente von X. Man nennt

$$(p, p^\pi, \ldots, p^{\pi^l})$$

einen *Zyklus der Länge $l + 1$* von π. Die Menge

$$\{p, p^\pi, \ldots, p^{\pi^l}\}$$

ist offenbar eine Bahn von $\langle \pi \rangle$. Hat man daher einen zweiten Zyklus $(q, q^\pi, \ldots, q^{\pi^m})$, so ist entweder

$$\{p, p^\pi, \ldots, p^{\pi^l}\} = \{q, q^\pi, \ldots, q^{\pi^m}\}$$

oder

$$\{p, p^\pi, \ldots, p^{\pi^l}\} \cap \{q, q^\pi, \ldots, q^{\pi^m}\} = \emptyset.$$

Ein Zyklus einer Permutation ist nicht eindeutig festgelegt, kann man doch jedes seiner Elemente als erstes Element verwenden. Ist X angeordnet, so nimmt man in der Regel das kleinste Element des Zyklus als sein erstes. Eine typische *Zyklenzerlegung* einer Permutation ist

$$(1, 2)(3)(4)(5, 9, 8, 7, 10)(6)(11).$$

Dies ist die Permutation

$$1 \to 2 \qquad 3 \to 3 \qquad 4 \to 4 \qquad 5 \to 9 \qquad 6 \to 6 \qquad 11 \to 11$$
$$2 \to 1 \qquad\qquad\qquad\qquad\qquad\qquad 9 \to 8$$
$$8 \to 7$$
$$7 \to 10$$
$$10 \to 5$$

Die Reihenfolge der Zyklen liegt auch nicht fest.

Weiß man, dass obige Permutation zur S_{11} gehört, so braucht man die Zyklen der Länge 1 nicht aufzulisten. Man kann obige Permutation also auch durch

$$(1, 2)(5, 9, 8, 7, 10)$$

darstellen. Die nicht aufgelisteten Elemente der Grundmenge sind Fixpunkte der Permutation.

Eine Permutation heißt *zyklisch*, falls sie nur einen nicht trivialen Zyklus besitzt. Transpositionen sind zyklisch.

Zwei Permutationen heißen *disjunkt*, wenn ihre Träger disjunkt sind. Dann gilt also, dass jede Permutation Produkt von paarweise disjunkten zyklischen Permutationen ist.

Das Produkt zweier Permutationen kann man leicht an ihrer Zyklenzerlegung ablesen. Ist $\gamma = (2, 6, 4, 5)(7, 9, 8)$ und $\delta = (5, 3, 7, 8)(2, 11)(10, 13, 14)$, so ist zunächst

$$\gamma\delta = (2, 6, 4, 5)(7, 9, 8)(5, 3, 7, 8)(2, 11)(10, 13, 14).$$

Weil wir Permutationen als Exponenten schreiben, heißt $\gamma\delta$ erst γ dann δ. Wir müssen das Produkt also von *links nach rechts* durchlaufen, um die Zyklenzerlegung von $\gamma\delta$ zu finden. Wir erhalten

$$\gamma\delta = (1)(2, 6, 4, 3, 7, 9, 5, 11)(8)(10, 13, 14)$$
$$= (2, 6, 4, 3, 7, 9, 5, 11)(10, 13, 14).$$

Ferner gilt

$$\delta^{-1} = (8, 7, 3, 5)(2, 11)(14, 13, 10).$$

Satz 10. *Sind γ und δ disjunkte Permutationen auf X, so ist $\gamma\delta = \delta\gamma$.*

Beweis. Es sei $x \in X$.

1. Fall: Es ist $x \in \text{Trä}(\gamma)$. Dann ist auch $x^\gamma \in \text{Trä}(\gamma)$ und folglich $x^\delta = x$ und $x^{\gamma\delta} = x^\gamma$, da $\text{Trä}(\gamma) \cap \text{Trä}(\delta) = \emptyset$ ist. Aus der ersten Gleichung folgt $x^{\delta\gamma} = x^\gamma$, so dass $x^{\delta\gamma} = x^{\gamma\delta}$ ist.

2. Fall: Es ist $x \in \text{Trä}(\delta)$. Dann folgt entsprechend dem ersten Fall $x^{\gamma\delta} = x^{\delta\gamma}$.

3. Fall: Es ist $x \notin \text{Trä}(\gamma) \cup \text{Trä}(\delta)$. Dann ist $x^{\gamma\delta} = x^\delta = x = x^\gamma = x^{\delta\gamma}$. Also ist in jedem Falle $x^{\gamma\delta} = x^{\delta\gamma}$ und damit $\gamma\delta = \delta\gamma$.

Satz 11. *Es sei X eine endliche Menge. Ferner sei $1 \neq \pi \in S_X$. Sind $z_1, \dots, z_t$ die Längen der nicht trivialen Zyklen von π, so ist*

$$o(\pi) = \text{kgV}(z_1, \dots, z_t).$$

Beweis. Es sei γ_i die zyklische Permutation, deren einziger nicht trivialer Zyklus der i-te Zyklus von π ist. Dann ist $\pi = \gamma_1 \cdots \gamma_t$ und die γ_i sind paarweise vertauschbar nach Satz 10. Also ist

$$1 = \pi^{o(\pi)} = \gamma_1^{o(\pi)} \cdots \gamma_t^{o(\pi)}.$$

Weil die γ_i paarweise disjunkt sind, folgt hieraus

$$\gamma_i^{o(\pi)} = 1$$

für alle i. Daher ist $z_i = o(\gamma_i)$ Teiler von $o(\pi)$ für alle i. Es folgt, dass $\mathrm{kgV}(z_1,\ldots,z_t)$ Teiler von $o(\pi)$. Ist andererseits $g := \mathrm{kgV}(z_1,\ldots,z_t)$, so folgt

$$\pi^g = \gamma_1^g \cdots \gamma_t^g = 1 \cdots 1 = 1,$$

so dass $o(\pi)$ Teiler von $g = \mathrm{kgV}(z_1,\ldots,z_t)$ ist. Damit ist der Satz bewiesen.

Satz 12. *Es sei* $(c_0,\ldots,c_r)$ *eine zyklische Permutation. Dann ist*

$$(c_0,\ldots,c_r) = (c_{r-1},c_r)(c_0,\ldots,c_{r-1}).$$

Insbesondere gilt $\mathrm{sgn}(c_0,\ldots,c_r) = (-1)^r$.

Beweis. Das Produkt auf der rechten Seite ist von links nach rechts zu lesen. Es ergibt die linke Seite. Der restliche Aussage folgt daraus, dass sgn ein Homomorphismus ist und dass das Signum einer Transposition gleich -1 ist.

Korollar. *Es sei* X *eine* n-*Menge. Ist* $\pi \in S_X$ *und ist* t *die Anzahl der Zyklen von* π *einschließlich der Zyklen der Länge 1, so ist*

$$\mathrm{sgn}(\pi) = (-1)^{n-t}.$$

Beweis. Es sei γ_i die zyklische Permutation, die zum i-ten Zyklus gehört. Dann ist $\pi = \gamma_1 \cdots \gamma_t$. Es folgt

$$\mathrm{sgn}(\pi) = \prod_{i:=1}^{t} \mathrm{sgn}(\gamma_i).$$

Ist l_i die Länge des i-ten Zyklus, so ist $\mathrm{sgn}(\gamma_i) = (-1)^{l_i-1}$ nach Satz 12. Ferner ist $\sum_{i:=1}^{t} l_i = n$, da die Zyklen der Länge 1 mitberücksichtigt werden. Also ist

$$\mathrm{sgn}(\pi) = \prod_{i:=1}^{t} (-1)^{l_i-1} = (-1)^{n-t}.$$

Satz 13. *Es sei* $\gamma = (c_1,\ldots,c_t) \in S_n$ *eine zyklische Permutation. Dann ist*

$$\pi^{-1}\gamma\pi = (c_1^\pi,\ldots,c_t^\pi)$$

für alle $\pi \in S_n$.

Beweis. Ist $x \neq c_i$ für alle i, so ist $c^\gamma = x$. Es folgt

$$x^{\pi\pi^{-1}\gamma\pi} = x^{\gamma\pi} = x^\pi,$$

so dass x^π Fixpunkt von $\pi^{-1}\gamma\pi$ ist. Ist $x = c_i$, so folgt

$$c_i^{\pi\pi^{-1}\gamma\pi} = c_i^{\gamma\pi} = c_{i+1}^\pi,$$

wobei $t+1$ als 1 zu interpretieren ist. Damit ist alles bewiesen.

Korollar. *Es seien γ, $\delta \in S_n$ zyklische Permutationen der Längen t bzw. t'. Genau dann sind γ und δ konjugiert in S_n, wenn $t = t'$ ist.*
Beweis. Trivial, da S_n ja t-fach transitiv ist.

Ist $\pi \in S_n$ und $l \in \mathbf{N}$, so bezeichnen wir mit $a(\pi, l)$ die Anzahl der Zyklen der Länge l von π.

Satz 14. *Es seien α, $\beta \in S_n$. Genau dann sind α und β konjugiert in S_n, wenn*

$$a(\alpha, l) = a(\beta, l)$$

gilt für $l := 1, \ldots, n$.
Beweis. Es sei $\alpha = \gamma_1 \cdots \gamma_s$ mit disjunkten zyklischen Permutationen γ_i. Dann ist

$$\pi^{-1}\alpha\pi = \pi^{-1}\gamma_1\pi\pi^{-1}\gamma_2\pi \cdots \pi^{-1}\gamma_s\pi.$$

Ist $\beta = \pi^{-1}\alpha\pi$, so folgt hieraus, dass $a(\alpha, l) = a(\beta, l)$ ist für $l := 1, \ldots, n$.
Es gelte $a(\alpha, l) = a(\beta, l)$ für alle fraglichen l. Ferner sei neben $\alpha = \gamma_1 \cdots \gamma_s$ auch β in disjunkte zyklische Permutationen $\delta_1, \ldots, \delta_s$ zerlegt. Wir dürfen annehmen, dass γ_i und δ_i für alle i die gleiche Länge haben. Es sei

$$\gamma_i = (c_{i,1}, \ldots, c_{i,r(i)})$$

und

$$\delta_i = (d_{i,1}, \ldots, d_{i,r(i)})$$

für $i := 1, \ldots, s$. Weil S_n eine n-fach transitive Gruppe ist, gibt es ein $\pi \in S_n$ mit $c_{ij}^\pi = d_{ij}$ für alle i und j. Mit Satz 13 folgt $\pi^{-1}\gamma_i\pi = \delta_i$. Hieraus folgt schließlich $\pi^{-1}\alpha\pi = \beta$.

Aufgaben

1. Es sei $3 \leq n \in \mathbf{N}$. Ist (E, B) ein Baum mit n Ecken und ist b die Anzahl der Blätter von (E, B), so ist $2 \leq b \leq n-1$. Ist umgekehrt b gegeben mit $2 \leq b \leq n-1$, so gibt es einen Baum (E, B) mit n Ecken, so dass b die Anzahl der Blätter von (E, B) ist.

2. Es sei p eine Primzahl und X sei eine Menge der Länge p. Ist G eine Permutationsgruppe auf X und ist p Teiler von $|G|$, so ist G transitiv auf X.

3. Es sei G eine endliche Gruppe und es gelte $|G| = 2(2k+1)$. Dann enthält G einen Normalteiler vom Index 2. (Man lasse G vermöge $x \to xg$ als Operatorgruppe auf sich wirken und zeige, dass es eine ungerade Permutation gibt.)

4. Man bestimme die natürlichen Zahlen, die als Ordnungen der Elemente aus S_3 bzw. als Ordnungen der Elemente aus A_5 vorkommen. (Man kann natürlich alle Elemente dieser beiden Gruppen auflisten und dann ihre Ordnungen bestimmen. Das wäre der typische **BFI**-Algorithmus. **B**rute **F**orce and **I**gnorance.)

5. Zeigen Sie, dass die A_n auf der Menge $\{1, \ldots, n\}$ eine $(n-2)$-fach transitive Gruppe ist, dass sie aber nicht $(n-1)$-fach transitiv operiert.

6. Zeigen Sie, dass die Menge der zyklischen Permutationen der Länge 3 die alternierende Gruppe A_n erzeugt.

7. Es sei A eine abelsche Permutationsgruppe auf der endlichen Menge M. Ist A transitiv auf M, so ist $|A| = |M|$.

8. Die Aussage von Satz 11 lässt sich formalisieren. Es seien $g_1, \ldots, g_t$ paarweise vertauschbare Elemente der endlichen Gruppe G. Gilt für $k \in \mathbf{N}$ die Gleichung

$$(g_1 \cdots g_t)^k = 1$$

genau dann, wenn $g_i^k = 1$ ist für alle i, so ist

$$o(g_1 \cdots g_t) = \mathrm{kgV}(o(g_1), \ldots, o(g_t)).$$

9. Ringe

Wir unterbrechen unsere gruppentheoretischen Betrachtungen für eine Weile und stellen zunächst einige grundlegende Begriffe über Ringe und Körper bereit, weil wir das ein oder andere für unsere gruppentheoretischen Untersuchungen brauchen werden.

Es sei R eine nicht leere Menge mit zwei binären Verküpfungen $+$ und $\cdot$. Man nennt $(R, +, \cdot)$ *Ring*, falls gilt:

1) $(R, +)$ ist eine abelsche Gruppe.

2) Die Verknüpfung $\cdot$ ist assoziativ.

3) Es gilt $(a + b)c = ac + bc$ und $a(b + c) = ab + ac$ für alle a, b, $c \in R$.

Die Eigenschaften unter 3) heißen *Distributivgesetze*.

Der Ring R heißt *Ring mit Eins*, falls es ein Element $1 \in R$ gibt mit $1a = a1 = a$ für alle $a \in R$.

Der Ring R heißt *kommutativ*, falls $ab = ba$ gilt für alle a, $b \in R$.

Beispiele. 1) $\mathbf{Z}$ mit der üblichen Addition und Multiplikation. Ebenso $\mathbf{Q}$, $\mathbf{R}$, $\mathbf{C}$.

2) Es sei M eine Menge und R sei ein Ring. Ferner sei R^M die Menge aller Abbildungen von M in R. Sind f, $g \in R^M$, so definieren wir $f + g$ und fg durch

$$(f + g)_m := f_m + g_m$$

bzw.

$$(fg)_m := f_m g_m$$

für alle $m \in M$. Dann ist $(R^M, +, \cdot)$ ein Ring. Ist $M \neq \emptyset$, so hat dieser Ring genau dann eine 1, wenn R eine 1 hat, und er ist genau dann kommutativ, wenn R kommutativ ist.

Es sei M eine abelsche Gruppe und R sei ein Ring mit 1. Ferner sei eine Abbildung $(m, r) \to mr$ von $M \times R$ in M gegeben. Gilt für diese Abbildung

a) Es ist $(m + n)r = mr + nr$ für alle m, $n \in M$ und alle $r \in R$,

b) Es ist $m(r + s) = mr + ms$ für alle $m \in M$ und alle r, $s \in R$,

c) Es ist $m(rs) = (mr)s$ für alle $m \in M$ und alle r, $s \in R$,

d) Es ist $m1 = m$ für alle $m \in M$,

so heißt M ein *R-Rechtsmodul*. Entsprechend wird *R-Linksmodul* definiert.

3) Es sei M ein R-Rechtsmodul. Es bezeichne $\mathrm{End}_R(M)$ die Menge der *Endomorphismen* dieses R-Moduls, dh., die Menge der Abbildung φ von M in sich mit den Eigenschaften $\varphi(m + n) = \varphi(m) + \varphi(n)$ und $\varphi(mr) = \varphi(m)r$ für alle m, $n \in M$ und alle $r \in R$. Sind φ, $\psi \in \mathrm{End}_R(V)$, so definieren wir $\varphi + \psi$ durch

$$(\varphi + \psi)(m) := \varphi(m) + \psi(m)$$

und $\varphi\psi$ durch

$$(\varphi\psi)(m) := \varphi(\psi(m))$$

für alle $m \in M$. Dann ist $(\mathrm{End}_R(M), +, \cdot)$ ein Ring mit 1, der *Endomorphismenring* des R-Moduls M. Dies nachzurechnen ist ein Kinderspiel.

4) Es sei M eine Menge, $P(M)$ ihre Potenzmenge und $+$ sei die symmetrische Differenz auf $P(M)$. Dann ist $(P(M), +, \cap)$ ein kommutativer Ring mit 1.

Im nächsten Satz versammeln wir einige Rechenregeln für Ringe.

Satz 1. *Es sei $(R, +, \cdot)$ ein Ring. Dann gilt:*
  a) Es ist $a0 = 0 = 0a$ für alle $a \in R$.
  b) Es ist $a(-b) = (-a)b = -(ab)$ für alle $a, b \in R$.
  c) Es ist $(-a)(-b) = ab$ für alle $a, b \in R$.
Hat R eine 1, so gilt:
  d) Es ist $(-1)a = -a$ für alle $a \in R$.
  e) Es ist $(-1)(-1) = 1$.

Beweis. a) Es ist $a0 + 0 = a0 = a(0 + 0) = a0 + a0$ und daher $0 = a0$. Ferner ist $0a + 0 = 0a = (0 + 0)a = 0a + 0a$ und daher $0a = 0$.

b) Mit a) folgt $0 = a0 = a(b - b) = ab + a(-b)$ und daher $a(-b) = -(ab)$. Analog folgt $0 = 0b = (a - a) = ab + (-a)b$ und damit $(-a)b - -(ab)$.

c) Nach b) ist $(-a)(-b) = -\big(a(-b)\big) = -\big(-(ab)\big) = ab$.

d) Nach b) ist $(-1)a = -(1a) = -a$.

e) Nach c) ist $(-1)(-1) = 1 \cdot 1 = 1$.

Damit ist alles bewiesen.

Wegen $(-a)b = -(ab)$ liefern beide Interpretationen von $-ab$ das gleiche Ergebnis. Also dürfen und werden wir im Folgenden $-ab$ schreiben.

Ist $(R, +, \cdot)$ ein Ring mit 1, so bezeichnen wir mit $G(R)$ die Menge aller $x \in R$, für die es $y, z \in R$ gibt mit $xy = 1 = zx$. Ist $x \in G(R)$, so heißt x *Einheit* von R.

Es ist $G(\mathbf{Z}) = \{1, -1\}$ und $G(\mathbf{Q}) = \mathbf{Q}^* = \mathbf{Q} - \{0\}$.

Satz 2. *Ist $(R, +, \cdot)$ ein Ring mit 1, so ist $(G(R), \cdot)$ eine Gruppe, die Einheitengruppe von R.*

Beweis. Wegen $1 = 1 \cdot 1$ ist $1 \in G(R)$, so dass $G(R)$ nicht leer ist. Es seien a, $b \in G(R)$. Es gibt dann $x, y, u, v \in R$ mit $xa = 1 = ay$ und $ub = 1 = bv$. Es folgt

$$(ux)(ab) = u(xa)b = u1b = ub = 1$$

und

$$(ab)(vy) = a(bv)y = a1y = ay = 1.$$

Also ist $ab \in G(R)$, so dass $G(R)$ multiplikativ abgeschlossen ist.

Es sei $a \in G(R)$. Es gibt dann $x, y \in R$ mit $xa = 1 = ay$. Es folgt

$$x = x1 = x(ay) = (xa)y = 1y = y.$$

Also ist $xa = 1 = ax$ und damit $x \in G(R)$. Nun ist 1 ein linksneutrales Element in $G(R)$ und jedes $a \in G(R)$ hat in $G(R)$ ein Linksinverses. Also ist $(G(R), \cdot)$ eine Gruppe.

Die Abbildung φ des Ringes R in den Ring S heißt *Homomorphismus* von R in S, falls für alle a, $b \in R$ gilt, dass $\varphi(a+b) = \varphi(a) + \varphi(b)$ und $\varphi(ab) = \varphi(a)\varphi(b)$ gilt. Wie bei Gruppen definiert man die Begriffe Auto-, Iso-, Mono-, Epi- und Endomorphismus. Ebenso wie bei ihnen benutzen wir auch bei Ringen das Zeichen $\cong$ um die Isomorphie zweier Ringe auszudrücken. Weil $(R, +)$ und $(S, +)$ Gruppen sind, kennt man den Kern von φ, falls man die Menge der Urbilder der 0 kennt. Diese Menge bezeichnen wir wieder mit Kern(φ). Der Kern(φ) ist dann eine Untergruppe von $(R, +)$. Es gilt aber noch mehr.

Satz 3. *Es sei φ ein Homomorphismus des Ringes R in den Ring S. Ist $a \in R$ und $x \in$ Kern(φ), so ist ax, $xa \in$ Kern(φ).*

Beweis. Es ist $\varphi(ax) = \varphi(a)\varphi(x) = \varphi(a)0 = 0$ und $\varphi(xa) = \varphi(x)\varphi(a) = 0\varphi(a) = 0$.

Ist I eine nicht leere Teilmenge des Ringes R, so nennen wir I *Ideal* von R, falls gilt:

a) Sind x, $y \in I$, so ist $x - y \in I$.

b) Ist $x \in I$ und $a \in R$, so ist ax, $xa \in I$.

Kerne von Ringhomomorphismen sind also Ideale.

Hat R eine Eins, so kann man wegen $(-1)x = -x$ die Bedingung a) ersetzen durch die Bedingung

a') Sind x, $y \in I$, so ist $x + y \in I$.

Die Ideale von $\mathbf{Z}$ sind genau die Untergruppen von $(\mathbf{Z}, +)$. Das zeugt von einem Mangel an Untergruppen.

Ist I Ideal des Ringes R, so trägt R/I nach Früherem die Struktur einer abelschen Gruppe, die durch $(a+I)+(b+I) = a+b+I$ definiert ist. Definiert man $(a+I)(b+I) := ab + I$, so gilt zunächst, dass dies wohldefiniert ist. Ist nämlich $a + I = a' + I$ und $b + I = b' + I$, so gibt es i, $j \in I$ mit $a' = a + i$ und $b' = b + j$. Es folgt

$$a'b' = ab + ib + aj + ij \in ab + I$$

und damit $a'b' + I = ab + I$. Banale Rechnungen zeigen, dass $(R/I, +, \cdot)$ ein Ring ist.

Satz 4. *Es sei R ein Ring und I sei Ideal von R. Dann ist $(R/I, +, \cdot)$ ein Ring und der kanonische Epimorphismus κ von R auf R/I ist ein Ringhomomorphismus von R auf R/I. Überdies gilt* Kern$(\kappa) = I$.

Beweis. Da κ ein Gruppenhomomorphismus von $(R, +)$ auf $(R/I, +)$ mit Kern I ist, brauchen wir nur noch zu zeigen, dass κ multiplikativ ist. Seien r, $s \in R$. Dann ist

$$\kappa(rs) = rs + I = (r + I)(s + I) = \kappa(r)\kappa(s).$$

Damit ist alles bewiesen.

Erster Isomorphiesatz. *Es sei φ ein Homomorphismus des Ringes R in den Ring S. Es gibt dann genau einen Monomorphismus σ von $R/$Kern(φ) in S mit*

$$\sigma\big(r + \text{Kern}(\varphi)\big) = \varphi(r)$$

für alle $r \in R$.

Beweis. Nach dem ersten Isomorphiesatz für Gruppen gibt es ein solches σ, von dem nur fraglich ist, ob es auch multiplikativ ist. Nun ist aber

$$\sigma\big((r + \mathrm{Kern}(\varphi))(s + \mathrm{Kern}(\varphi))\big) = \sigma\big(rs + \mathrm{Kern}(\varphi)\big)$$
$$= \varphi(rs) = \varphi(r)\varphi(s)$$
$$= \sigma\big(r + \mathrm{Kern}(\varphi)\big)\sigma\big(s + \mathrm{Kern}(\varphi)\big).$$

Damit ist alles bewiesen.

Satz 5. *Es sei φ ein Epimorphismus des Ringes R auf den Ring S. Setze $I := \mathrm{Kern}(\varphi)$. Für Ideale J mit $I \subseteq J$ setzen wir*

$$\varphi^{**}(J) := \big\{\varphi(j) \mid j \in J\big\}.$$

Dann ist φ^{**} eine Bijektion der Menge der Ideale von R, die I umfassen, auf die Menge der Ideale von S. Ferner gilt für Ideale J und J' von S mit $I \subseteq J$, J' genau dann $J \subseteq J'$, wenn $\varphi^{**}(J) \subseteq \varphi^{**}(J')$ ist.

Beweis. φ ist auch ein Epimorphismus von $(R, +)$ auf $(S, +)$. Nach Satz 5 von Abschnitt 6 ist die dort definierte Abbildung φ^* eine Bijektion der Menge der I umfassenden Untergruppen von $(R, +)$ auf die Menge der Untergruppen von $(S, +)$, die überdies inklusionstreu ist. Weil φ^{**} die Einschränkung von φ^* auf die Menge der I umfassenden Ideale von R ist, ist daher nur zu zeigen, dass $\varphi^{**}(J)$ ein Ideal ist und dass jedes Ideal von S auch Bild eines Ideales unter φ^{**} ist.

Wegen $\varphi^{**}(J) = \varphi^*(J)$ ist $\varphi^{**}(J)$ eine Untergruppe von $(S, +)$. Es sei $x \in \varphi^{**}(J)$ und $s \in S$. Es gibt dann ein $r \in R$ und ein $y \in J$ mit $\varphi(r) = s$ und $\varphi(y) = x$. Es folgt

$$sx = \varphi(r)\varphi(y) = \varphi(ry) \in \varphi^{**}(J)$$

und

$$xs = \varphi(y)\varphi(r) = \varphi(yr) \in \varphi^{**}(J).$$

Also ist $\varphi^{**}(J)$ ein Ideal von S.

Sei J' ein Ideal von S. Setze

$$J := \big\{x \mid x \in R, \varphi(x) \in J'\big\}.$$

Dann ist J eine I umfassende Untergruppe mit $\varphi^*(J) = J'$. Es bleibt zu zeigen, dass J ein Ideal ist. Es sei $r \in R$ und $x \in J$. Dann ist $\varphi(x) \in J'$. Es folgt

$$\varphi(rx) = \varphi(r)\varphi(x) \in J'$$

und damit $rx \in J$. Ebenso folgt $xr \in J$, so dass J ein Ideal ist. Hieraus folgt weiter $\varphi^{**}(J) = \varphi^*(J) = J'$. Damit ist alles bewiesen.

Zweiter Isomorphiesatz. *Es sei R ein Ring und S sei ein Teilring von R. Ist I ein Ideal von R, so gibt es genau einen Isomorphismus σ von $S/(S \cap I)$ auf $(S + I)/I$ mit*

$$\sigma\big(s + (S \cap I)\big) = s + I.$$

Beweis. Definiere φ durch $\varphi(s) := s + I$. Dann ist φ ein Epimorphismus von S auf $(S + I)/I$. Ferner gilt Kern$(\varphi) = S \cap I$. Die Behauptung folgt daher aus dem ersten Isomorphiesatz.

Dritter Isomorphiesatz. *Sind I und J Ideale des Ringes R mit $I \subseteq J$, so gibt es genau einen Isomorphismus σ von R/J auf $(R/I)/(J/I)$ mit*

$$\sigma(r + J) = (r + I) + (J/I)$$

für alle $r \in R$.

Beweis. Analog dem Beweis des dritten Isomorphiesatzes für Gruppen.

Es sei R ein Ring mit 1. Ist $G(R) = R - \{0\}$, so heißt R *Körper*. Was den Körperbegriff anbelangt, so ist die Terminologie nicht einheitlich. Manche Autoren — wohl die Mehrzahl — subsumiert unter diesem Begriff nur kommutative Körper und nennen Schiefkörper, was ich Körper nenne.

Wegen $G(R) \neq \emptyset$ enthalten Körper stets mindestens zwei Elemente.

Es sei M Ideal des Ringes R. Genau dann heißt M *maximales Ideal* von R, falls gilt:

1) Es ist $M \neq R$.

2) Ist I ein Ideal von R mit $M \subseteq I$, so ist $M = I$ oder $I = R$.

Der nächste Satz gilt nur für kommutative Ringe. Belege dafür finden sich im Aufgabenteil.

Satz 6. *Es sei R ein kommutativer Ring mit 1. Ferner sei M ein Ideal von R. Genau dann ist M maximal in R, wenn R/M ein Körper ist.*

Beweis. Es sei M maximal in R. Es ist zu zeigen, dass $G(R/M) = R/M - \{M\}$ ist. Wegen $M \neq R$ ist $1 \notin M$ und daher $1 + M \neq M$. Hieraus folgt

$$G(R/M) \subseteq R/M - \{M\},$$

da die Einheitengruppe eines Ringes nur dann die Null enthält, wenn der Ring nur aus der Null besteht. Es sei nun $s + M \neq M$. Weil R kommutativ ist, ist $sR + M$ ein Ideal. Wegen $M \subseteq sR + M$ und $s = s1 + 0 \in sR + M$ ist dann $sR + M = R$, da M ja maximal ist und s nicht enthält. Es gibt folglich ein $r \in R$ und ein $m \in M$ mit $1 = sr + m$. Es folgt

$$(s + M)(r + M) = sr + M = sr + m + M = 1 + M.$$

Wegen der Kommutativität von R gilt dann auch $(r + M)(s + M) = 1 + M$, so dass $s + M$ eine Einheit ist. Also ist R/M ein Körper.

Es sei R/M ein Körper. Dann enthält R/M wenigstens zwei Elemente, so dass $M \neq R$ ist. Es sei I ein Ideal von R mit $M \subseteq I$. Es sei ferner $M \neq I$. Es gibt dann ein $i \in I - M$. Dann ist $M \neq i + M$, so dass es ein $r \in R$ gibt mit

$$(i + M)(r + M) = 1 + M.$$

Es gibt daher ein $m \in M$ mit $1 = ir + m$. Nun ist $m \in M \subseteq I$ und $ir \in I$. Also ist $1 \in I$ und folglich $R = 1R \subseteq I$, so dass $I = R$ ist. Folglich ist M maximal.

Bemerkung. Nur die erste Hälfte des Beweises benötigte, dass R kommutativ ist.

Es sei M ein R-Rechtsmodul. Wir setzen

$$\mathrm{ann}(M) := \{r \mid r \in R, \; mr = 0 \text{ für alle } m \in M\}.$$

Dann ist $\mathrm{ann}(M)$ ein Ideal von R, das *Annihilatorideal* von M. Um dies nachzuweisen, benötigen wir einige Rechenregeln für Moduln, die der Leser im Aufgabenteil findet. Es ist $0 \in \mathrm{ann}(M)$. Sind $a, b \in \mathrm{ann}(M)$, so folgt

$$m(a + b) = ma + mb = 0 + 0 = 0$$

und folglich ist $a + b \in \mathrm{ann}(M)$. Ist $a \in \mathrm{ann}(M)$ und $r \in R$, so ist

$$m(ar) = (ma)r = 0r = 0$$

und

$$m(ra) = (mr)a = 0$$

für alle $m \in M$. Also gilt $ar, ra \in \mathrm{ann}(M)$, so dass $i\mathrm{ann}(M)$ in der Tat ein Ideal ist.

Es sei I ein in $\mathrm{ann}(M)$ enthaltenes Ideal von R. Definiert man für $m \in M$ und $r \in R$ das Produkt

$$m(r + I) := mr,$$

so wird M zu einem R/I-Modul. Ist nämlich $r + I = s + I$, so ist $r - s \in I \subseteq \mathrm{ann}(M)$ und daher $m(r - s) = 0$ für alle $m \in M$, so dass

$$m(r + I) = mr = ms = m(s + I)$$

ist. Daher ist das Produkt $m(r + I)$ wohldefiniert. Die Gültigkeit der zu verifizierenden Rechenregeln versteht sich dann von selbst.

Abgesehen davon, dass wir das, was wir hier über Ringe brachten, später wieder aufgreifen werden, geht es uns bei unseren gruppentheoretischen Untersuchungen zunächst um die folgenden Beispiele.

Ist A eine abelsche Gruppe, so haben wir für $a \in A$ und $z \in \mathbf{Z}$ definiert, was wir unter a^z verstehen wollen. Mit dieser Definition wird A zu einem $\mathbf{Z}$-Modul. A heißt *elementarabelsche p-Gruppe* für eine Primzahl p, falls $p \in \mathrm{ann}(A)$ ist. Es ist also A genau dann eine elementarabelsche p-Gruppe, wenn $a^p = 1$ ist für alle $a \in A$. Der Leser wird vielleicht fragen: „Warum nicht gleich so?" Nun, nach unserer Vorbemerkung ist A ein merkwürdig geschriebener $\mathbf{Z}/p\mathbf{Z}$-Modul. (Merkwürdig geschrieben, weil die Verknüpfung in A multiplikativ geschrieben ist und die Skalare als Exponenten auftauchen.) Da $p\mathbf{Z}$ ein maximales Ideal ist, ist $\mathbf{Z}/p\mathbf{Z}$ ein Körper, den wir mit $\mathrm{GF}(p)$ bezeichnen und *Galoisfeld mit p Elementen* nennen. Elementarabelsche p-Gruppen sind also Vektoräume über $\mathrm{GF}(p)$, so dass wir bei ihrem Studium das Werkzeug der linearen Algebra zur Verfügung haben. Ist A eine endliche elementarabelsche p-Gruppe, so ist $|A| = p^n$ mit einer nicht negativen ganzen Zahl n. Weil A Vektorraum über $\mathrm{GF}(p)$ ist und wegen seiner Endlichkeit endliche Dimension d hat, gibt es eine Basis $b_1, \ldots, b_d$ von A über $\mathrm{GF}(p)$. Es folgt die Isomorphie von A zum Raum aller d-Tupel über $\mathrm{GF}(p)$, so dass $|A| = p^d$ ist. Andererseits ist $|A| = p^n$ und folglich $n = d$.

Aufgaben

1. Es sei $n \in \mathbf{N}$. Charakterisieren Sie alle diejenigen natürlichen Zahlen k, für die $k + n\mathbf{Z} \in G(\mathbf{Z}/n\mathbf{Z})$ gilt. Bestimmen Sie außerdem die Ordnung von $G(\mathbf{Z}/n\mathbf{Z})$.

2. Es sei R ein Ring mit 1 und M sei ein R-Rechtsmodul. Dann gelten die folgenden Rechenregeln:

    a) Es ist $m0 = 0$ für alle $m \in M$.

    b) Es ist $0r = 0$ für alle $r \in R$.

    c) Es ist $m(-r) = -(mr)$ für alle $m \in M$ und alle $r \in R$.

    d) Es ist $(-m)r = -(mr)$ für alle $m \in M$ und alle $r \in R$.

3. Eine Untergruppe U der Gruppe G heißt *charakteristische Untergruppe* von G, wenn für alle Automorphismen α von G gilt, dass $U^\alpha = U$ ist. Da das Konjugieren stets ein Automorphismus ist, sind charakteristische Untergruppen stets auch Normalteiler. Die Umkehrung gilt nicht, wie diese Aufgabe zeigt.

    Es sei p eine Primzahl und G sei eine endliche elementarabelsche p-Gruppe. Ist U eine charakteristische Untergruppe von G, so ist $U = \{1\}$ oder $U = G$. (Elementarabelsche p-Gruppen sind Vektorräume über GF(p). Falls Sie Aufgabe 2 von Abschnitt 6 gelöst haben, sollten Sie auch diese Aufgabe lösen können. Transitivität!)

4. Es sei V ein Rechtsvektorraum endlicher Dimension über dem Körper K. Ist $\alpha \in$ End$_K(V)$, so gibt es ein $\beta \in$ End$_K(V)$ mit

$$\alpha\beta\alpha = \alpha.$$

(Betrachten Sie einen Teilraum Y von V mit $V = Y \oplus$ Kern(α). Dann ist die Einschränkung von α auf Y ein Monomorphismus von Y in V. Benutzen Sie $\alpha(Y)$, um die Existenz eines $\beta \in$ End$_K(V)$ nachzuweisen, für das $\beta\alpha(y) = y$ ist für alle $y \in Y$. Jedes solche β leistet das Verlangte.

Die Einschränkung auf endliche Dimension dient hier nur der Bequemlichkeit der Beweisführung. Der Sachverhalt gilt auch, wenn die Gültigkeit des Auswahlaxioms unterstellt wird.)

5. Es sei V ein endlich-dimensionaler Rechtsvektorraum über dem Körper K. Ist I ein von $\{0\}$ verschiedenes Ideal von End$_K(V)$, so ist $I =$ End$_K(V)$. (Es sei $0 \neq \alpha \in I$. Nach Aufgabe 43 gibt es ein β mit $\alpha\beta\alpha = \alpha$. Es folgt $0 \neq \beta\alpha \in$ End$_K(V)$. Beachten Sie, dass $(\beta\alpha)^2 = \beta\alpha$ ist. Schließen Sie weiter, dass I alle Elemente π mit $\pi^2 = \pi$ enthält, deren Rang 1 ist. Folgern Sie hieraus $1 \in I$, usw. Sie dürfen ohne Beweis benutzen, dass $V = \pi(V) \oplus (1 - \pi)(V)$ ist, falls $\pi^2 = \pi$ ist.

Diese Aufgabe zeigt, dass $\{0\}$ ein maximales Ideal von End$_K(V)$ ist. Ist nun die Dimension von V mindestens gleich 2, so ist End$_K(V)$ kein Körper. Dies zeigt, dass Satz 6 dieses Abschnitts für nicht kommutative Ringe nicht gilt.)

10. Die Sylowgruppen der symmetrischen Gruppe

Die sylowschen Sätze sind zunächst Sätze über Existenz und Anzahl dieser Gruppen und ihr Eingebettetsein in die umfassende Gruppe. Wie man sie im gegebenen Fall bestimmt, ist eine andere Sache. In Aufgabe 7 von Abschnitt 7 haben wir das Beispiel einer p-Sylowgruppe für den Fall der Gruppe $GL(V)$ für einen Vektorraum endlicher Dimension über $GF(p)$. Hier ist also die p-Sylowgruppe zur Primzahl p, die durch $GF(p)$ gegeben ist, einfach zu bestimmen. Bei den symmetrischen Gruppen gibt es keine solch ausgezeichnete Primzahl. Es gibt daher zwei Möglichkeiten. Entweder man kann alle Sylowgruppen von S_n bestimmen oder keine. Es zeigt sich, dass man alle bestimmen kann. Ja, mehr noch, man kann mit ihrer Hilfe die sylowschen Sätze erneut beweisen. Damit ist das Programm dieses Abschnitts umrissen.

Ist $x \in \mathbf{R}$, so bezeichne $\lfloor x \rfloor$ die ganze Zahl mit $\lfloor x \rfloor \leq x < \lfloor x \rfloor + 1$.

Sind a und b natürliche Zahlen, so setzen wir

$$a \text{ DIV } b := \left\lfloor \frac{a}{b} \right\rfloor \quad \text{und} \quad a \text{ MOD } b := a - (a \text{ DIV } b)b.$$

Dann ist also $a = (a \text{ DIV } b)b + a \text{ MOD } b$ und $0 \leq a \text{ MOD } b < b$.

Satz 1. *Sind a, b, $c \in \mathbf{N}$, so gilt*

$$a \text{ DIV } (bc) = (a \text{ DIV } b) \text{ DIV } c$$

und

$$a \text{ MOD } (bc) = ((a \text{ DIV } b) \text{ MOD } c)b + a \text{ MOD } b.$$

Beweis. Setze

$$q := a \text{ DIV } (bc), \qquad r := a \text{ MOD } (bc)$$
$$Q := a \text{ DIV } b \quad , \qquad R := a \text{ MOD } b$$
$$q' := Q \text{ DIV } c \quad , \qquad R' := Q \text{ MOD } c.$$

Dann ist

$$q' = (a \text{ DIV } b) \text{ DIV } c.$$

Ferner ist

$$a = q(bc) + r$$

und

$$Q = q'c + R'.$$

Es folgt

$$a = Qb + R = (q'c + R')b + R = q'cb + R'b + R = q'(bc) + R'b + R.$$

Wegen $R' < c$ ist sogar $R' \leq c - 1$. Wegen $R < b$ folgt daher

$$R'b + R \leq (c-1)b + R < (c-1)b + b = cb.$$

Wegen der Einzigkeit von Quotient und Rest ist also $q = q'$ und $r = R'b + R$, dh., $q = (a \text{ DIV } b) \text{ DIV } c$ und $r = ((a \text{ DIV } b) \text{ MOD } c)b + a \text{ MOD } b$, wie behauptet.

Satz 2. *Ist n eine natürliche Zahl, ist p eine Primzahl und ist p^f die höchste Potenz von p, die $n!$ teilt, so ist*

$$f = \sum_{i:=1}^{\infty} \left\lfloor \frac{n}{p^i} \right\rfloor.$$

Beweis. Ist $n < p$, so ist $\lfloor \frac{n}{p^i} \rfloor = 0$ für alle $i \in \mathbf{N}$ und daher $\sum_{i:=1}^{\infty} \lfloor \frac{n}{p^i} \rfloor = 0$. Es ist aber auch $f = 0$, da aus p teilt $n!$ ja folgt, dass p einen der Faktoren des Produktes $\prod_{i:=1}^{n} i$ teilt. Dann ist aber $p \leq n$.

Es sei nun $p \leq n$ und der Satz gelte für alle $m < n$. Dann gilt er insbesondere für $m := \lfloor \frac{n}{p} \rfloor$. Dann sind $1p, 2p, 3p, \ldots, mp$ die sämtlichen durch p teilbaren Faktoren von $\prod_{i:=1}^{n} i$. Es folgt, dass p^f die höchste Potenz von p ist, die in $m! \cdot p^m$ aufgeht. Somit ist p^{f-m} die höchste Potenz von p, die in $m!$ aufgeht. Nach Induktionsannahme ist

$$f - m = \sum_{i:=1}^{\infty} \left\lfloor \frac{m}{p^i} \right\rfloor.$$

Mit Satz 1 folgt, dass $\lfloor \frac{m}{p^i} \rfloor = \lfloor \frac{n}{p^{i+1}} \rfloor$ ist für alle i. Daher ist

$$f = \left\lfloor \frac{n}{p} \right\rfloor + \sum_{i:=1}^{\infty} \left\lfloor \frac{n}{p^{i+1}} \right\rfloor = \sum_{i:=1}^{\infty} \left\lfloor \frac{n}{p^i} \right\rfloor.$$

Satz 3. *Es sei p eine Primzahl und h und n seien natürliche Zahlen mit $hp \leq n$. Es sei ferner φ eine injektive Abbildung von $\{1, \ldots, h\} \times \{1, \ldots, p\}$ in $\{1, \ldots, n\}$. Wir definieren p-Zyklen P_i durch*

$$P_i := (\varphi_{i,1}, \varphi_{i,2}, \ldots, \varphi_{i,p})$$

für $i := 1, \ldots h$. Dann gilt $P_i P_j = P_j P_i$ für alle i und j. Ferner gilt

$$P_1^{l_1} P_2^{l_2} \cdots P_h^{l_h} = 1$$

genau dann, wenn $l_1 \equiv l_2 \equiv \ldots \equiv l_h \equiv 0 \bmod p$ ist. Ist

$$E := \langle P_1, \ldots, P_h \rangle,$$

so ist E eine elementarabelsche p-Gruppe der Ordnung p^h.

Es sei U eine Untergruppe von S_h. Ist $\lambda \in U$ und ist $x \in \{1, \ldots, n\}$, so definieren wir x^{λ} wie folgt: Ist $x = \varphi_{i,j}$, so setzen wir

$$x^{\lambda} := \varphi_{i\lambda, j}.$$

Ist x nicht von dieser Form, so setzen wir $x^\lambda = x$. Dann ist $\lambda \to \bar\lambda$ ein Monomorphismus von U in S_n. Das Bild von U unter diesem Monomorphismus bezeichnen wir mit $\bar U$. Für $\lambda \in U$ gilt

$$\bar\lambda^{-1} P_i \bar\lambda = P_{i\lambda}$$

für $i := 1, \ldots, h$. Es ist $E \cap \bar U = \{1\}$ und

$$|E\bar U| = p^h |U|.$$

Schließlich sind $E\bar U / E$ und U isomorph.

Beweis. Da P_i und P_j für $i \neq j$ disjunkt sind, gilt $P_i P_j = P_j P_i$ für alle i und j (natürlich auch für $i = j$). Es ist $o(P_i) = p$ und daher

$$P_1^{l_1} \cdots P_h^{l_h} = 1,$$

wenn alle l_i durch p teilbar sind. Es sei $P_1^{l_1} \cdots P_h^{l_h} = 1$. Dann ist

$$\varphi_{i,j} = \varphi_{i,j}^{P_1^{l_1} \cdots P_h^{l_h}} = \varphi_{i,j}^{P_i^{l_i}}$$

für alle i und alle j. Es folgt $P_i^{l_i} = 1$ für alle i und damit $l_i \equiv 0 \bmod p$ für alle i.

Es seien $\lambda, \mu \in U$. Ist $x \neq \varphi_{i,j}$ für alle i und j, so ist

$$x^{\overline{\lambda\mu}} = x = (x^{\bar\lambda})^{\bar\mu} = x^{\bar\lambda\bar\mu}.$$

Es sei $x = \varphi_{i,j}$. Dann ist

$$x^{\overline{\lambda\mu}} = \varphi_{i\lambda\mu,j} = \varphi_{i\lambda,j}^{\bar\mu} = \varphi_{i,j}^{\bar\lambda\bar\mu} = x^{\bar\lambda\bar\mu}.$$

Also ist $\overline{\lambda\mu} = \bar\lambda\bar\mu$.

Ist $\bar\lambda = 1$, so ist $\varphi_{i,j} = \varphi_{i,j}^{\bar\lambda} = \varphi_{i\lambda,j}$ für alle i und j. Weil φ injektiv ist, folgt $i = i\lambda$ für alle i und damit $\lambda = 1$, so dass das Queren ein Monomorphismus von S_h in S_n ist.

Ist $x \neq \varphi_{i,j}$ für alle i und j, so ist

$$x^{\bar\lambda^{-1} P_i \bar\lambda} = x = x^{P_{i\lambda}}.$$

Es sei $x = \varphi_{k,j}$. Ist $k \neq i\lambda$, so ist $i \neq k\lambda^{-1}$ und daher

$$x^{\bar\lambda^{-1}} = \varphi_{k\lambda^{-1},j}^{P_i\bar\lambda^{-1}} = \varphi_{k\lambda^{-1},j}^{\bar\lambda} = \varphi_{k\lambda^{-1}\lambda,j} = x = x^{P_{i\lambda}}.$$

Ist $k = i\lambda$, so folgt

$$x^{\bar\lambda^{-1} P_i \bar\lambda} = \varphi_{i\lambda\lambda^{-1}}^{P_i\bar\lambda} = \varphi_{i,j+1}^{\bar\lambda} = \varphi_{i\lambda,j+1} = \varphi_{i\lambda,j}^{P_{i\lambda}} = \varphi_{k,j}^{P_{i\lambda}} = x^{P_{i\lambda}}.$$

Damit ist gezeigt, dass

$$\bar\lambda^{-1} P_i \bar\lambda = P_{i\lambda}$$

ist.

E lässt alle Mengen $\{\varphi_{i,1},\ldots,\varphi_{i,p}\}$ fest, während jedes von 1 verschiedene Element aus $\bar{U}$ wenigstens eine dieser Mengen auf eine andere abbildet. Also ist $E \cap \bar{U} = \{1\}$. Weil die Menge der P_i von $\bar{U}$ normalisiert wird, wie gerade gesehen, wird auch E von $\bar{U}$ normalisiert. Also ist $E\bar{U}$ eine Gruppe und E ist Normalteiler in $E\bar{U}$. Schließlich ist

$$E\bar{U}/E \cong \bar{U}/(\bar{U} \cap E) = \bar{U}/\{1\} \cong \bar{U} \cong U.$$

Damit ist alles bewiesen.

Korollar. *Wählt man in Satz 3 für h die Zahl $\lfloor \frac{n}{p} \rfloor$ und für U eine p-Sylowgruppe von S_h, so ist*

$$\Pi := E\bar{U}$$

eine p-Sylowgruppe von S_n. Ferner ist E ein elementarabelscher Normalteiler von Π und es gilt $E \cap \bar{U} = \{1\}$.

Genau dann ist Π abelsch, wenn $n < p^2$ ist.

Beweis. Nach Satz 3 und Satz 2 ist

$$|\Pi| = p^h|\bar{U}| = p^h|U|$$

und $|U| = p^g$ mit $g = \sum_{i:=1}^{\infty} \lfloor \frac{h}{p^i} \rfloor$. Nach Satz 1 ist dann

$$h + g = \left\lfloor \frac{n}{p} \right\rfloor + \sum_{i:=1}^{\infty} \left\lfloor \frac{n}{p^{i+1}} \right\rfloor = \sum_{i:=1}^{\infty} \left\lfloor \frac{n}{p^i} \right\rfloor.$$

Nach Satz 2 ist Π daher eine p-Sylowgruppe von S_n.

Genau dann ist Π abelsch, wenn $\bar{U}$ die Gruppe E zentralisiert. Dies ist genau dann der Fall, wenn $U = \{1\}$ ist, dh., wenn $p^2 > n$ ist.

Es seien U und V Untergruppen der Gruppe G. Wir lassen $U \times V$ auf G als Operatorgruppe wirken vermöge

$$g^{(u,v)} := u^{-1}vg.$$

Die Bahnen von $U \times V$ bei dieser Wirkung sind die Mengen UgV. Man nennt sie *Doppelnebenklassen* nach den Untergruppen U und V.

Ist G eine Gruppe, so setzen wir wie schon früher $x^g = g^{-1}xg$ für alle $x, g \in G$. Das Potenzieren mit g ist also das Konjugieren mit g in G.

Satz 4. *Es sei G eine endliche Gruppe und U und V seien Untergruppen von G. Ist $g \in G$, so ist*

$$|UgV| = \frac{|U||V|}{|U^g \cap V|}.$$

Beweis. Es ist $ugv \to g^{-1}ugv$ eine Bijektion von UgV auf $g^{-1}UgV$. Daher ist

$$|UgV| = |g^{-1}UgV| = \frac{|U^g||V|}{|U^g \cap V|} = \frac{|U||V|}{|U^g \cap V|}.$$

Satz 5. *Es seien U und V Untergruppen der endlichen Gruppe G. Sind $x_1, \ldots, x_t$ Vertreter der Doppelnebenklassen von G nach U und V, so ist*

$$|G| = \sum_{i:=1}^{t} \frac{|U||V|}{|U^{x_i} \cap V|}.$$

Beweis. Dies folgt mir Satz 4 und der Bemerkung, dass die Doppelnebenklassen nach zwei Untergruppen paarweise disjunkt sind.

Satz 6. *Es sei G eine endliche Gruppe und V sei eine Untergruppe von G. Ferner sei p eine Primzahl und $P \in \mathrm{Syl}_p(G)$. Es gibt dann ein $g \in G$, so dass $P^g \cap V$ eine p-Sylowgruppe von V ist.*

Beweis. Es sei $x_1, \ldots, x_t$ ein Vertretersystem der Doppelnebenklassen nach P und V. Nach Satz 5 ist dann

$$|G| = |P| \sum_{i:=1}^{t} \frac{|V|}{|P^{x_i} \cap V|}.$$

Weil $|P|$ die höchste Potenz von p ist, die in $|G|$ aufgeht, können nicht alle

$$\frac{|V|}{|P^{x_i} \cap V|}$$

durch p teilbar sein. Es gibt also ein i, so dass $|P^{x_i} \cap V|$ die höchste Potenz von p ist, die in $|V|$ aufgeht. Also ist $P^{x_i} \cap V \in \mathrm{Syl}_p(V)$.

Satz 7. *Alle Sylowgruppen von G sind konjugiert.*

Beweis. Dies folgt mit $V \in \mathrm{Syl}_p(G)$ aus Satz 6.

Satz 8. *Ist G eine endliche Gruppe und ist p eine Primzahl, die $|G|$ teilt, so enthält G eine p-Sylowgruppe.*

Beweis. Man bette G vermöge der Wirkung $x \to xg$ in S_G ein. Nach dem Korollar zu Satz 3 hat $S_{|G|}$ und damit auch S_G eine p-Sylowgruppe. Mit Satz 6 folgt dann, dass auch G eine p-Sylowgruppe hat.

Aufgaben

1. Es sei p eine Primzahl und G sei eine endliche Gruppe, deren Ordnung durch p teilbar sei. Zeigen Sie, dass G eine p-Sylowgruppe enthält, indem Sie G in die Gruppe $\mathrm{GL}(V)$ für einen geeigneten Vektorraum über $\mathrm{GF}(p)$ einbetten. (Beachten Sie Aufgabe 7 von Abschnitt 7.)

11. Die Einfachheit der alternierenden Gruppe

Es sei G eine Permutationsgruppe auf der Menge X. Die Teilmenge $Y \subseteq X$ heißt *Block* von G, falls gilt: Ist $\gamma \in G$ und $Y \cap Y^\gamma \neq \emptyset$, so ist $Y = Y^\gamma$. Triviale Blöcke von G sind die Teilmengen $\emptyset$, X und $\{y\}$ mit $y \in X$.

Es sei G eine Permutationsgruppe auf der Menge X und G operiere auf dieser Menge transitiv. G operiert *primitiv* auf X, falls G nur die trivialen Blöcke besitzt, sonst *imprimitiv*. Jede zwei- und mehrfach transitive Gruppe operiert primitiv.

Satz 1. *Es sei G eine Permutationsgruppe auf der Menge X. Ist N Normalteiler von G, so ist jede Bahn von N ein Block von G.*

Beweis. Es sei Y eine Bahn von N. Ist $\gamma \in G$, so ist Y^γ eine Bahn von $\gamma^{-1}N\gamma = N$. Weil Bahnen Äquivalenzklassen sind, folgt die Behauptung.

Satz 2. *Die Permutationsgruppe G operiere primitiv auf der Menge X. Ist N ein nicht trivialer Normalteiler von G, so operiert N transitiv auf X.*

Beweis. Weil N nicht trivial ist, hat N eine Bahn Y, die mindestens zwei Elemente enthält. Nach Satz 1 ist Y ein Block von G. Weil G nur triviale Blöcke hat und Y mehr als ein Element enthält, ist $Y = X$, so dass N auf X transitiv operiert.

Satz 3. *Es sei G eine endliche Gruppe und $\mathrm{Aut}(G)$ sei ihre Automorphismengruppe.*

a) Operiert $\mathrm{Aut}(G)$ transitiv auf $G - \{1\}$, so ist G eine elementarabelsche p-Gruppe.

b) Operiert $\mathrm{Aut}(G)$ zweifach transitiv auf $G - \{1\}$, so ist G eine elementarabelsche 2-Gruppe oder es ist $|G| = 3$.

c) Operiert $\mathrm{Aut}(G)$ dreifach transitiv auf $G - |1|$, so ist $|G| = 4$.

Beweis. a) Es sei p eine Primzahl, die $|G|$ teilt. Dann enthält G nach dem Satz von Cauchy ein Element der Ordnung p. Da $\mathrm{Aut}(G)$ auf $G - \{1\}$ transitiv operiert, haben alle von 1 verschiedenen Elemente von G die Ordnung p, so dass G eine p-Gruppe ist. Dann ist aber $Z(G) \neq \{1\}$. Weil $Z(G)$ unter $\mathrm{Aut}(G)$ invariant ist und $\mathrm{Aut}(G)$ auf der Menge der von 1 verschiedenen Elemente von G transitiv operiert, ist daher $Z(G) = G$, so dass G auch abelsch ist. Damit ist a) bewiesen.

b) Es sei $\alpha \in \mathrm{Aut}(G)$ und $\gamma \in G$. Dann ist $\alpha(\gamma^{-1}) = \alpha(\gamma)^{-1}$. Somit ist das Bild von γ^{-1} unter α durch das Bild von γ festgelegt. Wegen der zweifachen Transitivität von $\mathrm{Aut}(G)$ kann daher nicht $\gamma^{-1} \neq \gamma$ sein, es sei denn, es ist $G = \{1, \gamma, \gamma^{-1}\}$. Hat G nicht die Ordnung 3, so ist also $\gamma^{-1} = \gamma$ für alle $\gamma \in G$ und damit $\gamma^2 = 1$ für alle diese γ. Dies beweist 2).

c) Es seien γ, $\delta \in G - \{1\}$ und $\gamma \neq \delta$. Wegen b) ist dann $\gamma\delta \neq 1$. Ferner ist $\gamma \neq \gamma\delta \neq \delta$. Schließlich ist

$$\alpha(\gamma\delta) = \alpha(\gamma)\alpha(\delta),$$

so dass das Bild von $\gamma\delta$ durch die Bilder von γ und δ bereits festlegt. Wegen der dreifachen Transitivität von $\mathrm{Aut}(G)$ auf $G - \{1\}$ ist daher $G - \{1\} = \{\gamma, \delta, \gamma\delta\}$. Also ist $|G| = 4$.

Satz 4. *Es sei X eine n-Menge und G sei eine Permutationsgruppe auf X. Es sei ferner N ein Normalteiler der Ordnung n von G. Dann gilt:*

a) Operiert G zweifach transitiv auf X, so ist N eine elementarabelsche p-Gruppe und n ist Potenz von p.

b) Operiert G dreifach transitiv auf X, so ist N eine elementarabelsche 2-Gruppe und n ist eine Potenz von 2 oder es ist $n = 3$ und $G = S_X$.

c) Operiert G vierfach transitiv auf X, so ist $n = 4$ und $G = S_X$.

Beweis. Weil G mindestens zweifach transitiv operiert, operiert G primitiv, so dass N nach Satz 2 transitiv operiert. Sei $o \in X$. Ist x ein weiteres Element von X, so gibt es ein $\delta \in N$ mit $o^\delta = x$. Es sei $\gamma \in N$ und es gelte $o^\gamma = x = o^\delta$. Es folgt $o^{\delta\gamma^{-1}} = o$, dh., $\delta\gamma^{-1} \in N_o$. Wegen

$$n = |N| = |X||N_o| = n|N_o|$$

ist $N_o = \{1\}$ und folglich $\delta = \gamma$. Es gibt also zu $x \in X$ genau ein $\delta \in N$ mit $o^\delta = x$.

Nach Voraussetzung ist G eine t-fach transitive Gruppe mit $t \geq 2$. Es seien nun δ_1, $\ldots$, δ_{t-1} und η_1, $\ldots$, η_{t-1} zwei $(t-1)$-Tupel paarweise verschiedener Elemente aus $N - \{1\}$. Dann sind

$$o, o^{\delta_1}, \ldots, o^{\delta_{t-1}}$$

und

$$o, o^{\eta_1}, \ldots, o^{\eta_{t-1}}$$

zwei t-Tupel paarweise verschiedener Elemente aus X. Es gibt daher ein $\gamma \in G$ mit $o^\gamma = o$ und $o^{\delta_i\gamma} = o^{\eta_i}$ für $i := 1, \ldots, t-1$. Es folgt

$$o^{\eta_i} = o^{\gamma\gamma^{-1}\delta_i\gamma} = o^{\gamma^{-1}\delta_i\gamma}.$$

Wegen $\gamma^{-1}\delta_i\gamma \in N$ folgt weiter $\gamma^{-1}\delta_i\gamma = \eta_i$ für $i := 1, \ldots, t-1$. Also ist Aut(N) auf $N - \{1\}$ eine $(t-1)$-fach transitive Gruppe. Daher folgen die Behauptungen aus Satz 3, wenn man nur noch beachtet, dass im Falle $n = 3$ oder 4 die S_X die einzige drei- bzw. vierfache transitive Gruppe auf X ist.

Satz 5. *Ist $n \neq 4$, so ist A_n einfach.*

Beweis. Es ist $A_1 = \{1\}$ und $A_2 = \{1\}$ sowie $|A_3| = 3$. Diese Gruppen sind also alle einfach.

Es sei $n = 5$ und N sei ein von $\{1\}$ verschiedener Normalteiler von A_5. Weil die A_5 auf $\{1, 2, 3, 4, 5\}$ dreifach transitiv operiert (Aufgabe 5 von Abschnitt 8), ist N auf $\{1, 2, 3, 4, 5\}$ transitiv. Es folgt, dass 5 Teiler von $|N|$ ist. Wegen $60 = 5 \cdot 12$ ist jede 5-Sylowgruppe von N schon eine 5-Sylowgruppe von A_5. Weil alle 5-Sylowgruppen von A_5 konjugiert sind und weil N Normalteiler von A_5 ist, enthält N alle 5-Sylowgruppen von A_5. Insbesondere enthält N die beiden zyklischen Permutationen $(1, 2, 3, 4, 5)$ und $(1, 3, 2, 5, 4)$. Also enthält N auch das Element

$$(1, 3, 2, 5, 4)(1, 2, 3, 4, 5) = (1, 4, 2).$$

Weil N Normalteiler ist, enthält N dann alle zyklischen Permutationen der Länge 3. Weil A_5 von diesen Permutationen erzeugt wird (Aufgabe 6 von Abschnitt 8), folgt $N = A_5$, so dass A_5 einfach ist.

Es sei $n \geq 5$ und A_n sei einfach. Ferner sei N ein nicht trivialer Normalteiler von A_{n+1}. Nun operiert A_{n+1} auf $\{1, \ldots, n+1\}$ als $(n-1)$-fach transitive Gruppe. Wegen $n - 1 \geq 4$ kann nicht $|N| = n + 1$ sein, da wir sonst nach Satz 4 die Ungleichung $6 \leq n + 1 \leq 4$ erhielten. Also ist $|N| > n + 1$, da N ja transitiv ist. Damit wir mit der Bezeichnung für den Stabilisator von $n + 1$ in A_{n+1} nicht ins Stolpern geraten, setzen wir $G := A_{n+1}$. Dann ist also $N \cap G_{n+1} \neq \{1\}$. Nun ist aber

$$\tfrac{1}{2}(n+1)! = |G| = (n+1)|G_{n+1}|$$

und daher $|G_{n+1}| = \tfrac{1}{2}n!$. Weil G und damit G_{n+1} nur gerade Permutationen enthält, ist G_{n+1} also zur A_n isomorph und daher einfach. Weil $N \cap G_{n+1}$ ein von $\{1\}$ verschiedener Normalteiler von G_{n+1} ist, folgt $G_{n+1} = G_{n+1} \cap N$, dh., $G_{n+1} \subseteq N$. Dies hat wiederum $N_{n+1} = G_{n+1}$ zur Folge. Weil N auf $\{1, \ldots, n+1\}$ transitiv operiert, folgt schließlich

$$|N| = (n+1)|N_{n+1}| = (n+1) \cdot \tfrac{1}{2}n! = \tfrac{1}{2}(n+1)!$$

Also ist $N = A_{n+1}$, so dass A_{n+1} einfach ist.

Korollar. *Ist $4 \neq n \in \mathbb{N}$ und ist N ein nicht trivialer Normalteiler von S_n, so ist $A_n \subseteq N$.*

Beweis. Es ist $n \geq 2$, weil N nicht trivial ist. Weil S_n zweifach transitiv ist, ist N transitiv. Also ist n Teiler von $|N|$. Ist $n = 2$, so ist $N = S_2$. Es sei also $n \geq 3$. Dann ist $N \cap A_n \neq \{1\}$, da ja $|S_n/A_n| = 2$ ist. Weil $N \cap A_n$ Normalteiler von A_n ist, folgt $A_n \subseteq N$, da ja $n \neq 4$ vorausgesetzt wurde.

Aufgaben

1. Ist G eine auf X zweifach transitive Permutationsgruppe, so operiert G primitiv auf X.

2. Ist G eine transitive Permutationsgruppe auf der endlichen Menge X und ist B ein nicht leerer Block von G, so ist $|B|$ Teiler von $|X|$.

3. Operiert G transitiv auf der endlichen Menge X und ist $|X|$ eine Primzahl, so operiert G primitiv auf X.

4. Es sei G eine Permutationsgruppe und U sei Untergruppe von G. Ist $\gamma \in G$ und ist B Bahn von U, so ist B^γ Bahn von $\gamma^{-1}U\gamma$.

5. Die A_4 hat einen Normalteiler der Ordnung 4. Dieser ist auch normal in S_4.

6. Die A_n ist die einzige Untergruppe vom Index 2 in S_n. (Dies ist eine der Möglichkeiten, A_n rein gruppentheoretisch innerhalb S_n zu charakterisieren.)

12. Nilpotente Gruppen

Wir hatten gesehen, dass endliche p-Gruppen stets ein nicht triviales Zentrum haben. Dann haben natürlich auch alle von $\{1\}$ verschiedenen epimorphen Bilder von endlichen p-Gruppen ein von $\{1\}$ verschiedenes Zentrum. Man kann sich daher fragen, welche endlichen Gruppen diese Eigenschaft besitzen. Es wird sich herausstellen, dass es neben den p-Gruppen nur noch direkte Produkte von p-Gruppen sind. Dies wird das Hauptergebnis dieses Abschnitts sein.

Es seien $G_1, \ldots, G_n$ Gruppen. Dann ist $G_1 \times \ldots \times G_n$ versehen mit der punktweise definierten Multiplikation eine Gruppe, das *äußere direkte Produkt* der Gruppen G_1, $\ldots, G_n$.

Satz 1. *Es sei G eine Gruppe und $G_1, \ldots, G_n$ seien Normalteiler von G. Gilt*
a) Es ist $G = G_1 G_2 \cdots G_n$,
b) Es ist $(G_1 \cdots G_{i-1}) \cap G_i = \{1\}$ für $i := 1, \ldots, n-1$,
so wird durch

$$(g_1, \ldots, g_n)^\lambda := g_1 \cdots g_n$$

ein Isomorphismus von $G_1 \times \ldots \times G_n$ auf G definiert.

Beweis. Nach a) ist λ eine surjektive Abbildung von $G_1 \times \ldots \times G_n$ auf G. Ist $i \neq j$ und oBdA $i < j$, so ist

$$G_i \cap G_j \subseteq (G_1 \cdots G_{j-1}) \cap G_j = \{1\}.$$

Folglich ist $gh = hg$ für alle $g \in G_i$ und $h \in G_j$ (Abschnitt 6, Aufgabe 5). Es folgt

$$\begin{aligned}
\left((g_1, \ldots, g_n)(h_1, \ldots, h_n)\right)^\lambda &= (g_1 h_1, \ldots, g_n h_n)^\lambda \\
&= g_1 h_1 g_2 h_2 \cdots g_{n-1} h_{n-1} g_n h_n \\
&= g_1 h_1 g_2 h_2 \cdots h_{n-2} g_{n-1} g_n h_{n-1} h_n.
\end{aligned}$$

Mittels Induktion folgt

$$\left((g_1, \ldots, g_n)(h_1, \ldots, h_n)\right)^\lambda = g_1 \cdots g_n h_1 \cdots h_n = (g_1, \ldots, g_n)^\lambda (h_1, \ldots, h_n)^\lambda.$$

Also ist λ ein Epimorphismus von $\text{cart}_{i:=1}^n G_i$ auf G.
Es sei schließlich $(g_1, \ldots, g_n)^\lambda = 1$. Dann ist

$$g_n = g_{n-1}^{-1} \cdots g_1^{-1} \in G_n \cap (G_1 \cdots G_{n-1}) = \{1\}.$$

Also ist $g_n = 1 = g_1 \cdots g_{n-1}$. Mit Induktion folgt $g_1 = g_2 = \ldots = g_n = 1$. Folglich ist λ auch injektiv.

Hat man die Situation von Satz 1, so nennt man G *inneres direktes Produkt* der G_1, ..., G_n und schreibt ebenfalls $G = \text{cart}_{i:=1}^n G_i$ bzw. $G = G_1 \times \cdots \times G_n$.

Satz 2. *Es sei G eine endliche Gruppe. Sind G_1, ..., G_n Normalteiler von G mit paarweise teilerfremden Ordnungen und ist $|G| = \prod_{i:=1}^n |G_i|$, so gilt:*
a) Es ist $G = G_1 \times \ldots \times G_n$.
b) Es ist $\text{Aut}(G) \cong \text{Aut}(G_1) \times \ldots \times \text{Aut}(G_n)$.

Beweis. a) Es ist $G_1 \cdots G_i$ für alle i eine Untergruppe von G und es gilt $|G_1 \cdots G_i| = |G_1| \cdots |G_i|$. Dies ist richtig für $i = 1$. Es sei $i \geq 1$ und die Aussage gelte für i. Weil G_{i+1} Normalteiler von G ist, ist auch $G_1 \cdots G_{i+1}$ Untergruppe von G und es gilt

$$|G_1 \cdots G_{i+1}||(G_1 \cdots G_i) \cap G_{i+1}| = |G_1 \cdots G_i||G_{i+1}|.$$

Nun ist $|(G_1 \cdots G_i) \cap G_{i+1}|$ Teiler von $|G_1 \cdots G_i|$ und $|G_{i+1}|$. Weil diese beiden Zahlen teilerfremd sind, folgt

$$(G_1 \cdots G_i) \cap G_{i+1} = \{1\}.$$

Hieraus folgt mit Satz 1 die Behauptung a).

b) Ist $g \in G$, so folgt mit a), dass es zu jedem i genau ein $g_i \in G_i$ gibt mit $g = g_1 \cdots g_n$. Es sei $\alpha \in \text{cart}_{i:=1}^n \text{Aut}(G_i)$. Definiert man β durch

$$g^{\beta(\alpha)} := g_1^{\alpha_1} \cdots g_n^{\alpha_n},$$

so ist $\beta(\alpha) \in \text{Aut}(G)$ und $\beta|G_i = \alpha_i$. Weil die G_i paarweise trivialen Durchschnitt haben, sind sie nach Aufgabe 5 von Abschnitt 5 elementweise miteinander vertauschbar. Es folgt

$$
\begin{aligned}
(gh)^{\beta(\alpha)} &= (g_1 h_1)^{\alpha_1} \cdots (g_n h_n)^{\alpha_n} \\
&= g_1^{\alpha_1} h_1^{\alpha_1} \cdots g_n^{\alpha_n} h_n^{\alpha_n} \\
&= g_1^{\alpha_1} \cdots g_n^{\alpha_n} h_1^{\alpha_1} \cdots h_n^{\alpha_n} \\
&= g^{\beta(\alpha)} h^{\beta(\alpha)}.
\end{aligned}
$$

Offenbar gilt auch $\beta(\alpha\alpha') = \beta(\alpha)\beta(\alpha')$, so dass β ein Monomorphismus von

$$\text{cart}_{i:=1}^n \text{Aut}(G_i)$$

in $\text{Aut}(G)$ ist.

Es sei $\gamma \in \text{Aut}(G)$. Setze $\alpha_i := \gamma|G_i$. Es ist $G_i G_i^\gamma$ eine Untergruppe von G, da G_i ja Normalteiler ist. Folglich ist

$$|G_i G_i^\gamma| = \frac{|G_i^\gamma|}{|G_i \cap G_i^\gamma|} |G_i|$$

Teiler von $|G| = \prod_{j:=1}^n |G_j|$. Da die Faktoren dieses Produktes paarweise teilerfremd sind, folgt, dass $|G_i G_i^\gamma|$ Teiler von $|G_i|$ ist. Dies hat $G_i = G_i G_i^\gamma$ und dann $G_i^\gamma = G_i$ zur Folge. Also ist $\alpha_i \in \text{Aut}(G_i)$ und weiter $\beta(\alpha) = \gamma$. Somit ist β auch surjektiv, so dass der Satz bewiesen ist.

Eine sehr nützliche Bemerkung ist auch der folgende Satz.

Satz 3. *Sind M und N Normalteiler der Gruppe G, so ist $G/(M \cap N)$ isomorph zu einer Untergruppe der Gruppe $G/M \times G/N$.*

Beweis. Definiere η durch $g^\eta := (gM, gN)$. Dann ist η ein Homomorphismus von G in $G/M \times G/N$. Offenbar gilt $\text{Kern}(\eta) = M \cap N$. Damit folgt die Behauptung aus dem ersten Isomorphiesatz.

Satz 4. *Es sei p eine endliche Primzahl und G eine endliche Gruppe. Ist $P \in \text{Syl}_p(G)$, ist U eine Untergruppe von G und gilt $N_G(P) \subseteq U$, so ist $U = N_G(U)$.*

Beweis. Es sei $x \in \mathbf{N}_G(U)$. Dann ist — Potenzieren bedeute Konjugieren —

$$P^x \subseteq N_G(P)^x \subseteq U^x = U.$$

Weil also P, $P^x \in \text{Syl}_p(U)$ gilt, gibt es ein $u \in U$ mit $P^x = P^u$. Es folgt $P^{xu^{-1}} = P$ und damit $xu^{-1} \in N_G(P) \subseteq U$. Also ist $x \in U$ und damit $N_G(U) = U$.

Satz 5. *Es sei M Normalteiler der endlichen Gruppe G. Ferner sei p eine Primzahl und $P \in \text{Syl}_p(G)$. Dann gilt:*
a) Es ist $M \cap P \in \text{Syl}_p(M)$.
b) Es ist $PM/M \in \text{Syl}_p(G/M)$.
c) Es ist $N_G(P)M/M = N_{G/M}(PM/M)$.

Beweis. a) Weil M Normalteiler von G ist, ist PM eine Untergruppe von G, überdies ist P eine p-Sylowgruppe von PM, so dass p kein Teiler von $|PM : P|$ ist. Es folgt

$$|PM : P| = \frac{|PM|}{|P|} = \frac{|P||M|}{|M \cap P||P|} = \frac{|M|}{|M \cap P|},$$

so dass $M \cap P \in \text{Syl}_p(M)$ gilt.
b) Es ist $|PM/M| = |P/(P \cap M)|$ eine Potenz von p. Ferner ist

$$|G/M : PM/M| = \frac{|G/M|}{|PM/M|} = \frac{|G|}{|PM|} = \frac{|G||P \cap M|}{|P||M|}$$

und damit

$$\frac{|M|}{|P \cap M|}|G/M : PM/M| = \frac{|G|}{|P|}.$$

Folglich ist p kein Teiler von $|G/M : PM/M|$, so dass PM/M in der Tat eine p-Sylowgruppe von G/M ist.
c) Sei $x \in N_G(P)$. Dann ist

$$(PM/M)^{xM} = P^x M/M = PM/M.$$

Also ist $xM \in N_{G/M}(PM/M)$, dh.,

$$N_G(P)M/M \subseteq N_{G/M}(PM/M).$$

Es sei umgekehrt $xM \in N_{G/M}(PM/M)$. Dann ist $P^x M = PM$. Damit ist P^x eine p-Sylowgruppe von PN. Es gibt daher ein $\pi \in P$ und ein $\mu \in M$ mit $P^x = P^{\pi\mu} = P^\mu$. Dies besagt $x\mu^{-1} \in N_G(P)M/M$, so dass $x \in N_G(P)M$ ist. Es folgt $xM \in N_G(P)M/M$. Es gilt also auch $N_{G/M}(PM/M) \subseteq N_G(P)M/M$, so dass der Satz bewiesen ist.

Frattini-Argument. *Ist M Normalteiler der endlichen Gruppe G und ist P eine p-Sylowgruppe von M, so ist $G = MN_G(P)$.*

Beweis. Es sei $g \in G$. Dann ist $P^g \subseteq M^g = M$. Es gibt also ein $m \in M$ mit $P^g = P^m$. Es folgt $gm^{-1} \in N_G(P)$ und daher $g \in N_G(P)M = MN_G(P)$.

Es sei G eine Gruppe. Für $g, h \in G$ setzen wir

$$[g,h] := g^{-1}h^{-1}gh$$

und nennen $[g,h]$ den *Kommutator* von g und h. Es gilt

$$[h,g] = [g,h]^{-1}.$$

Für $g, h, l \in G$ setzen wir

$$g^{h+l} := g^h g^l.$$

Dann ist, falls auch noch $m \in G$ ist,

$$g^{m(h+l)} = g^{mh}g^{ml} = g^{mh+ml}$$

und

$$g^{(h+l)m} = (g^h g^l)^m = g^{hm}g^{lm} = g^{hm+lm}.$$

Diese Addition ist nicht kommutativ, aber sie ist assoziativ. Weiter gilt

$$[g,h] = g^{-1+h}.$$

Satz 6. *Sind g, h, l Elemente der Gruppe G, so gilt:*
a) $[g,h] = [h,g]^{-1}$.
b) $[g,hl] = [g,l][g,h]^l = [g,l][g,h][[g,h],l]$.
c) $[gh,l] = [g,l]^h[h,l] = [g,l][[g,l],h][h,l]$.

Beweis. a) ist klar.
b) Es ist

$$[g,hl] = g^{-1+hl} = g^{-1+l-l+hl} = [g,l]g^{(-1+h)l}$$
$$= [g,l][g,h]^l = [g,l][g,h]^{1-1+l}$$
$$= [g,l][g,h][[g,h],l].$$

c) Es ist

$$[gh,l] = [l,gh]^{-1} = (l^{-1+gh})^{-1} = l^{-gh+1}$$
$$= l^{-gh+h-h+1} = (l^{-g+1})^h(l^{-1+h})^{-1}$$
$$= [g,l]^h[h,l] = [g,l]^{1-1+h}[h,l]$$
$$= [g,l][[g,l],h][h,l].$$

Sind A und B Teilmengen der Gruppe G, so setzen wir

$$[A, B] := \langle [a, b] \mid a \in A, b \in B \rangle.$$

Ferner setzen wir $G' := \langle G, G \rangle$ und nennen G' die *Kommutatorgruppe* von G. Genau dann ist $G' = \{1\}$, wenn G abelsch ist.

Vorsicht: Sind a, $b \in G$, so ist zwischen dem Kommutator $[a, b]$ und der von $[a, b]$ erzeugten Untergruppe $[\{a\}, \{b\}]$ zu unterscheiden!

Wie schon zuvor heiße die Untergruppe U der Gruppe G *charakteristische Untergruppe* von G, wenn $U^\alpha = U$ ist für alle $\alpha \in \text{Aut}(G)$. Weil das Konjugieren ein Automorphismus von G ist, ein sog. *innerer Automorphismus* , sind charakteristische Untergruppen stets auch Normalteiler.

Das Zentrum einer Gruppe ist stets charakteristische Untergruppe. Ebenso die Kommutatorgruppe.

Satz 7. *Sind A und B Untergruppen der Gruppe G, so gilt:*

a) Es ist $[A, B] = [B, A]$.

b) Es ist $[A, B] \sqsubseteq \langle A, B \rangle$.

c) Ist A_1 Untergruppe von A und B_1 Untergruppe von B, so ist $[A_1, B_1]$ Untergruppe von $[A, B]$.

d) Genau dann ist $[A, B] \subseteq A$, wenn $B \subseteq N_G(A)$ ist.

e) Ist μ ein Homomorphismus von G in eine Gruppe, so ist $[A, B]^\mu = [A^\mu, B^\mu]$.

f) Sind A und B Normalteiler bzw. charakteristische Untergruppen von G, so ist $[A, B]$ Normalteiler bzw. charakteristische Untergruppe von G und es gilt $[A, B] \subseteq A \cap B$.

Beweis. a) Wegen $[b, a] = [a, b]^{-1} \in [A, B]$ ist $[B, A] \subseteq [A, B]$. Dann ist aber auch $[A, B] \subseteq [B, A]$ und folglich $[A, B] = [B, A]$.

b) Es seien a, $\alpha \in A$ und b, $\beta \in B$. Nach Satz 6 b) und c) ist

$$[a, b]^\beta = [a, \beta]^{-1}[a, b\beta] \in [A, B]$$

und

$$[a, b]^\alpha = [a\alpha, b][\alpha, b]^{-1} \in [A, B].$$

Also ist $[A, B] \sqsubseteq \langle A, B \rangle$.

c) ist trivial.

d) Es ist $a^{-1}b^{-1}ab \in A$ genau dann, wenn $b^{-1}ab \in A$ ist. Daher ist $[A, B] \sqsubseteq A$ gleichwertig mit $B \subseteq N_G(A)$.

e) Es sei μ ein Homomorphismus von G in eine Gruppe H. Dann gilt

$$[A, B]^\mu = \langle [a, b]^\mu \mid a \in A, b \in B \rangle$$
$$= \langle [a^\mu, b^\mu] \mid a^\mu \in A^\mu, b^\mu \in B^\mu \rangle$$
$$= [A^\mu, B^\mu].$$

f) Sind A und B Normalteiler bzw. charakteristische Untergruppen von G, so folgt mit e), dass $[A, B]$ Normalteiler bzw. charakteristische Untergruppe ist. Sind nämlich A und B unter dem (inneren) Automorphismus α invariant, so folgt

$$[A, B]^\alpha = [A^\alpha, B^\alpha] = [A, B].$$

Ist A Normalteiler, so ist $B \subseteq G = N_G(A)$. Nach d) ist dann $[A, B] \subseteq A$. Ist auch B Normalteiler von G, so folgt weiter $[A, B] = [B, A] \subseteq B$ und damit $[A, B] \subseteq A \cap B$.

Die Untergruppen $M_r, \ldots, M_1$ von G bilden eine *Zentralkette* von G, falls gilt:

1) Es ist $M_r \subseteq M_{r-1} \subseteq \ldots \subseteq M_1$.

2) Es ist $[M_i, G] \subseteq M_{i+1}$ für $i := 1, \ldots, r-1$.

3) Es ist $M_r \sqsubseteq G$.

Wegen $[M_i, G] \subseteq M_{i+1}$ und $M_{i+1} \subseteq M_i$ ist $[M_i, G] \subseteq M_i$, so dass mit Satz 6 d) folgt, dass $G \subseteq N_G(M_i)$ ist. Also ist $M_i \sqsubseteq G$, falls nur $i \geq r-1$ ist. Mit 3) folgt, dass dann alle M_i in G normal sind. Weil dies so ist, ist $[M_i, G] \subseteq M_{i+1}$ damit gleichwertig, dass

$$M_i/M_{i+1} \subseteq Z(G/N_{i+1})$$

ist.

Wir setzen $K_1(G) := G$ und $K_{i+1}(G) := [K_i(G), G]$. Dann ist

$$G = K_1(G) \supseteq K_2(G) \supseteq \ldots$$

eine Zentralkette von G, die *absteigende Zentralreihe*.

Setze $Z_0(G) := \{1\}$. und definiere Z_{i+1} durch

$$Z_{i+1}(G)/Z_i(G) = Z\big(G/Z_i(G)\big).$$

Dann heißt $\{1\} = Z_0(G) \subseteq Z_1(G) \subseteq \ldots$ die *aufsteigende Zentralreihe* von G. Auch sie ist eine Zentralkette.

Eine Untergruppe U von G heißt *maximale Untergruppe* von G, wenn für alle Untergruppen V von G, für die $U \subseteq V$ gilt, folgt, dass $U = V$ oder $V = G$ ist. Ganz entsprechend werden *minimale Untergruppen* sowie *maximale* und *minimale Normalteiler* definiert.

Satz 8. *Ist G eine endliche Gruppe, so sind die folgenden Aussagen äquivalent:*

a) Jedes von $\{1\}$ verschiedene epimorphe Bild von G hat ein von $\{1\}$ verschiedenes Zentrum. Insbesondere gilt $Z_m(G) = G$ für genügend großes m.

b) G besitzt eine Zentralkette $M_1, \ldots, M_r$ mit $M_1 = G$ und $M_r = \{1\}$.

c) Die absteigende Zentralreihe von G endet bei $\{1\}$.

d) Ist U eine echte Untergruppe von G, so ist $U \neq N_G(U)$.

e) Jede maximale Untergruppe von G ist normal in G.

f) G ist das direkte Produkt seiner Sylowgruppen.

g) Haben $g, h \in G$ teilerfremde Ordnungen, so ist $gh = hg$.

Beweis. a) impliziert b): Es ist

$$\{1\} = Z_0(G) \subseteq Z_1(G) \subseteq \ldots \subseteq Z_m(G) = G.$$

Da dies eine Zentralkette ist, gilt b).

b) impliziert c): Es gibt eine Zentralkette der Form

$$G = M_1 \supseteq M_2 \supseteq \ldots \subseteq M_r = \{1\}.$$

Es ist $K_1(G) = G \subseteq M_1$. Es sei gezeigt, dass $K_i(G) \subseteq M_i$ ist. Dann ist

$$K_{i+1}(G) = [K_i(G), G] \subseteq [N_i, G] \subseteq N_{i+1}.$$

Dann ist aber $K_r(G) \subseteq M_r = \{1\}$.

c) impliziert d): Es sei U eine echte Untergruppe von G. Es gibt dann ein i mit $K_{i+1}(G) \subseteq U$ und $K_i(G) \not\subseteq U$, da ja $K_r(G) = \{1\}$ und $K_1(G) = G$ ist. Nun ist

$$[K_i(G), U] \subseteq [K_i(G), G] = K_{i+1} \subseteq U.$$

Mit Satz 6 d) folgt $K_i(G) \subseteq N_G(U)$. Also gilt d).

d) impliziert e): Es sei U eine maximale Untergruppe von G. Dann ist U echt in $N_G(U)$ enthalten, so dass $N_G(U) = G$ ist wegen der Maximalität von U.

e) impliziert f): Es sei $P \in \mathrm{Syl}_p(G)$. Wäre $N_G(P) \neq G$, so gäbe es eine maximale Untergruppe U von G mit $N_G(P) \subseteq U$. Mit Satz 4 folgte der Widerspruch $U = N_G(U)$. Also ist $N_G(P) = G$ und P ist normal in G. Mit Satz 2 folgt daher die Gültigkeit von f).

f) impliziert a): Dass die Sylowgruppen von G normal sind, vererbt sich auf epimorphe Bilder, wie aus Satz 5 b) folgt. Ist $G = G_1 \times \ldots \times G_t$ irgendeine Gruppe, so folgt

$$Z(G) = Z(G_1) \times \ldots \times Z(G_t),$$

wie trivial nachzurechnen ist. Diese beiden Bemerkungen, zeigen, dass a) Folge von f) ist, da p-Gruppen stets ein nicht triviales Zentrum haben.

Die Äquivalenz von f) und g) zu zeigen, bleibe dem Leser als Übungsaufgabe überlassen.

Wir nennen die Gruppe G *nilpotent*, wenn es ein $n \in \mathbb{N}$ gibt mit $K_n(G) = \{1\}$. Eine endliche nilpotente Gruppe hat dann alle die in Satz 8 aufgelisteten Eigenschaften.

Satz 9. *Ist G eine nilpotente Gruppe, so ist jede Untergruppe und jedes epimorphe Bild von G nilpotent.*

Beweis. Ist U eine Untergruppe von G, so ist $K_n(U) \subseteq K_n(G) = \{1\}$, so dass U nilpotent ist.

Ist π ein Epimorphismus von G auf H, so ist

$$K_n(H) = K_n(G^\pi) = K_n(G)^\pi = \{1\}^\pi,$$

so dass auch H nilpotent ist.

Satz 10. *Sind G und H nilpotente Gruppen, so ist auch $G \times H$ nilpotent.*

Beweis. Es ist $K_n(G \times H) = K_n(G) \times K_n(H)$.

Satz 11. *Sind M und N Normalteiler von G und sind G/M und G/N nilpotent, so ist auch $G/(M \cap N)$ nilpotent.*

Beweis. Nach Satz 10 ist $G/M \times G/N$ nilpotent. Nach Satz 3 ist $G/(M \cap N)$ isomorph zu einer Untergruppe von $G/M \times G/N$. Hieraus folgt mit Satz 9 die Behauptung.

Satz 12. *Ist G eine nilpotente Gruppe und ist N ein von $\{1\}$ verschiedener Normalteiler von G, so ist $[N, G]$ echt in N enthalten. Ferner ist $N \cap Z(G) \neq \{1\}$. Insbesondere liegt jeder minimale Normalteiler einer nilpotenten Gruppe im Zentrum der Gruppe.*

Beweis. Setze $N_1 := N$ und $N_{i+1} := [N_i, G]$. Dann ist $N_i \subseteq N$ und $N_i \subseteq K_i(G)$. Es folgt $N_m \subseteq K_m(G) = \{1\}$ für großes m. Folglich ist $[N, G] = N_2 \neq N$, da andernfalls $N_i = N \neq \{1\}$ für alle i gälte. Wähle m so, dass $N_m = \{1\} \neq N_{m-1}$ ist. Dann ist $[N_{m-1}, G] = N_m = \{1\}$ und folglich

$$\{1\} \neq N_{m-1} \subseteq N \cap Z(G).$$

Damit ist alles bewiesen.

Aufgaben

1. Es seien M und N Normalteiler der Gruppe G und p sei eine Primzahl. Sind G/M und G/N beides p-Gruppen, so ist auch $G/(M \cap N)$ eine p-Gruppe.

2. Es sei p eine Primzahl und G sei eine endliche Gruppe. Ist $P \in \mathrm{Syl}_p(G)$ und ist M Untergruppe von G und gilt $MP = PM$, so ist $P \cap M \in \mathrm{Syl}_p(M)$.

3. Es sei G eine endliche Gruppe. Genau dann ist G nilpotent, wenn für alle $x, y \in G$ mit $\mathrm{ggT}(o(x), o(y)) = 1$ gilt, dass $xy = yx$ ist.

4. Es sei G eine endliche Gruppe. Genau dann ist G nilpotent, wenn $\langle x, y \rangle$ nilpotent ist für alle $x, y \in G$.

5. Es sei G eine nilpotente Gruppe. Ferner sei $n \in \mathbf{N}$ so bestimmt, dass $K_n(G) \neq K_{n+1}(G) = \{1\}$ ist. Dann ist $Z_{n-1}(G) \neq Z_n(G) = G$. Ist umgekehrt $Z_n(G) = G$, so ist $K_{n+1}(G) = \{1\}$. (Die Eigenschaften a), b) und c) von Satz 8 sind auch bei unendlichen Gruppen äquivalent.)

13. Auflösbare Gruppen

Die Einführung der nilpotenten Gruppen haben wir rein gruppentheoretisch, also sehr künstlich motiviert, indem wir nach all den Gruppen fragten, die mit den p-Gruppen die Eigenschaft teilen, dass alle von $\{1\}$ verschiedenen epimorphen Bilder ein nicht triviales Zentrum haben. Bei den nun zu betrachtenden auflösbaren Gruppen ist das anders, wobei wir zur Motivation aber auf das Ende verweisen. Auf der Suche nach Gleichungen, die durch Radikale lösbar sind — eine Suche, die jahrhundertelang andauerte, wobei man anfangs hoffte, alle Gleichungen durch Radikale lösen zu können —, stellte sich heraus, dass zu jeder Gleichung eine Gruppe gehört und dass die Gleichung genau dann durch Radikale *lösbar* ist, wenn die Gruppe *auflösbar* ist in dem Sinne, wie wir ihn nun vorstellen werden.

Wie zuvor bezeichne G' die Kommutatorgruppe der Gruppe G. Definiere $G^{(n)}$ rekursiv durch $G^{(0)} := G$ und

$$G^{(n+1)} := \left(G^{(n)}\right)'.$$

Die Reihe $G^{(0)}, G^{(1)}, \ldots$ heißt die *Kommutatorreihe* der Gruppe G. Offenbar gilt $G^{(i)} \subseteq K_i(G)$ für alle i. Ist G nilpotent, so folgt

$$G^{(n)} \subseteq K_n(G) = \{1\}.$$

Nennt man die Gruppe G *auflösbar*, wenn es ein n gibt mit $G^{(n)} = \{1\}$, so sind nilpotente Gruppen also auflösbar, so dass Auflösbarkeit eine Verallgemeinerung der Nilpotenz ist. Die $G^{(i)}$ sind allesamt charakteristische Untergruppen von G.

Satz 1. *Es sei G eine Gruppe und U sei eine Untergruppe von G. Genau dann ist U ein Normalteiler von G mit abelscher Faktorgruppe, wenn $G' \subseteq U$ ist.*

Beweis. Es sei U ein Normalteiler von G und G/U sei abelsch. Sind $g, h \in G$, so ist

$$ghU = gUhU = hUgU = hgU$$

und damit $[g, h] \in U$. Hieraus folgt $G' \subseteq U$.

Es sei umgekehrt $G' \subseteq U$. Ferner sei $u \in U$ und $g \in G$. Es folgt

$$u^g = g^{-1}ug = u[u, g] \in UG' = U.$$

Also ist U normal in G. Wegen $[g, h] \in G' \subseteq U$ ist

$$gUhU = ghU = hgg^{-1}h^{-1}ghU = hg[g, h]U = hgU = hUgU.$$

Also ist G/U abelsch.

Satz 2. *Es sei G eine Gruppe und N sei ein Normalteiler von G. Dann ist*

$$(G/N)^{(i)} = G^{(i)}N/N$$

für alle $i \in N$.

Beweis. Es ist

$$(G/N)' = \langle [gN, hN] \mid g, h \in G \rangle = \langle [g, h]N \mid g, h \in G \rangle = G'N/N.$$

Es gelte $(G/N)^{(i)} = G^{(i)}N/N$. Dann ist

$$(G/N)^{(i+1)} = (G^{(i)}N/N)' = (G^{(i)}N)'N/N \supseteq G^{(i+1)}N/N.$$

Andererseits gilt

$$\begin{aligned}
(G^{(i)}N/N)/(G^{(i+1)}N/N) &\cong G^{(i)}N/G^{(i+1)}N \\
&= G^{(i)}G^{(i+1)}N/G^{(i+1)}N \\
&\cong G^{(i)}/(G^{(i)} \cap G^{(i+1)}N).
\end{aligned}$$

Wegen $(G^{(i)})' = G^{(i+1)} \subseteq G^{(i)} \cap G^{(i+1)}N$ ist $G^{(i)}/(G^{(i)} \cap G^{(i+1)}N)$ nach Satz 1 abelsch. Also ist

$$(G/N)^{(i+1)} = (G^{(i)}N/N)' \subseteq G^{(i+1)}N/N.$$

Hieraus folgt die Behauptung.

Satz 3. *Ist die Gruppe G auflösbar, so ist auch jede Untergruppe und jedes epimorphe Bild von G auflösbar.*

Beweis. Ist U Untergruppe von G, so folgt $U^{(k)} \subseteq G^{(k)}$ für alle k und insbesondere $U^{(n)} \subseteq G^{(n)} = \{1\}$, so dass U auflösbar ist.

Es sei N ein Normalteiler von G. Ferner sei $G^{(n)} = \{1\}$. Mit Satz 2 folgt

$$(G/N)^{(n)} = G^{(n)}N/N = \{N\}.$$

Also ist G/N auflösbar.

Satz 4. *Sind G und H auflösbare Gruppen, so ist auch $G \times H$ auflösbar.*

Beweis. Es ist $(G \times H)^{(i)} = G^{(i)} \times H^{(i)}$ für alle i.

Satz 5. *Sind M und N Normalteiler der Gruppe G und sind G/M und G/N auflösbar, so ist auch $G/(M \cap N)$ auflösbar.*

Beweis. Nach Satz 3 von Abschnitt 12 ist $G/(M \cap N)$ isomorph einer Untergruppe von $G/M \times G/N$. Also ist $G/(M \cap N)$ nach Satz 4 und Satz 3 auflösbar.

Satz 6. *Ist N Normalteiler der Gruppe G und sind G/N und N auflösbar, so ist G auflösbar.*

Beweis. Es ist

$$\{N\} = (G/N)^{(k)} = G^{(k)} N/N.$$

Folglich ist $G^{(k)} \subseteq N$. Es folgt $G^{(k+i)} \subseteq N^{(i)}$ für alle i. Weil auch N auflösbar ist, gibt es ein $m \in \mathbf{N}$ mit

$$G^{(k+m)} \subseteq N^{(m)} = \{1\}.$$

Also ist auch G auflösbar.

Satz 7. *Es sei G eine endliche Gruppe. Genau dann ist G auflösbar, wenn jedes von $\{1\}$ verschiedene epimorphe Bild von G einen von $\{1\}$ verschiedenen abelschen Normalteiler hat.*

Beweis. Jedes von G verschiedene epimorphe Bild ist nach Satz 3 auflösbar, falls G auflösbar ist. Es genügt daher für auflösbare Gruppen $\neq \{1\}$ zu zeigen, dass sie einen nicht trivialen Normalteiler haben. Es sei also $H \neq \{1\}$ auflösbar (hier brauchen wir nicht die Endlichkeit). Es gibt dann ein $n \in \mathbf{N}$ mit $H^{(n)} = \{1\} \neq H^{(n-1)}$. Nun ist $H^{(n-1)}$ normal in H und wegen $H^{(n)} = (H^{(n-1)})'$ ist $H^{(n-1)}$ auch abelsch.

Es sei nun G eine von $\{1\}$ verschiedene endliche Gruppe und jedes nicht triviale epimorphe Bild von G habe einen nicht trivialen abelschen Normalteiler. Dann hat G selbst einen solchen, da G ja epimorphes Bild von sich ist. Dieser Normalteiler heiße N. Ferner sei κ der kanonische Epimorphismus von G auf G/N. Ist dann φ ein Epimorphismus von G/N auf $H \neq \{1\}$, so ist $\kappa\varphi$ ein Epimorphismus von G auf H, so dass auch H einen nicht trivialen abelschen Normalteiler hat. Also hat jedes nicht triviale epimorphe Bild von H einen solchen. Wegen $|G/N| < |G|$ ist G/N daher auflösbar. Als abelsche Gruppe ist auch N auflösbar, so dass G nach Satz 6 auflösbar ist.

Ist $n \geq 5$, so ist A_n nicht abelsch und überdies einfach. Daher ist A_n nicht auflösbar. Wegen Satz 3 ist dann auch S_n nicht auflösbar.

Satz 8. *Es seien p und q Primzahlen. Ferner sei $n \geq 1$. Ist G eine Gruppe der Ordnung $p^n q$, so ist G auflösbar.*

Beweis. Ist $p = q$, so ist G eine p-Gruppe, also nilpotent, also auflösbar. Es sei also $p \neq q$.

Es sei $P \in \mathrm{Syl}_p(G)$. Ist P normal in G, so ist G/P eine zyklische Gruppe der Ordnung q. Daher ist G/P auflösbar. Als nilpotente Gruppe ist auch P auflösbar. Nach Satz 6 ist also auch G auflösbar.

Es sei also P nicht normal in G. Wegen $P \subseteq N_G(P) \subseteq G$ und $|G/P| = q$ ist dann $P = N_G(P)$. Es folgt, dass q die Anzahl der p-Sylowgruppen von G ist. Es seien P_1 und P_2 in $\mathrm{Syl}_p(G)$, so gewählt, dass $D := P_1 \cap P_2$ maximal ist.

1. Fall: Es ist $D = \{1\}$. Dann haben je zwei p-Sylowgruppen nur die 1 gemeinsam. Daher enthält die Vereinigung der p-Sylowgruppen genau

$$1 + q(p^n - 1) = p^n q - (q - 1) = |G| - (q - 1)$$

Elemente. Es verbleiben genau $q - 1$ Elemente, deren Ordnung keine Potenz von p ist. Folglich gibt es nur eine q-Sylowgruppe Q. Es folgt, dass Q ein Normalteiler von

G ist.Wegen $|Q| = q$ und $|G/Q| = p^n$ sind Q und G/Q auflösbar. Somit ist auch G auflösbar.

2. Fall. Es ist $D \neq \{1\}$. Setze $V_i := N_{P_i}(D)$. Weil D eine echte Untergruppe der nilpotenten Gruppe P_i ist, ist $D \neq V_i$ für $i := 1, 2$. Setze $T := \langle V_1, V_2 \rangle$. Dann ist also D normal in T und $D \neq T$. Wäre T eine p-Gruppe, so gäbe es eine p-Sylowgruppe P_3 mit $T \subseteq P_3$. Es folgte

$$D \subseteq V_1 = V_1 \cap T \subseteq P_1 \cap T \subseteq P_1 \cap P_3.$$

Wegen $D \neq V_1$ und der Maximalität von D folgte $P_1 = P_3$. Mit P_2 an Stelle von P_1 erhielte man $P_3 = P_2$ und damit $P_1 = P_2$. Dieser Widerspruch zeigt, dass T keine p-Gruppe ist. Also ist $|T| = p^t q$ mit $t \in \mathbf{N}$.

Es sei $Q \in \mathrm{Syl}_q(T)$. Dann ist $|QP_1| = qp^n = |G|$ und folglich $QP_1 = G$. Setze

$$K := \langle D^g \mid g \in G \rangle.$$

Dann ist $D \subseteq K \sqsubseteq G$. Es sei $g \in G$. Wegen $G = QP_1$ gibt es $\gamma \in Q$ und $\delta \in P_1$ mit $g = \gamma\delta$. Dann ist $D^g = D^{\gamma\delta} = D^\delta \subseteq P_1$. Also ist $K \subseteq P_1 \subseteq G$ und $P_1 \neq G$. Ferner ist $\{1\} \neq K$. Als p-Gruppe ist K auflösbar und wegen $|G/K| < |G|$ ist auch G/K nach Induktionsannahme auflösbar. Also ist G auflösbar. Damit ist der Satz bewiesen.

Dieser Satz ist sehr bemerkenswert, entscheidet doch unter gewissen Umständen die Gruppenordnung alleine über die Grobstruktur der Gruppe. Diesem Phänomen sind wir bei den endlichen p-Gruppen schon begegnet, sie sind allesamt nilpotent. Es gibt noch mehr Sätze dieser Art. So einmal den Satz von Burnside, der besagt, dass eine Gruppe der Ordnung $p^m q^n$ mit Primzahlen p und q stets auflösbar ist (s. etwa Huppert 1967, S. 492). Um diesen Satz zu beweisen, muss man sehr viel mehr Aufwand betreiben, so dass wir ihn hier nicht beweisen werden. Noch viel aufwendiger zu beweisen, ist der berühmte Satz von Feit und Thompson (1963), der besagt, dass Gruppen ungerader Ordnung auflösbar sind. Mit Aufgabe 3 von Abschnitt 8 folgt dann, dass die Ordnung einer endlichen einfachen Gruppe durch 4 teilbar ist. Man beachte, dass die A_5, eine Gruppe der Ordnung 60, nicht auflösbar ist.

Aufgaben

1. Bestimmen Sie die Kommutatorgruppe der S_n.

2. Es sei K ein kommutativer Körper und G sei die Gruppe aller Abbildungen $x \to ax+b$ mit $a, b \in K$ und $a \neq 0$. Dann ist G auflösbar, aber nicht nilpotent.

3. Bestimmen Sie die absteigende Kommutatorreihe von S_3 und S_4. Zeigen Sie ferner, dass diese beiden Gruppen wie auch die A_4 nicht nilpotent sind.

4. Es sei G eine Gruppe. Sind M und N Normalteiler von G und sind M und N auflösbar, so ist MN ein auflösbarer Normalteiler von G.

5. Es sei G eine endliche Gruppe. Ist $|G| < 60$, so ist G auflösbar. (Dies ist mit den hier entwickelten Hilfsmitteln zu beweisen.)

6. Zeigen Sie, dass die Gruppen S_3, A_4 und S_4 nicht nilpotent sind. (Nach Aufgabe 5 sind sie auflösbar.)

14. Polynomringe

Polynomringe in einer Unbestimmten sollte der Leser aus dem Anfängerunterricht kennen. Hier geht es nun darum, Polynomringe in mehr als einer Unbestimmten zu definieren und die grundlegenden Sätze über sie zu beweisen. Dazu sei X eine nicht leere Menge. Wir bezeichnen mit $[X]$ die Menge aller Abbildungen von X in $\mathbf{N}_0$, deren *Träger* endlich ist. Dabei ist der Träger von f die Menge der $x \in X$ mit $f_x \neq 0$. Wir bezeichen ihn mit Trä(f). Auf $[X]$ definieren wir eine Multiplikation, die wir mittels Juxtapposition oder auch mit · bezeichnen, durch

$$(fg)_x := f_x + g_x$$

für alle $x \in X$. Ferner definieren wir $e \in [X]$ durch $e_x := 0$ für alle $x \in X$. Dann ist $([X], e, \cdot)$ ein kommutatives Monoid, wie Routinerechnungen zeigen. Dabei ist ein *Monoid* eine Menge mit einer binären, assoziativen Verknüpfung und einem bezüglich dieser Verknüpfung neutralen Element.

Zwei Bemerkungen. Der Leser stelle sich unter einem Element von $[X]$ eine Exponentenfolge eines ihm vertrauten Monoms vor. Es wird nämlich gleich klar werden, dass wir für $f \in [X]$ auch

$$\prod_{x \in X} x^{f_x}$$

schreiben dürfen und dann auch werden. Zunächst aber rechnen wir mit den Exponentenfolgen.

Es ist ferner zu beachten, dass Monoid und Halbgruppe mit neutralem Element verschiedene Begriffe sind. Ein Untermonoid eines Monoids enthält stets auch das neutrale Element des Monoids und Monoidhomomorphismen bilden das neutrale Element des Urbildmonoides auf das neutrale Element des Bildmonoides ab. Diese beiden Sachverhalte brauchen bei Halbgruppen mit neutralem Element nicht zu gelten.

Ist $x \in X$, so definieren wir $i(x) \in [X]$ durch

$$i(x)_y := \begin{cases} 1, & \text{falls } y = x \\ 0, & \text{falls } y \neq x. \end{cases}$$

Ist $f \in [X]$, so ist

$$f = \prod_{x \in \text{Trä}(f)} i(x)^{f_x}.$$

Ist $y \in X$, so gilt ja für die rechte Seite der Gleichung

$$\left(\prod_{x \in \text{Trä}(f)} i(x)^{f_x} \right)_y = \sum_{x \in \text{Trä}(f)} f_x i(x)_y$$

auf Grund der Definition der Multiplikation in $[X]$. Ist nun $y \notin \text{Trä}(f)$, so ist $i(x)_y = 0$ für alle $x \in \text{Trä}(f)$ und daher

$$\sum_{x \in \text{Trä}(f)} f_x i(x)_y = 0 = f_y.$$

Ist dagegen $y \in \text{Trä}(f)$, so ist ebenfalls

$$\sum_{x \in \text{Trä}(f)} f_x i(x)_y = f_y.$$

Damit ist die Aussage bewiesen.

Die Abbildung i ist injektiv. Daher dürfen und werden wir $i(x)$ mit x identifizieren. In diesem Sinne ist also

$$f = \prod_{x \in \text{Trä}(f)} x^{f_x}.$$

Interpretiert man noch x^0 als e, so kann man auch

$$f = \prod_{x \in X} x^{f_x}$$

schreiben selbst dann, wenn X unendlich ist. Wegen dieser Darstellung der $f \in [X]$ nennen wir die Elemente aus $[X]$ auch *Monome*. Sie sind die Bausteine der Polynomringe, die wir gleich definieren werden.

Ist $X = \{x_1, \ldots, x_n\}$, so schreibt man die Monome auch als

$$\prod_{i:=1}^{n} x_i^{f_i},$$

dh., man nimmt als Argumente für f nicht die x_i, sondern nur deren Indizes. Die Indexmenge trägt die übliche Anordnung. Mit ihrer Hilfe und der auf $\mathbf{N}_0$ definierten Anordnung kann man Monome *lexikalisch* anordnen. Dies geschieht folgendermaßen. Sind f und g zwei verschiedene Monome, so gibt es einen Index μ mit $f_i = g_i$ für alle $i < \mu$ und $f_\mu \neq g_\mu$. Es gelte genau dann $f < g$, wenn $f_\mu < g_\mu$ ist. Die lexikalische Anordnung der Monome ist wirklich eine Anordnung, die überdies linear ist, dh., dass je zwei Monome vergleichbar sind. Weiter gilt, dass sie auch mit der Multiplikation von Monomen verträglich ist. Sind nämlich f, g und h Monome und ist $f < g$, so ist auch $fh < gh$. Es ist ja

$$(fh)_i = f_i + h_i = g_i + h_i = (gh)_i$$

für alle $i < \mu$ und

$$(fh)_\mu = f_\mu + h_\mu < g_\mu + h_\mu = (gh)_\mu.$$

Und aus $fh < gh$ folgt, wie man ebenso rasch sieht, dass $f < g$ ist. Damit ist die Verträglichkeit der Anordnung mit der Multiplikation gezeigt. Diese Anordnung wird uns noch in diesem Abschnitt gute Dienste leisten.

Satz 1. *Es sei X eine Menge und f und g seien Elemente von [X]. Genau dann ist g Teiler von f, wenn $g_y \leq f_y$ ist für alle $y \in X$.*

Beweis. Es sei $f = gh$ mit $h \in [X]$. Dann ist

$$f_y = g_y + h_y \geq g_y$$

für alle $y \in X$.

Es sei umgekehrt $g_y \leq f_y$ für alle $y \in X$. Definiere h durch

$$h_y := f_y - g_y$$

für alle $y \in X$. Dann ist $h_y \in \mathbf{N}_0$ für alle $y \in X$ und der Träger von h ist endlich. Folglich ist $h \in [X]$. Es folgt $f = gh$. Damit ist alles bewiesen.

Die gleiche Beweisidee liefert auch noch den folgenden Satz, der besagt, dass in [X] die Kürzungsregel gilt.

Satz 2. *Sind g, h, $h' \in [X]$ und gilt $gh = gh'$, so ist $h = h'$.*

Von diesem Satz machen wir beim Beweis des nächsten Satzes Gebrauch.

Satz 3. *Ist $f \in [X]$, so ist die Anzahl der Teiler von f gleich*

$$\prod_{x \in \mathrm{Tr\ddot{a}}(f)} (f_x + 1).$$

Diese Anzahl ist insbesondere endlich.

Beweis. Ist $|\mathrm{Tr\ddot{a}}(f)| = 0$, so ist $f = e$. Nach Satz 1 hat e aber nur einen Teiler nämlich e, so dass der Satz in diesem Falle gilt. Es sei $|\mathrm{Tr\ddot{a}}(f)| = n > 0$ und der Satz gelte für $n - 1$. Sei $v \in \mathrm{Tr\ddot{a}}(f)$. Dann ist

$$f = hv^{f_v}$$

mit einem nach Satz 2 eindeutig bestimmten $h \in [X]$. Sei $a \leq f_v$. Es sei ferner Z_a die Anzahl der Teiler g von f mit $g_v = a$. Ist $g_v = a$, so ist $g = lv^a$. Mittels Satz 1 folgt, dass l Teiler von h ist. Ist umgekehrt l Teiler von h und setzt man $g := lv^a$, so ist $g_v = a$. Somit ist Z_a gleich der Anzahl der Teiler von h. Nach Induktionsannahme ist daher

$$Z_a = \prod_{x \in \mathrm{Tr\ddot{a}}(h)} (h_x + 1).$$

Nun ist aber

$$\mathrm{Tr\ddot{a}}(h) = \mathrm{Tr\ddot{a}}(f) - \{v\}.$$

Ferner ist $h_x = f_x$ für alle $x \in \mathrm{Tr\ddot{a}}(f) - \{v\}$. Daher ist die Anzahl der Teiler von f gleich

$$\sum_{0 \leq a \leq f_v} Z_a = (f_v + 1) \prod_{x \in \mathrm{Tr\ddot{a}}(f) - \{v\}} (f_x + 1).$$

Satz 4. *Es sei X eine Menge und $(G, 1, \cdot)$ sei ein kommutatives Monoid. Ist f eine Abbildung von X in G, so gibt es genau einen Homomorphismus φ von $([X], e, \cdot)$ in $(G, 1, \cdot)$ mit $\varphi(x) = f(x)$ für alle $x \in X$.*

Beweis. Es sei $g \in [X]$. Dann ist

$$g = \prod_{x \in X} x^{g_x}.$$

Definiere φ durch

$$\varphi(g) = \prod_{x \in X} f(x)^{g_x}.$$

Dann ist φ eine Abbildung von $[X]$ in G, für die offenbar $\varphi(e) = 1$ und $\varphi(x) = f(x)$ gilt. Es bleibt zu zeigen, dass φ multiplikativ ist. Dazu sei h ein weiteres Element aus $[X]$. Dann ist, da G kommutativ ist,

$$\begin{aligned}
\varphi(gh) &= \prod_{x \in X} f(x)^{g_x + h_x} \\
&= \prod_{x \in X} \left(f(x)^{g_x} f(x)^{h_x} \right) \\
&= \left(\prod_{x \in X} f(x)^{g(x)} \right) \left(\prod_{x \in X} f(x)^{h(x)} \right) \\
&= \varphi(g)\varphi(h).
\end{aligned}$$

Dass φ der einzige Homomorphismus der verlangten Art ist, folgt aus

$$\psi(g) = \prod_{x \in X} \psi(x)^{g_x} = \prod_{x \in X} f(x)^{g_x} = \varphi(g),$$

falls ψ ein zweiter solcher Homomorphismus ist. Damit ist alles bewiesen.

Dieser Satz zeigt, dass in $([X], e, \cdot)$ außer den Relationen, die erfüllt sein müssen, damit $([X], e, \cdot)$ ein kommutatives Monoid ist, keine weiteren, davon unabhängigen Relationen gelten, dass dieses Monoid also *frei* von weiteren Einschränkungen ist. Daher nennt man das Monoid $([X], e, \cdot)$ *frei in den freien Erzeugenden X*.

Es sei R ein kommutativer Ring mit 1 und $(G, 1, \cdot)$ sei ein kommutatives Monoid. Mit RG bezeichnen wir die Menge aller Abbildungen von G in R, deren Träger endlich ist. Dabei ist der Träger wie zuvor definiert als

$$\text{Trä}(f) := \{g \mid g \in G, f_g \neq 0\}.$$

Sind $f, g \in RG$, so definieren wir $f + g$ und fg durch

$$(f + g)_x := f_x + g_x$$

und

$$(fg)_x := \sum_{y,z\in G,\, yz=x} f_y g_z$$

für alle $x \in G$. Langweilige, aber banale Rechnungen zeigen, dass RG ein kommutativer Ring mit Eins ist, wobei die Eins von RG definiert ist durch

$$1_x := \begin{cases} 1, & \text{falls } x = 1 \text{ ist,} \\ 0, & \text{falls } x \neq 1 \text{ ist.} \end{cases}$$

Ist $g \in G$, so definieren wir $g^* \in RG$ durch

$$g_x^* = \begin{cases} 1, & \text{falls } x = g, \\ 0, & \text{falls } x \neq g. \end{cases}$$

Es ist klar, dass $*$ injektiv ist. Ferner ist

$$(g^* h^*)_x = \sum_{y,z\in G,\, yz=x} g_y^* h_z^*.$$

Nun ist genau dann $g_y^* h_z^* \neq 0$, wenn $y = g$ und $z = h$ ist. Dann ist dieses Produkt aber gleich 1. Also gilt

$$(g^* h^*)_x = (gh)_x^*$$

für alle x, so dass $*$ ein Monomorphismus von G in $(RG, \cdot)$ ist. Wir dürfen daher im Folgenden g mit g^* identifizieren.

Es sei A ein Ring und R sei ein kommutativer Ring mit Eins. Wir nennen A eine *R-Algebra*, falls gilt

a) A ist ein R-Linksmodul mit $1a = a$ für alle $a \in A$.

b) Es ist $r(ab) = (ra)b = a(rb)$ für alle $r \in R$ und alle $a, b \in A$.

Es sei A eine R-Algebra und A habe eine 1. Wir definieren die Abbildung f von R in A durch $f(r) := r1$. Dann ist

$$f(r + s) = (r + s)1 = r1 + s1 = f(r) + f(s)$$

und

$$f(rs) = (rs)1 = r(s1) = r(s(1\cdot 1)) = r(1(s1)) = (r1)(s1) = f(r)f(s),$$

so dass f ein Homomorphismus von R in A ist. Es gilt ferner

$$ra = r(a1) = a(r1) = af(r).$$

Definiert man ar durch $ar := af(r)$, so wird A auch zu einem R-Rechtsmodul und es gilt $ar = ra$ für alle $r \in R$ und alle $a \in A$.

Ist R ein kommutativer Ring mit 1 und ist G ein kommutatives Monoid, so definieren wir für $r \in R$ und $f \in RG$ die Abbildung rf durch

$$(rf)_x := r f_x$$

für alle $x \in G$. Dann ist RG eine R-Algebra.

Der folgende Satz ist die Grundlage alles Weiteren.

Satz 5. *Es seien R und R' kommutative Ringe mit Eins und α sei ein Homomorphismus von R in R'. (Homomorphismen von Ringen mit 1 bilden die 1 auf die 1 ab.) Es sei G ein Monoid und A eine R'-Algebra. Ist β ein Homomorphismus von G in $(A, \cdot)$, so gibt es genau einen Homomorphismus γ der R-Algebra RG in die R'-Algebra A mit*

$$\gamma(x) = \beta(x)$$

für alle $x \in G$ und

$$\gamma(rf) = \alpha(r)\gamma(f)$$

für alle $r \in R$ und alle $f \in RG$.

Beweis. Wir definieren die Abbildung γ von RG in A durch

$$\gamma(f) := \sum_{x \in G} \alpha(f_x)\beta(x).$$

Wegen $\alpha(1) = 1$ ist

$$\gamma(x) = \alpha(1)\beta(x) = \beta(x)$$

für alle $x \in G$.

Es seien $f, g \in RG$. Dann ist

$$\gamma(f + g) = \sum_{x \in G} \alpha((f + g)_x)\beta(x) = \sum_{x \in G} \alpha(f_x + g_x)\beta(x)$$

$$= \sum_{x \in G} \alpha(f_x)\beta(x) + \sum_{x \in G} \alpha(g_x)\beta(x) = \gamma(f) + \gamma(g).$$

Entsprechend beweist man, dass $\gamma(fg) = \gamma(f)\gamma(g)$ und dass $\gamma(rf) = \alpha(r)\gamma(f)$ ist.

Um die Einzigkeit von γ zu beweisen, sei δ ein zweiter solcher Homomorphismus. Dann ist

$$\delta(f) = \delta\left(\sum_{x \in G} f_x x\right) = \sum_{x \in G} \alpha(f_x)\delta(x) = \sum_{x \in G} \alpha(f_x)\beta(x) = \gamma(f)$$

und folglich $\delta = \gamma$. Damit ist alles bewiesen.

Ist X eine nicht leere Menge und ist R ein kommutativer Ring mit 1, so ist $R[X]$ eine R-Algebra. Man nennt sie den *Polynomring in den Unbestimmten X über R*. Die Elemente rf mit $r \in R$ und $f \in [X]$ nennen wir den früheren Begriff Monom erweiternd ebenfalls *Monome*. Wir sagen, dass das Monom $f \in [X]$ *in dem Polynom $g \in R[X]$ vorkomme*, falls der Koeffizient r, den das Monom f in g hat, von null verschieden ist. Ist $g \in R[X]$, so setzen wir

$$\text{Grad}(g) := \max\left\{\sum_{x \in X} f_x \mid f \text{ kommt in } g \text{ vor}\right\}$$

und nennen Grad(g) den *Grad* von g.

Grundlegend für Polynomringe ist der folgende Satz.

Satz 6. *Es sei R ein kommutativer Ring mit Eins und X sei eine nicht leere Menge. Ferner sei A eine kommutative R-Algebra mit Eins. Ist φ eine Abbildung von X in A, so gibt es genau einen Homomorphismus Ψ von $R[X]$ in A mit $\Psi(x) = \varphi(x)$ für alle $x \in X$. Man nennt Ψ* Auswertungshomomorphismus, *bzw. auch* Einsetzungshomomorphismus.

Beweis. Nach Satz 4 lässt sich φ zu genau einem Homomorphismus von $[X]$ in $(A, \cdot)$ fortsetzen, so dass die Behauptung aus Satz 5 folgt.

Ist $X = \{x_1, \ldots, x_n\}$, so schreiben wir $R[x_1, \ldots, x_n]$ an Stelle von $R[X]$. Ist A eine R-Algebra und sind $a_1, \ldots, a_n \in A$, so ist gemäß Satz 6 der Auswertungshomomorphismus Ψ definiert, der x_i auf a_i abbildet. Ist nun $f \in R[x_1, \ldots, x_n]$, so definieren wir $f(a_1, \ldots, a_n)$ durch

$$f(a_1, \ldots, a_n) := \Psi(f).$$

Satz 7. *Es sei R ein kommutativer Ring mit Eins, X sei eine Menge und y sei ein Element von X. Es bezeichne e die Eins in $R[X - \{y\}][y]$. Dann gibt es genau einen Isomorphismus σ von $R[X - \{y\}][y]$ auf $R[X]$ mit $\sigma(xe) = x$ für alle $x \in X - \{y\}$ und $\sigma(y) = y$.*

Beweis. Nach unserer Konvention ist $X - \{y\} \subseteq R[X - \{y\}]$. Daher ist $xe \in R[X - \{y\}][y]$ für alle $x \in X - \{y\}$, so dass der Satz zumindest syntaktisch korrekt ist.

Wir definieren eine Abbildung α von X in $R[X - \{y\}]$ durch

$$\alpha(x) := \begin{cases} x, & \text{falls } x \neq y \\ 0, & \text{falls } x = y. \end{cases}$$

Es gibt dann einen Homomorphismus f von $R[X]$ in $R[X - \{y\}]$ mit $f(x) = \alpha(x)$ für alle $x \in X$.

Wir definieren ferner eine Abbildung β von $X - \{y\}$ in $R[X]$ durch $\beta(x) := x$ für alle $x \in X - \{y\}$. Dann gibt es einen Homomorphismus g von $R[X - \{y\}]$ in $R[X]$ mit $g(x) = \beta(x) = x$ für alle $x \in X - \{y\}$. Mit $x \in X - \{y\}$ folgt

$$(fg)(x) = f(x) = x = 1_{R[X - \{y\}]}(x).$$

Nach Satz 5 ist daher $fg = 1_{R[X - \{y\}]}$. Folglich ist f surjektiv und g injektiv.

Es sei S die Teilalgebra von $R[X]$, die von $X - \{y\}$ erzeugt wird. Dann ist natürlich $S = g(R[X - \{y\}])$. Weil S ein Teilring von $R[X]$ ist, ist $R[X]$ eine S-Algebra. Nach Satz 5 gibt es daher einen Homomorphismus σ von $R[X - \{y\}][y]$ in $R[X]$ mit

$$\sigma(ry^n) = g(r)\sigma(y^n) = g(r)y^n$$

für alle $r \in R[X - \{y\}]$ und alle $n \in \mathbf{N}_0$. Insbesondere ist

$$\sigma(xe) = g(x) = x$$

für alle $x \in X - \{y\}$.

Als Nächstes zeigen wir, dass σ injektiv ist. Um dies zu zeigen, sei $\sum_{i:=0}^{n} r_i y^i$ im Kern von σ. Dann ist

$$0 = \sum_{i:=0}^{n} g(r_i) y^i.$$

Indem wir y durch 0 ersetzen, erhalten wir mittels Satz 6, dass $g(r_0) = 0$ ist. Weil g injektiv ist, wie wir gesehen haben, folgt $r_0 = 0$. Weiter gilt

$$0 = y \sum_{i:=1}^{n} g(r_i) y^{i-1}.$$

Schreiben wir f für die Summe und erinnern wir uns, dass y mit der Abbildung y^* identifiziert wurde, so gilt also

$$0 = (y^* f)_{yx} = \sum_{u,v \in X,\, uv=yx} y_u^* f_v = \sum_{v \in X,\, yv=yx} f_v$$

für alle $x \in X$. Nach Satz 2 folgt aus $yv = yx$, dass $v = x$ ist. Also ist $f_x = 0$ für alle $x \in X$ und daher $f = 0$. Die Summe ist also null. Induktion liefert nun $r_1 = \ldots = r_n = 0$. Dies zeigt, dass σ injektiv ist.

Es bleibt zu zeigen, dass σ surjektiv ist. Dazu definieren wir die Abbildung γ von X in $R[X - \{y\}][y]$ durch

$$\gamma(x) := \begin{cases} y, & \text{falls } x = y \\ xe, & \text{falls } x \neq y. \end{cases}$$

Es gibt dann einen Homomorphismus τ von $R[X]$ in $R[X - \{y\}][y]$ mit $\tau(x) = \gamma(x)$ für alle $x \in X$. Es folgt, dass

$$(\sigma\tau)(x) = x = 1_{R[X]}(x)$$

ist für alle $x \in X$. Daher ist $\sigma\tau = 1_{R[X]}$, so dass σ in der Tat surjektiv ist.

Die Einzigkeit von σ versteht sich von selbst.

Beim Beweise von Satz 7 haben wir auch die Gültigkeit des folgenden Korollars mitbewiesen.

Korollar. *Ist X eine nicht leere Menge und ist R ein kommutativer Ring mit 1, ist ferner $x \in X$ und $f \in R[X]$, so folgt aus $xf = 0$, dass $f = 0$ ist.*

Satz 7 ist sehr wichtig, besagt er doch, falls $X = \{x_1, \ldots, x_n\}$ ist, dass es einen kanonischen Isomorphismus von $R[x_1, \ldots, x_{n-1}][x_n]$ auf $R[x_1, \ldots, x_n]$ gibt. Diesen Satz kann man dahingehend interpretieren, dass es zu $f \in R[x_1, \ldots, x_n]$ mit $f \neq 0$ eindeutig bestimmte $r_0, \ldots, r_m \in R[x_1, \ldots, x_{n-1}]$ gibt mit $r_m \neq 0$ und

$$f = \sum_{i:=0}^{m} r_i x_n^i.$$

Der Polynomring in n Unbestimmten kann also rekursiv erzeugt werden. Diese Bemerkung kann man benutzen bei der Wahl der Datenstruktur für die Polynome aus $R[x_1, \ldots, x_n]$, sowie bei den in diesem Ring auszuführenden Rechnungen. Außerdem beruht mancher Induktionsbeweis auf diesem Satz.

Es sei $f = \sum_{i:=0}^{n} r_i x^i$ ein Polynom in der Unbestimmten x über dem kommutativen Ring R mit 1. Ferner sei $r_n \neq 0$. Dann ist n der *Grad* und r_n der *Leitkoeffizient* von f. Das Nullpolynom hat keinen Grad.

Der folgende Satz ist ebenfalls ungemein nützlich. Er beschreibt die in Polynomringen unter geeigneten Voraussetzungen mögliche *Division mit Rest*.

Satz 8. *Es sei R ein kommutativer Ring mit 1 und $R[x]$ sei der Polynomring in der Unbestimmten x über R. Ferner seien f, $g \in R[x]$ und der Leitkoeffizient von g sei eine Einheit. Es gibt dann eindeutig bestimmte Polynome q, $r \in R[x]$ mit $f = qg + r$ und $r = 0$ oder* $\mathrm{Grad}(r) < \mathrm{Grad}(f)$.

Beweis. Zunächst beweisen wir die Existenzaussage. Ist $f = 0$ oder $\mathrm{Grad}(f) < \mathrm{Grad}(g)$, so setzen wir $q := 0$ und $r := f$. Es sei also $f \neq 0$ und $\mathrm{Grad}(f) \geq \mathrm{Grad}(g)$. Setze $m := \mathrm{Grad}(f)$ und $n := \mathrm{Grad}(g)$. Schließlich sei l der Leitkoeffizient von f und k der Leitkoeffizient von g. Dann setzen wir

$$h := f - lk^{-1}x^{m-n}g.$$

Es folgt, dass entweder $h = 0$ oder $\mathrm{Grad}(h) < m = \mathrm{Grad}(f)$ ist. Nach Induktionsannahme gibt es daher ein Q und ein r in $R[x]$ mit

$$h = Qg + r$$

und $r = 0$ oder $\mathrm{Grad}(r) < \mathrm{Grad}(g)$. Setze $q := lk^{-1}x^{m-n} + Q$. Dann leisten q und r das Verlangte.

Es seien q' und r' zwei weitere Polynome mit $f = q'g + r'$ und $r' = 0$ oder $\mathrm{Grad}(r') < \mathrm{Grad}(g)$. Dann ist

$$(q - q')g = r' - r.$$

Ist $q - q' \neq 0$ und ist w der Leitkoeffizient dieses Polynoms, so ist wk der Leitkoeffizient von $(q - q')g$, weil wk, da k ja eine Einheit ist, von null verschieden ist. Ferner folgt $\mathrm{Grad}((q - q')g) = \mathrm{Grad}(q - q') + \mathrm{Grad}(g)$ und daher

$$\mathrm{Grad}((q - q')g) \geq \mathrm{Grad}(g)$$
$$> \mathrm{Grad}(r') \geq \mathrm{Grad}(r' - r)$$
$$= \mathrm{Grad}((q - q')g).$$

Dieser Widerspruch zeigt, dass doch $q - q' = 0$ und dann auch $r' - r = 0$ ist. Damit ist auch die Einzigkeit von q und r bewiesen.

Ist K ein Körper, so folgt mit Satz 8, dass der Polynomring $K[x]$ in der Unbestimmten x ein *euklidischer Ring* ist, da die von null verschiedenen Elemente eines Körpers ja Einheiten sind. Dies hat für $K[x]$ die aus dem Anfängerunterricht bekannten Folgen, dass nämlich $K[x]$ ein Hauptidealbereich ist, dass in $K[x]$ der Satz von der Eindeutigkeit der Primfaktorzerlegung gilt, wobei die Primelemente von $K[x]$ gerade die irreduziblen Polynome sind, dass zwei Polynome stets einen größten gemeinsamen Teiler haben und dass dieser größte gemeinsame Teiler sich stets aus den beiden gegebenen Polynomen linear kombinieren lässt.

Die Einzigkeit von q und r in Satz 8 liegt daran, dass der Leitkoeffizient von g kein Nullteiler in R ist. Dabei heißt das Element $a \in R^*$ *Nullteiler*, falls es ein $b \in R^*$ gibt mit $ab = 0$. Die Nullteiler eines Polynomringes lassen sich mit einem von McCoy stammenden Satz sehr schön charakterisieren.

Satz 9. *Es sei R ein kommutativer Ring mit Eins und X sei eine Menge. Ist $0 \neq f \in R[X]$, so ist f genau dann Nullteiler in $R[X]$, wenn es ein $a \in R^*$ gibt mit $af = 0$.*

Beweis. Ist $0 \neq a \in R$ und $af = 0$, so ist f natürlich ein Nullteiler.

Es sei f ein Nullteiler. Es gibt dann ein von null verschiedenes $g \in R[X]$ mit $gf = 0$. Da f und g Summen von endlich vielen Monomen sind, kommen in f und g nur endlich viele Unbestimmte aus X vor. Wir dürfen daher annehmen, dass $X = \{x_1, \ldots, x_n\}$ ist. Es gibt dann eine endliche Menge M von Abbildungen von $\{1, \ldots, n\}$ in $\mathbf{N}_0$ mit

$$f = \sum_{\nu \in M} r_\nu \prod_{i:=1}^{n} x_i^{\nu_i}.$$

Statt $\prod_{i:=1}^{n} x_i^{\nu_i}$ schreiben wir im folgenden kürzer x^ν. Dann ist also

$$f = \sum_{\nu \in M} r_\nu x^\nu.$$

Es sei zunächst $gr_\nu = 0$ für alle $\nu \in M$. Weil $g \neq 0$ ist, gibt es einen von null verschiedenen Koeffizienten a in g. Für diesen gilt $ar_\nu = 0$ für alle ν und damit $af = 0$. Es gebe ein $\nu \in M$ mit $gr_\nu \neq 0$. Unter diesen ν sei μ das lexikalisch größte. Ein solches μ gibt es, da M endlich ist. Dann gilt $gr_\mu \neq 0$ und $gr_\nu = 0$ für alle $\nu \in M$ mit $\mu < \nu$. Es folgt

$$0 = gf = \sum_{\nu \in M, \nu \leq \mu} gr_\nu x^\nu.$$

Ist $s_\rho x^\rho$ das lexikalisch größte in g vorkommende Monom, so ist $s_\rho r_\mu x^{\rho + \mu}$ potentiell das höchste in

$$\sum_{\nu \in M, \nu \leq \mu} gr_\nu x^\nu$$

vorkommende Monom. Daher ist

$$s_\rho r_\mu x^{\rho + \mu} = 0.$$

Hieraus folgt $s_\rho r_\mu = 0$, so dass das höchste in $r_\mu g$ vorkommende Monom kleiner ist, als das höchste in g vorkommende. Die Monome, die in $r_\mu g$ vorkommen, kommen aber — vom Koeffizienten abgesehen — auch in g vor. Daher folgt mit Induktion, dass es ein

g gibt, so dass $gr_\nu = 0$ ist für alle $\nu \in M$. Dann gibt es aber, wie wir gesehen haben, ein $a \in R^*$ mit $af = 0$. Damit ist der Satz bewiesen.

Nullteilerfreie Ringe heißen *Integritätsbereiche*. Mittels Satz 9 folgt dann als Korollar sofort

Satz 10. *Es sei R ein kommutativer Ring mit Eins und X sei eine Menge. Genau dann ist $R[X]$ ein Integritätsbereich, wenn R ein Integritätsbereich ist.*

Ein kommutativer Ring R mit 1 heißt *Hauptidealring*, falls die Ideale von R alle die Form aR haben, also *Hauptideale* sind.

In Polynomringen über Hauptidealringen lässt sich einfach testen, ob ein Polynom Nullteiler ist. Sind nämlich $a_1, \ldots, a_m$ Elemente eines Hauptidealringes R und ist $dR = \sum_{i:=1}^{m} a_i R$, so ist d ein größter gemeinsamer Teiler von $a_1, \ldots, a_m$. Denn erstens teilt d alle a_i und zweitens wird d von allen gemeinsamen Teilern der a_i geteilt, da d sich aus den a_i ja linear kombinieren lässt. Sind die a_i nun die Koeffizienten eines Polynoms f aus $R[X]$, so ist f genau dann Nullteiler in $R[X]$, wenn d Nullteiler von R ist. Ist nämlich d Nullteiler, so gibt es ein $b \in R^*$ mit $bd = 0$. Es folgt $bf = 0$, so dass f Nullteiler ist. Ist andererseits f Nullteiler, so gibt es nach Satz 9 ein $b \in R^*$ mit $bf = 0$. Es folgt $ba_i = 0$ für alle i. Weil sich d aus den a_i linear kombinieren lässt, ist auch $bd = 0$, so dass d Nullteiler ist.

Wir schließen diesen Abschnitt mit einigen Anwendungen der neu gelernten Techniken, damit der Leser sieht, dass sie zu etwas Nutze sind.

Es sei R ein Integritätsbereich, der wenigstens zwei Elemente enthalte. Auf $R \times R^*$ definieren wir eine Äquivalenzrelation $\sim$ durch $(r, u) \sim (s, v)$ genau dann, wenn $rv = su$ ist. Dann ist $\sim$ eine Äquivalenzrelation. Sie ist ja sicherlich reflexiv und symmetrisch. Dass sie auch transitiv ist, sieht man wie folgt. Es sei $(r, u) \sim (s, v)$ und $(s, v) \sim (t, w)$. Dann ist $rv = su$ und $sw = tv$. Es folgt

$$rwv = rvw = suw = swu = tvu = tuv.$$

Weil R ein Integritätsbereich ist und $v \neq 0$ gilt, folgt $rw = tu$, so dass $(r, u) \sim (t, w)$ ist.

Auf $R \times R^*$ definieren wir ferner eine Addition und eine Multiplikation durch

$$(r, u) + (s, v) := (rv + su, uv)$$

und

$$(r, u)(s, v) := (rs, uv).$$

Es sei dem Leser überlassen nachzuweisen, dass $\sim$ mit diesen beiden Operationen verträglich ist. Setzt man nun

$$Q(R) := (R \times R^*)/\sim,$$

so erbt $Q(R)$ von $R \times R^*$ Addition und Multiplikation, so dass der natürliche Epimorphismus auch mit diesen beiden Operationen verträglich ist. Bezeichnet man die Äquivalenzklasse von (r, u) mit $\frac{r}{u}$, so gilt also

$$\frac{r}{u} + \frac{s}{v} = \frac{rv + su}{uv}$$

und

$$\frac{r}{u}\frac{s}{v} = \frac{rs}{uv}.$$

Nachrechnen ergibt, dass $(Q(R), +, \cdot)$ ein Körper ist. Auch dies nachzurechnen sei dem Leser überlassen. Man nennt $Q(R)$ mit der soeben definierten Addition und Multiplikation den *Quotientenkörper* von R. Die Abbildung $r \to \frac{r}{1}$ ist ein Monomorphismus von R in $Q(R)$, so dass wir in Zukunft r mit $\frac{r}{1}$ identifizieren dürfen.

Satz 11. *Ist R ein Integritätsbereich und ist σ ein Monomorphismus von R in den Körper K, so lässt sich σ zu genau einem Monomorphismus von $Q(R)$ in K fortsetzen.*

Beweis. Ist $a \in Q(R)$, so gibt es Elemente $s, t \in R$ mit $t \neq 0$ und $a = \frac{s}{t}$. Wir setzen

$$\tau(a) := \sigma(s)\sigma(t)^{-1}.$$

Dies ist möglich, da wegen der Injektivität von σ gilt, dass $\sigma(t) \neq 0$ ist.

Es ist zunächst zu zeigen, dass τ wohldefiniert ist. Dazu gelte $a = \frac{s'}{t'}$. Hieraus folgt $st' = s't$ und damit

$$\sigma(s)\sigma(t)^{-1} = \sigma(s)\sigma(t')\sigma(t')^{-1}\sigma(t)^{-1} = \sigma(st')\sigma(t')-1\sigma(t)^{-1} = \sigma(s't)\sigma(t')-1\sigma(t)^{-1}$$
$$= \sigma(s')\sigma(t)\sigma(t')^{-1}\sigma(t)^{-1} = \sigma(s')\sigma(t')^{-1}.$$

Dies zeigt, dass τ wohldefiniert ist.

Dass τ auch additiv und multiplikativ ist und σ fortsetzt, zeigen Routinerechnungen.

Ist K ein Körper, so ist der Polynomring $K[x_1, \ldots, x_n]$ ein Integritätsbereich. Seinen Quotientenkörper bezeichnet man mit $K(x_1, \ldots, x_n)$ und nennt ihn den *Funktionenkörper in den Unbestimmten $x_1, \ldots, x_n$ über K.*

Korollar. *Es sei R ein Integritätsbereich mit $|R| \geq 2$. Ferner sei $R[x_1, \ldots, x_n]$ der Polynomring in den Unbestimmten $x_1, \ldots, x_n$ über R. Dann ist*

$$Q\big(R[x_1, \ldots, x_n]\big) = Q(R)(x_1, \ldots, x_n).$$

Beweis. Nach Satz 10 ist $R[x_1, \ldots, x_n]$ ein Integritätsbereich, so dass das Korollar zumindest syntaktisch korrekt ist. Es ist

$$R \subseteq R[x_1, \ldots, x_n] \subseteq Q\big(R[x_1, \ldots, x_n]\big).$$

Setzt man $\sigma := 1$ in Satz 11, so folgt $Q(R) \subseteq Q(R[x_1, \ldots, x_n])$. Hieraus folgt wiederum

$$Q(R)[x_1, \ldots, x_n] \subseteq Q\big(R[x_1, \ldots, x_n]\big)$$

und mit Satz 11 dann auch $Q(R)(x_1, \ldots, x_n) \subseteq Q(R[x_1, \ldots, x_n])$. Andererseits ist $R \subseteq Q(R)$ und damit

$$R[x_1, \ldots, x_n] \subseteq Q(R)[x_1, \ldots, x_n] \subseteq Q(R)(x_1, \ldots, x_n).$$

Nochmalige Anwendung von Satz 11 liefert

$$Q\big(R[x_1,\ldots,x_n]\big) \subseteq Q(R)(x_1,\ldots,x_n).$$

Damit ist alles bewiesen.

Wir bemerken hier noch das Folgende: Es sei K ein kommutativer Körper und a sei eine $(n \times n)$-Matrix über K. Mit $a^{(k,l)}$ bezeichnen wir die Matrix, die aus a durch Streichen der $k$ten Zeile und $l$ten Spalte entsteht. Schließlich definieren wir die *Adjunkte* von a durch

$$\mathrm{adj}(a)_{lk} := (-1)^{k+l}\det(a^{(k,l)}).$$

Hierbei ist zu beachten, dass auf der linken Seite l, k und auf der rechten k, l steht. Es gilt nun:

Laplacescher Entwicklungssatz. *Ist K ein kommutativer Körper, ist $n \in \mathbf{N}$ und ist a eine $(n \times n)$-Matrix über K, so ist*

$$\mathrm{adj}(a)a = a\,\mathrm{adj}(a) = \det(a)E,$$

wobei E die $(n \times n)$-Einheitsmatrix ist.

Für einen Beweis dieses Satzes sei der Leser etwa auf Lüneburg 1993, S. 211f. verwiesen.

Dieser Satz gilt nun auch für beliebige kommutative Ringe, wenn man die Determinante einer $(n \times n)$-Matrix a über einem solchen Ring durch

$$\det(a) := \sum_{\sigma \in S_n} \mathrm{sgn}(\sigma) \prod_{i:=1}^{n} a_{i\sigma(i)}$$

definiert. Um dies einzusehen, sei R ein kommutativer Ring mit Eins und a sei eine $(n \times n)$-Matrix über R. Es sei

$$S := \mathbf{Z}[\alpha_{ij} \mid i,j := 1,\ldots,n]$$

der Polynomring in den n^2 Unbestimmten α_{ij}. Weil $\mathbf{Z}$ nullteilerfrei ist, ist nach Satz 10 auch S nullteilerfrei. Somit existiert der Quotientenkörper $Q(S)$. Da α auch eine $(n \times n)$-Matrix über $Q(S)$ ist, gilt

$$\mathrm{adj}(\alpha)\alpha = \alpha\,\mathrm{adj}(\alpha) = \det(\alpha)E.$$

Weil die Determinante einer Matrix eine Polynomfunktion in den Koeffizienten der Matrix ist, gilt der laplacesche Entwicklungssatz also auch schon über S. Weil R eine Eins hat, ist $z \to z1$ ein Homomorphismus von $\mathbf{Z}$ in R. Mit den Sätzen 4 und 5 folgt, dass es einen Homomorphismus σ von S in R gibt mit

$$\sigma(\alpha_{ij}) = a_{ij}.$$

Hieraus folgt, dass auch

$$\mathrm{adj}(a)a = a\,\mathrm{adj}(a) = \det(a)E$$

gilt. Anders geschrieben bedeutet das

$$\sum_{k:=1}^{n} \mathrm{adj}(a)_{ik}a_{kj} = \begin{cases} 0, & \text{falls } i \neq j \\ \det(a), & \text{falls } i = j. \end{cases}$$

Der laplacesche Entwicklungssatz gilt also über beliebigen kommutativen Ringen mit Eins.

Cramersche Regel. *Es sei R ein kommutativer Ring mit Eins. Ferner sei a eine $(n \times n)$-Matrix mit Koeffizienten aus R und b und x seien zwei n-Tupel über R. Es gelte $ax = b$. Für $1 \leq i \leq n$ bezeichne $d_{a,i}(b)$ die Determinante der Matrix, die man aus a dadurch erhält, dass man in a die i-te Spalte durch b ersetzt. Dann ist*

$$\det(a)x_i = d_{a,i}(b).$$

Beweis. Auf Grund des laplaceschen Entwicklungssatzes, den wir nun auch für kommutative Ringe mit Eins haben, gilt

$$d_{a,i}(b) = \sum_{j:=1}^{n} \mathrm{adj}(a)_{ij}b_j = \sum_{j:=1}^{n} \mathrm{adj}(a)_{ij} \sum_{k:=1}^{n} a_{jk}x_k$$

$$= \sum_{k:=1}^{n}\sum_{j:=1}^{n} \mathrm{adj}(a)_{ij}a_{jk}x_k = \sum_{k:=1}^{n} \det(a)E_{ik}x_k$$

$$= \det(a)x_i.$$

Damit ist die cramersche Regel auch für Ringe etabliert.

Aufgaben

1. Kommen Sie allen im Text verstreuten Aufforderungen „Dies sei dem Leser als Übungsaufgabe überlassen." nach.

2. Ist R ein endlicher Integritätsbereich, so ist R ein Körper. (Betrachte für $a \in K^*$ die Abbildung $x \to ax$.)

3. Es sei R ein kommutativer Ring mit Eins. Sind dann a und b zwei $(n \times n)$-Matrizen über R, so gilt

$$\det(ab) = \det(a)\det(b).$$

(Benützen Sie die soeben entwickelten Techniken, indem Sie den Satz als für Körper bekannt voraussetzen.)

15. Symmetrische Polynome

Mit S_n bezeichnen wir wie schon zuvor die symmetrische Gruppe vom Grade n. Ist R ein Ring und ist $R[x_1,\ldots,x_n]$ der Polynomring in den Unbestimmten x_1, ..., x_n, so gibt es nach Satz 6 von Abschnitt 14 zu jedem $\sigma \in S_n$ einen Endomorphismus φ_σ dieses Polynomringes mit $\varphi_\sigma(x_i) = x_{\sigma(i)}$ für alle i. Es gilt

$$\varphi_\sigma \varphi_{\sigma^{-1}}(x_i) = x_i$$

für alle i. Wiederum mit Satz 6 von Abschnitt 14 folgt

$$\varphi_\sigma \varphi_{\sigma^{-1}} = 1.$$

Da dies für alle $\sigma \in S_n$ gilt, ist auch

$$\varphi_{\sigma^{-1}} \varphi_\sigma = 1.$$

Folglich ist φ_σ bijektiv und somit ein Automorphismus des Polynomrings $R[x_1,\ldots,x_n]$. Das Bild von f unter φ_σ bezeichnen wir in Zukunft kürzer mit f^σ. Dann ist also

$$f^\sigma = f(x_{\sigma(1)},\ldots,x_{\sigma(n)}).$$

Wir setzen

$$\mathrm{Sym}_R[x_1,\ldots,x_n] := \{f \mid f \in R[x_1,\ldots,x_n], f^\sigma = f \text{ für alle } \sigma \in S_n\}.$$

Dann ist $\mathrm{Sym}_R[x_1,\ldots,x_n]$ ein Teilring von $R[x_1,\ldots,x_n]$, der *Ring der symmetrischen Polynome* in den Unbestimmten x_i.

Die einfachsten symmetrischen Polynome erhält man auf folgende Weise. Im Polynomring $R[x_1,\ldots,x_n][z]$ definieren wir das Polynom

$$\sum_{i:=0}^n (-1)^i \lambda(n)_i z^{n-i}$$

durch

$$\sum_{i:=0}^n (-1)^i \lambda(n)_i z^{n-i} = \prod_{j:=1}^n (z - x_j).$$

Weil

$$\prod_{j:=1}^n (z - x_j) = \prod_{j:=1}^n (z - x_{\sigma(j)})$$

ist für alle $\sigma \in S_n$, folgt

$$\lambda(n)_i \in \mathrm{Sym}_R[x_1, \ldots, x_n]$$

für $i := 0, \ldots, n$. Die $\lambda(n)_i$ heißen *elementarsymmetrische Polynome* in n Unbestimmten. Häufig werden sie auch *elementarsymmetrische Funktionen* genannt. Dies erklärt sich daher, daß Polynome ursprünglich als Polynomfunktionen auftraten. Die Unterscheidung zwischen Polynomen und Polynomfunktionen war irrelevant, solange man sich nur mit unendlichen Körpern beschäftigte.

Es ist nicht üblich, die elementarsymmetrischen Polynome mit λ zu bezeichnen. Ich benutze diesen Buchstaben, weil Gauß ihn zu diesem Zweck benutzte.

Die elementarsymmetrischen Polynome lassen sich sehr einfach rekursiv erzeugen, wie der folgende Satz lehrt.

Satz 1. *Für die elementarsymmetrischen Polynome λ gilt:*

a) *Es ist $\lambda(n)_0 = 1$ für alle $n \in \mathbf{N}_0$.*

b) *Es ist $\lambda(n+1)_{n+1} = \lambda(n)_n x_{n+1}$ für alle $n \in \mathbf{N}_0$.*

c) *Es ist $\lambda(n+1)_i = \lambda(n)_i + \lambda(n)_{i-1} x_{n+1}$ für alle $i := 1, \ldots n$.*

d) *Ist $n \in \mathbf{N}$ und $0 \le i < n$, so ist*

$$\lambda(n-1)_i = \sum_{j:=0}^{i} (-1)^j \lambda(n)_{i-j} x_n^j.$$

Beweis. Es ist

$$\sum_{i:=0}^{n+1} (-1)^i \lambda(n+1)_i z^{n+1-i} = \prod_{i:=1}^{n+1} (z - x_i) = \left(\prod_{i:=1}^{n} (z - x_i) \right)(z - x_{n+1})$$

$$= \left(\sum_{i:=0}^{n} (-1)^i \lambda(n)_i z^{n-i} \right)(z - x_{n+1}).$$

Ausmultiplizieren, Umsortieren und Umnummerieren liefern zusammen mit der Induktionsannahme $\lambda(n)_0 = 1$ die Gültigkeit von a), b) und c).

d) gilt sicherlich für $i = 0$. Es sei $0 \le i < n-1$. Dann folgt mit b)

$$\lambda(n-1)_{i+1} = \lambda(n)_{i+1} - \lambda(n)_i x_n = \lambda(n)_{i+1} - \sum_{j:=0}^{i} (-1)^j \lambda(n)_{i-j} x_n^{j+1}$$

$$= \sum_{j:=0}^{i+1} (-1)^j \lambda(n)_{i+1-j} x_n^j.$$

Also gilt auch d).

Ist M eine Menge und ist $k \in \mathbf{N}_0$, so bezeichnen wir mit $P_k(M)$ die Menge der k-Teilmengen von M, wobei k-Teilmenge bedeutet, daß die fragliche Menge aus k Elementen besteht.

Satz 2. *Es seien* i, $n \in \mathbf{N}_0$ *und es gelte* $i \leq n$. *Dann gilt für das elementarsymmetrische Polynom* $\lambda(n)_i$ *in den Unbestimmten* $x_1, \ldots, x_n$ *die Gleichung*

$$\lambda(n)_i = \sum_{T \in P_i(\{1,2,\ldots,n\})} \prod_{u \in T} x_u.$$

Das bezüglich der lexikalischen Anordnung höchste in $\lambda(n)_i$ *vorkommende Monom ist*

$$\prod_{j:=1}^{i} x_j.$$

Ferner gilt $\mathrm{Grad}(\lambda(n)_i) = i$.

Beweis. Der Satz ist richtig für $i = 0$ und $i = n$ und alle n. Der Satz ist ebenfalls richtig für $n = 0$ und $n = 1$ und alle $i \leq n$. Es sei also $n \geq 1$ und $1 \leq i \leq n$. Nach Satz 1 ist

$$\lambda(n+1)_i = \lambda(n)_i + \lambda(n)_{i-1} x_{n+1}.$$

Diese Zerlegung entspricht aber der Zerlegung aller i-Teilmengen von $\{1, \ldots, n+1\}$ in solche, die $n+1$ nicht enthalten, und solche, die $n+1$ enthalten, so daß Induktion zum Ziele führt. Damit ist die erste Aussage des Satzes bewiesen.

Die beiden restlichen Aussagen folgen unmittelbar aus der ersten.

Aus diesem Satz folgt weiter, daß die Anzahl der Summanden von $\lambda(n)_i$ gleich dem Binomialkoeffizienten $\binom{n}{i}$ ist. Das schon zeigt, wie umfangreich das Rechnen mit symmetrischen Polynomen sein wird.

Satz 3. *Es sei* R *ein kommutativer Ring und* $\mathrm{Sym}_R[x_1, \ldots, x_n]$ *sei der Ring der symmetrischen Polynome in den Unbestimmten* $x_1, \ldots, x_n$ *über* R. *Ist* $f_1 \geq f_2 \geq \ldots \geq f_n$, *ist* $\rho \in S_n$ *und ist*

$$x_{\rho(1)}^{f_1} x_{\rho(2)}^{f_2} \cdots x_{\rho(n)}^{f_n}$$

das höchste in $g \in \mathrm{Sym}_R[x_1, \ldots, x_n]$ *vorkommende Monom, so ist*

$$x_1^{f_1} x_2^{f_2} \cdots x_n^{f_n} = x_{\rho(1)}^{f_1} x_{\rho(2)}^{f_2} \cdots x_{\rho(n)}^{f_n},$$

dh., es ist $f_i = f_{\rho^{-1}(i)}$ *für* $i := 1, \ldots, n$.

Beweis. Weil der Polynomring über R kommutativ ist, ist

$$x_{\rho(1)}^{f_1} x_{\rho(2)}^{f_2} \cdots x_{\rho(n)}^{f_n} = x_1^{f_{\rho'(1)}} x_2^{f_{\rho'(2)}} \cdots x_n^{f_{\rho'(n)}},$$

wenn ρ' die zu ρ inverse Permutation ist. Wir zeigen zunächst, daß

$$f_{\rho'(1)} \geq f_{\rho'(2)} \geq \cdots \geq f_{\rho'(n)}$$

ist. Angenommen es sei $f_{\rho'(k)} < f_{\rho'(k+1)}$. Dann kommt wegen der Symmetrie von g das Monom

$$\cdots x_k^{f_{\rho'(k+1)}} x_{k+1}^{f_{\rho'(k)}} \cdots$$

ebenfalls in g vor und es ist größer als das größte Monom. Dieser Widerspruch zeigt, daß die Folge $f\rho'$ monoton fällt.

Weil g symmetrisch ist, kommt auch das Monom

$$x_1^{f_1} x_2^{f_2} \cdots x_n^{f_n}.$$

in g vor. Nun ist aber das gegebene Monom das lexikalisch höchste. Folglich ist

$$f_1 \le f_{\rho'(1)}.$$

Weil die f_i monoton fallen, folgt hieraus $f_1 = f_{\rho'(1)}$. Es sei $1 \le k < n$ und es gelte $f_1 = f_{\rho'(1)}, \ldots, f_k = f_{\rho'(k)}$. Dann ist $f_{k+1} \le f_{\rho'(k+1)}$. Weil ρ' als Permutation injektiv ist, sind die Werte $\rho'(1), \ldots, \rho'(k+1)$ nicht alle kleiner als $k+1$. Es gibt also ein $j \in \{1, \ldots, k+1\}$ mit $\rho'(j) \ge k+1$. Wegen der Monotonie von f und $f\rho'$ ist also

$$f_{\rho'(k+1)} \le f_{\rho'(j)} \le f_{k+1} \le f_{\rho'(k+1)},$$

so daß auch $f_{k+1} = f_{\rho'(k+1)}$ ist. Damit ist der Satz bewiesen.

Die Permutation ρ ist nicht notwendig die Identität, da f in aller Regel nicht streng monoton fällt.

Jedes Monom ist natürlich auch ein Polynom. Sein Grad ist die Summe der Exponenten der x_i, die in ihm vorkommen. Haben alle in dem Polynom f vorkommenden Monome den gleichen Grad, wie das nach Satz 2 bei den elementarsymmetrischen Polynomen der Fall ist, so heißt f *homogen*. Das Produkt zweier homogener Polynome ist wieder homogen.

Ist $f \in R[y_1, \ldots, y_n]$, so ist

$$f(\lambda(n)_1, \ldots, \lambda(n)_n) \in \mathrm{Sym}_R[x_1, \ldots, x_n].$$

Das Einsetzen der elementarsymmetrischen Polynome für $y_1, \ldots, y_n$ liefert also viele symmetrische Polynome. Es liefert sogar alle, wie wir jetzt sehen werden und wie Waring als erster bewies.

Satz 4. *Es sei R ein kommutativer Ring mit 1 und f sei ein symmetrisches Polynom in den Unbestimmten $x_1, \ldots, x_n$ über R. Es gibt dann genau ein $g \in R[y_1, \ldots, y_n]$ mit*

$$f = g(\lambda(n)_1, \ldots, \lambda(n)_n).$$

Die Abbildung $g \to g(\lambda(n)_1, \ldots, \lambda(n)_n)$ ist also ein Isomorphismus von $R[y_1, \ldots, y_n]$ auf $\mathrm{Sym}_R[x_1, \ldots, x_n]$.

Beweis. Es sei

$$x_1^{a_1} \cdots x_n^{a_n}$$

das höchste in f vorkommende Monom. Nach Satz 3 ist dann die Folge a monoton fallend. Somit sind $a_1 - a_2, a_2 - a_3, \ldots, a_{n-1} - a_n, a_n$ nicht negative ganze Zahlen. Setze

$$h := \lambda(n)_1^{a_1-a_2} \lambda(n)_2^{a_2-a_3} \cdots \lambda(n)_{n-1}^{a_{n-1}-a_n} \lambda(n)_n^{a_n}.$$

Weil $\lambda(n)_i$ homogen vom Grade i ist, ist h homogen vom Grade

$$\sum_{i:=1}^{n-1} i(a_i - a_{i+1}) + na_n = \sum_{i:=1}^{n} a_i.$$

Das höchste in $\lambda(n)_i^{a_i - a_{i+1}}$ bzw. $\lambda(n)_n^{a_n}$ vorkommende Monom ist

$$x_1^{a_i - a_{i+1}} \cdots x_i^{a_i - a_{i+1}}$$

bzw.

$$x_1^{a_n} \cdots x_n^{a_n}.$$

Daher ist

$$x_1^{a_1} x_2^{a_2} \cdots x_n^{a_n}$$

das höchste in h vorkommende Monom. Es sei r der Koeffizient des höchsten in f vorkommenden Monoms. Dann hat das Polynom

$$f - rh$$

die folgenden Eigenschaften:

1) Alle in $f - rh$ vorkommenden Monome sind lexikalisch niedriger als das höchste in f vorkommende Monom.

2) Es ist $\mathrm{Grad}(f - rh) \leq \mathrm{Grad}(f)$.

3) Das Polynom $f - rh$ ist symmetrisch.

Die Eigenschaft 1) folgt unmittelbar aus der Konstruktion von h. Weil die über R symmetrischen Polynome einen Ring bilden, folgt, daß rh und dann auch $f - rh$ symmetrisch sind, so daß auch 3) gilt. Es bleibt die Bedingung 2) nachzuweisen. Diese folgt aus der Homogenität von h. Ist nämlich der Grad von f größer als der Grad von rh, so ist

$$\mathrm{Grad}(f - rh) = \mathrm{Grad}(f).$$

Ist $\mathrm{Grad}(f) = \mathrm{Grad}(rh)$, so folgt aus der Homogenität von rh, daß in $f - rh$ gegenüber f nur solche Monome verschwunden bzw. hinzugekommen sind, deren Grad gleich dem Grad von f ist. Daher kann der Grad von $f - rh$ nicht größer als der von f sein.

Um den Existenzbeweis zu beenden, bedarf es nur noch der Bemerkung, daß es nur endlich viele Monome des Grades $\leq \mathrm{Grad}(f)$ gibt. Nach Induktionsannahme gibt es also ein $l \in R[y_1, \ldots, y_n]$ mit

$$f - rh = l(\lambda(n)_1, \ldots, \lambda(n)_n).$$

Setzt man nun

$$g := r y_1^{a_1 - a_2} y_2^{a_3 - a_2} \cdots y_{n-1}^{a_{n-1} - a_n} y_n^{a_n} + l,$$

so ist $f = g(\lambda(n)_1, \ldots, \lambda(n)_n)$. Damit ist die Existenz von g nachgewiesen.

Um die Einzigkeit von g nachzuweisen, nehmen wir an, es gebe noch ein von g verschiedenes Polynom g' mit $f = g'(\lambda(n)_1, \dots, \lambda(n)_n)$. Dann ist $g - g' \neq 0$. Es ist dann

$$g - g' = \sum_{a \in M} w_a y_1^{a_1} \cdots y_n^{a_n}$$

mit einer endlichen Menge M von Abbildungen von $\{1, \dots, n\}$ in $\mathbf{N}_0$ und $0 \neq w_a \in R$ für alle $a \in M$. Es folgt

$$0 = \sum_{a \in M} w_a \lambda(n)_1^{a_1} \cdots \lambda(n)_n^{a_n}.$$

Das höchste Monom in einem Summanden dieser Summe ist

$$w_a x_1^{a_1 + \dots + a_n} x_2^{a_2 + \dots + a_n} \cdots x_n^{a_n}.$$

Unter diesen findet sich ein Monom, welches unter allen auf der rechten Seite befindlichen Monomen das lexikalisch höchste ist. Dies gehöre zu $a \in M$. Weil die Summe aber Null ist, gibt es noch wenigstens ein von a verschiedenes $b \in M$, so daß

$$x_1^{a_1 + \dots + a_n} x_2^{a_2 + \dots + a_n} \cdots x_n^{a_n} = x_1^{b_1 + \dots + b_n} x_2^{b_2 + \dots + b_n} \cdots x_n^{b_n}$$

ist. Hieraus folgt aber

$$\sum_{j := i}^{n} a_j = \sum_{j := i}^{n} b_j$$

für $i := 1, \dots, n$. Dies hat den Widerspruch $a = b$ zur Folge.

Aufgaben

1. Schreibe das symmetrische Polynom $\prod_{1 \leq i < j \leq 3} (x_i - x_j)^2$ als Polynom in den elementarsymmetrischen Polynomen $\lambda(3)_1$, $\lambda(3)_2$, $\lambda(3)_3$.

2. Es sei K ein kommutativer Körper. Ferner seien $a_1, \dots, a_n \in K$. Gilt

$$\lambda(n)_i(a_1, \dots, a_n) = 0$$

für $i := 1, \dots, n$, so ist $a_i = 0$ für alle i. (Man gehe auf die Definition der $\lambda(n)_i$ zurück.)

3. Sind $t_1, \dots, t_n$ Elemente eines kommutativen Ringes und definiert man die $(n \times n)$-Matrix a durch

$$a_{ij} := \lambda(n - 1)_i(t_1, \dots, t_{j-1}, t_{j+1}, \dots t_n)$$

für $i := 0, \dots, n - 1$ und $j := 1, \dots n$, so ist

$$\det(a) = \prod_{1 \leq i < j \leq n} (t_i - t_j).$$

16. Erweiterungskörper

Die Theorie, der wir uns nun zuwenden, handelt nur von kommutativen Körpern. Daher werden wir von nun an die Generalvoraussetzung machen, dass die betrachteten Körper kommutativ sind.

Es sei L ein Körper und K sei ein Teilkörper von L. Dann heißt L *Erweiterungskörper* oder auch kurz *Erweiterung* von K. Ist L eine Erweiterung von K, so ist L ein K-Vektorraum. Weil L kommutativ ist, brauchen wir nicht zwischen rechts und links zu unterscheiden. Ist L als K-Vektorraum endlich erzeugt, so setzen wir

$$[L : K] := \dim_K(L)$$

und nennen $[L : K]$ den *Grad* von L über K. Ist L nicht endlich erzeugt über K, so setzen wir $[L : K] := \infty$. Ist $[L : K]$ endlich, so nennen wir L *endliche Erweiterung* von K.

Grundlegend für alles Weitere ist der folgende

Satz 1. *Es seien K, L und M Körper. Ist L endliche Erweiterung von K und M endliche Erweiterung von L, so ist M endliche Erweiterung von K und es gilt*

$$[M : K] = [M : L][L : K].$$

Beweis. Wegen $K \subseteq L \subseteq M$ ist K Teilkörper von M. Es sei $b_1, \ldots, b_m$ eine K-Basis von L und $c_1, \ldots, c_n$ eine L-Basis von M. Ferner sei $a \in M$. Es gibt dann $x_1, \ldots, x_n \in L$ mit

$$a = \sum_{j:=1}^{n} x_j c_j.$$

Ferner gibt es zu jedem $j \in \{1, \ldots, n\}$ Elemente $y_{j_1}, \ldots, y_{jm} \in K$ mit $x_j = \sum_{i:=1}^{m} y_{ji} b_i$. Es folgt

$$a = \sum_{j:=1}^{n} \sum_{i:=1}^{m} y_{ji} b_i c_j,$$

so dass $\{b_i c_j \mid i := 1, \ldots, m; j := 1, \ldots, n\}$ ein K-Erzeugendensystem von M ist. Folglich ist M endliche Erweiterung von K.

Es seien $z_{ji} \in K$ und es gelte $\sum_{j:=1}^{n} \sum_{i:=1}^{m} z_{ji} b_i c_j = 0$. Dann ist $\sum_{i:=1}^{m} z_{ji} b_i \in L$. Weil $c_1, \ldots, c_n$ über L linear unabhängig sind, folgt $\sum_{i:=1}^{m} z_{ji} b_i = 0$ für alle j. Weil die $b_1, \ldots, b_m$ über K linear unabhängig sind, folgt schließlich $z_{ji} = 0$ für alle i und j. Daher ist

$$\{b_i c_j \mid i := 1, \ldots, m; j := 1, \ldots, n\}$$

eine K-Basis von M. Damit ist alles bewiesen.

Es sei L eine Erweiterung von K. Ferner sei $K[x]$ der Polynomring in der Unbestimmten x über K. Ist $a \in L$, so ist die durch $\varphi_a(f) := f(a)$ definierte Abbildung φ_a nach Satz 6 von Abschnitt 14 ein Homomorphismus von $K[x]$ in L. Ist dieser Homomorphismus injektiv, so heißt a *transzendent* über K, andernfalls *algebraisch*. Ist a algebraisch über K, so gibt es genau ein Polynom $\mu_a \in K[x]$ mit Leitkoeffizient 1 und

$$\mathrm{Kern}(\varphi_a) = \mu_a K[x].$$

Man nennt μ_a das *Minimalpolynom* von a. Unter allen $f \in \mathrm{Kern}(\varphi_a)$ hat μ_a den kleinsten Grad. Hieraus folgt, dass μ_a irreduzibel ist. Ist nämlich $\mu_a = fg$, so folgt

$$0 = \mu_a = f(a)g(a)$$

und dann oBdA $g(a) = 0$. Folglich ist $g \in \mathrm{Kern}(\varphi_a)$, so dass μ_a Teiler von g ist. Also ist $f \in K^*$, so dass μ_a in der Tat irreduzibel ist.

Ist L Erweiterung des Körpers K, so heißt L *algebraisch* über K, wenn alle Elemente von L algebraisch über K sind.

Ist L Erweiterung von K und ist $a \in L$, so bezeichnen wir mit $K(a)$ den Schnitt über alle Teilkörper von L, die K und auch a enthalten. Dann ist $K(a)$ ein Teilkörper von L, der K und a umfasst.

Satz 2. *Es sei L eine Erweiterung von K. Ist $a \in L$, so ist a genau dann algebraisch über K, wenn $K(a)$ endlich über K ist. Ist a algebraisch über K, so ist $K(a) \cong K[x]/\mu_a K[x]$.*

Beweis. Es sei $K(a)$ eine endliche Erweiterung von K. Setze $n := [K(a) : K]$. Dann sind

$$1, a, a^2, \ldots, a^n$$

linear abhängig. Es gibt daher $k_0, \ldots, k_n \in K$, die nicht alle null sind, mit $\sum_{i:=0}^n k_i a^i = 0$. Es folgt

$$0 \neq \sum_{i:=0}^n k_i x^i \in \mathrm{Kern}\big(f \to f(a) \mid f \in K[x]\big).$$

Daher ist a algebraisch.

Es sei umgekehrt a algebraisch. Ferner bezeichne $K[a]$ das Bild von $K[x]$ unter der Abbildung $f \to f(a)$. Dann ist $K[a] \subseteq K(a)$, da ja $K \subseteq K(a)$ und $a \in K(a)$ gilt. Nach dem ersten Isomorphiesatz ist $K[a] \cong K[x]/\mu_a K[x]$. Weil μ_a irreduzibel ist, ist $\mu_a K[x]$ ein maximales Ideal von $K[x]$, so dass $K[x]/\mu_a K[x]$ nach Satz 6 von Abschnitt 9 ein Körper ist. Also ist $K[a]$ ein Körper, der K und a enthält. Folglich ist $K(a) \subseteq K[a]$ und damit $K(a) = K[a]$. Damit ist alles bewiesen.

Ist a algebraisch über K, so heißt $\mathrm{Grad}(\mu_a)$ auch der *Grad* von a über K. Es gilt dann

$$[K[a] : K] = \mathrm{Grad}_K(a).$$

Satz 3. *Es sei L eine Erweiterung von K. Ist A die Menge aller über K algebraischen Elemente von K, so ist A ein K umfassender Teilkörper von L.*

Beweis. Ist $k \in K$, so ist k Nullstelle von $x - k$. Also ist $k \in A$, dh., $K \subseteq A$.

Es seien a, $b \in A$. Dann ist $K(a)$ endlich über K. Weil b über K algebraisch ist, ist b auch algebraisch über $K(a)$. Also ist $K(a,b) := K(a)(b)$ endlich über $K(a)$. Nach Satz 1 ist $K(a,b)$ folglich endlich über K. Nun ist $a - b$, ab, $a^{-1} \in K(a,b)$. Letzteres, falls $a \neq 0$ ist. Also sind auch $K(a-b)$, $K(ab)$ und $K(a^{-1})$ endlich über K und folglich $a - b$, ab, $a^{-1} \in A$, so dass A ein Körper ist.

Satz 4. *Es sei L eine Erweiterung von K. Ferner sei $f \in K[x]$ und $a \in L$. Ist $f(a) = 0$, so gibt es ein $g \in L[x]$ mit $f = (x - a)g$.*

Beweis. Division mit Rest liefert g, $r \in L[x]$ mit $f = (x - a)g + r$ und $r = 0$ oder $\mathrm{Grad}(r) < \mathrm{Grad}(x - a) = 1$. In jedem Fall ist also $r \in L$. Daher ist

$$0 = f(a) = (a - a)g(a) + r(a) = r.$$

Satz 5. *Es sei L eine Erweiterung von K. Ist $0 \neq f \in K[x]$, so hat f in L höchstens $\mathrm{Grad}(f)$ Nullstellen.*

Beweis. Setze $n := \mathrm{Grad}(f)$. Ist $n = 0$, so ist $f \in K^*$ und hat folglich keine Nullstelle. Es sei $n > 0$. Ferner sei $a \in L$ eine Nullstelle von f. Nach Satz 4 gibt es ein $g \in L[x]$ mit $f = (x - a)g$. Es sei b eine von a verschiedene Nullstelle von f in L. Dann ist

$$0 = f(b) = (b - a)g(b).$$

Wegen $b \neq a$ folgt $g(b) = 0$. Nun ist $\mathrm{Grad}(g) = n - 1$. Nach Induktionsannahme hat g höchstens $n - 1$ Nullstellen. Da alle von a verschiedenen Nullstellen von f Nullstellen von g sind, hat f also höchstens $n - 1 + 1 = n$ Nullstellen.

Aufgaben

1. Es sei L eine Erweiterung des Körpers K. Ist $a \in L$, so wird durch $x^\alpha := ax$ eine lineare Abbildung α des K-Vektorraumes L in sich definiert. (Dies brauchen Sie nicht zu beweisen.) Ist a algebraisch über K, so ist das Minimalpolynom μ_a von a auch das Minimalpolynom von α.

2. Es sei L eine Erweiterung des Körpers K. Ist $a \in L$ transzendent über K, so ist $K(a)$ zum Funktionenkörper $K(x)$ in der Unbestimmten x über K isomorph.

3. Wir definieren auf dem Körper $\mathbf{C}$ der komplexen Zahlen eine Relation $\leq$ durch $z \leq z'$ genau dann, wenn $\mathrm{Re}(z) < \mathrm{Re}(z')$ oder wenn $\mathrm{Re}(z) = \mathrm{Re}(z')$ und $\mathrm{Im}(z) \leq \mathrm{Im}(z')$ ist. Zeigen Sie, dass $\leq$ eine mit der Addition von $\mathbf{C}$ verträgliche, lineare Anordnung von $\mathbf{C}$ ist. (Die zur Definition dieser Anordnung benutzte Anordnung von $\mathbf{R}$ ist natürlich die gewohnte. Die auf $\mathbf{C}$ definierte Anordnung ist nichts anderes als die lexikalische Anordnung von $\mathbf{R} \times \mathbf{R}$.)

4. Es sei $(W_i \mid i \in \mathbf{N}_0)$ eine Familie von paarweise disjunkten, nicht leeren, endlichen Mengen. Setze $f_i := |W_i|$. Ferner sei φ_i für alle $i \in \mathbf{N}_0$ eine Bijektion von W_i auf $\{0, \ldots, f_i - 1\}$. Definiert man dann für $x \in W_i$ das Element $\chi(x)$ durch

$$\chi(x) := \varphi_i(x) + \sum_{j:=0}^{i-1} f_j,$$

so ist χ eine Bijektion von $\bigcup_{i:=0}^{\infty} W_i$ auf $\mathbf{N}_0$.

5. Ist $a \in \mathbf{C}$ über $\mathbf{Q}$ algebraisch und ist

$$\mu_a = x^k + \sum_{i:=0}^{k-1} \frac{u_i}{v_i} x^i$$

das Minimalpolynom von a, wobei die u_i ganze und die v_i natürliche Zahlen mit $\mathrm{ggT}(u_i, v_i) = 1$ seien, so setzen wir

$$\mu_a^* := \mathrm{kgV}(v_0, \ldots, v_{k-1})\mu_a$$

und nennen μ_a^* das modifizierte Minimalpolynom von a. Dann ist a auch Nullstelle des modifizierten Minimalpolynoms.

Für $n \in \mathbf{N}_0$ sei W_n die Menge der über $\mathbf{Q}$ algebraischen Zahlen a mit der Eigenschaft: Ist $\mu_a^* = \sum_{i:=0}^{k} u_i x_i$ das modifizierte Minimalpolynom von a, wobei k der Grad dieses Polynoms sei, so ist

$$k + \sum_{i:=0}^{k} |u_i| = n + 2.$$

Dann gelten die folgenden Aussagen:

1) Es ist $n \in W_n$.

2) Ist $m \neq n$, so ist $W_m \cap W_n = \emptyset$.

3) W_n ist endlich.

6. Ist A die Menge der über $\mathbf{Q}$ algebraischen Elemente von $\mathbf{C}$, so ist A abzählbar. (Es sei W_n die in Aufgabe 4 definierte Menge. Man konstruiere mit Hilfe von Aufgabe 2 eine Abbildung von W_n auf $\{0, \ldots, |W_n| - 1\}$, usw. Beachten Sie, dass man hier nicht das Auswahlaxiom benötigt!)

17. Der Zerfällungskörper eines Polynoms

Wir haben bislang die Situation betrachtet, dass $f \in K[x]$ eine Nullstelle in einer Erweiterung L von K hat. Offen blieb die Frage, ob es stets eine solche Erweiterung gibt. Satz 2 von Abschnitt 16 zeigt, wo man zu suchen hat, um diese Frage zu beantworten.

Satz 1. *Es sei K ein Körper. Ist $f \in K[x]$ irreduzibel, so ist $K[x]/fK[x]$ eine Erweiterung vom Grade* Grad(f) *von K und $x + fK[x]$ ist eine Nullstelle von f in $K[x]/fK[x]$.*

Beweis. Es ist

$$1 + fK[x], \quad x + fK[x], \quad \ldots, \quad x^{n-1} + fK[x]$$

eine K-Basis von $L := K[x]/fK[x]$, falls nur n der Grad von f ist. Ferner ist $k \to k + fK[x]$ ein Monomorphismus von K in L, so dass wir K als Teilkörper von L auffassen dürfen. Dann ist also $[L : K] = n$. Schließlich ist

$$f\big(x + fK[x]\big) = f + fK[x] = fK[x],$$

so dass $x + fK[x]$ Nullstelle von f in L ist.

Satz 2. *Es sei K ein Körper und f sei ein Polynom von Grade n über K. Es gibt dann eine Erweiterung L von K mit $[L : K] \leq n!$, so dass f in $L[x]$ vollständig in Linearfaktoren zerfällt.*

Beweis. Es sei p ein irreduzibler Faktor von f. Es gibt dann nach Satz 1 eine Erweiterung M von K, in der p und damit f eine Nullstelle a hat und für die $[M : K] =$ Grad(p) $\leq n$ gilt. Nach Satz 4 von Abschnitt 16 gibt es ein $g \in M[x]$ mit $f = (x - a)g$. Nun ist Grad(g) $= n - 1$. Nach Induktionsannahme gibt es eine Erweiterung L von M mit $[L : M] \leq (n-1)!$, in der g vollständig in Linearfaktoren zerfällt. Dann ist L aber auch eine Erweiterung von K und f zerfällt in L vollständig in Linearfaktoren. Nach Satz 1 von Abschnitt 16 gilt schließlich

$$[L : K] = [L : M][M : K] \leq (n-1)!n = n!$$

Damit ist alles bewiesen.

Es sei L eine Erweiterung von K. Ist $f \in K[x]$ und zerfällt f in $L[x]$ vollständig in Linearfaktoren, so sagen wir, dass *L das Polynom f zerfälle.* Zerfällt L das Polynom $f \in K[x]$ und zerfällt kein echter Teilkörper von L, der K enthält, dieses Polynom, so heißt *L Zerfällungskörper von f über K.* Mittels Satz 2 folgt, dass jedes $f \in K[x]$ einen Zerfällungskörper über K hat. Unser nächstes Ziel ist zu zeigen, dass jedes $f \in K[x]$ bis auf Isomorphie nur einen Zerfällungskörper hat.

Ist σ ein Isomorphismus des Körpers K auf den Körper K' und ist

$$f = \sum_{i:=0}^{n} k_i x^i \in K[x],$$

so wird durch $f^\sigma := \sum_{i:=0}^{n} k_i^\sigma x^i$ der Isomorphismus σ von K auf K' zu einem Isomorphismus von $K[x]$ auf $K'[x]$ fortgesetzt.

Satz 3. *Es sei σ ein Isomorphismus des Körpers K auf den Körper K'. Sind $L = K[a]$ und $L' = K'[a']$ algebraische Erweiterungen von K bzw. K', ist μ_a das Minimalpolynom von a über K und $\mu_{a'}$ das Minimalpolynom von a' über K' und gilt $\mu_a^\sigma = \mu_{a'}$, so gibt es einen Isomorphismus τ von L auf L' mit $a^\tau = a'$ und $k^\tau = k^\sigma$ für alle $k \in K$.*

Beweis. Setze $f^\alpha := f(a)$ für alle $f \in K[x]$. Dann ist α ein Epimorphismus von $K[x]$ auf L mit $\mathrm{Kern}(\alpha) = \mu_a K[x]$ und $k^\alpha = k$ für alle $k \in K$ und $x^\alpha = a$. Nach dem ersten Isomorphiesatz gibt es also einen Isomorphismus φ von $K[x]/\mu_a K[x]$ auf L mit $k^\varphi = k$ für alle $k \in K$ und $(x + \mu_a K[x])^\varphi = a$. Ebenso gibt es einen Isomorphismus ψ von $K'[x]/\mu_{a'} K'[x]$ auf L' mit $k'^\psi = k'$ für alle $k' \in K'$ und $(x + \mu_{a'} K'[x])^\psi = a'$. Wegen $\mu_a^\sigma = \mu_{a'}$ gibt es einen Isomorphismus χ von $K[x]/\mu_a K[x]$ auf $K'[x]/\mu_{a'} K'[x]$ mit

$$\left(f + \mu_a K[x]\right)^\chi = f^\sigma + \mu_{a'} K'[x].$$

Setzt man $\tau := \varphi^{-1}\chi\psi$, so ist τ ein Isomorphismus von L auf L' mit allen verlangten Eigenschaften.

Satz 4. *K und K' seien Körper und σ sei ein Isomorphismus von K auf K'. Es sei $f \in K[x]$ und L sei ein Zerfällungskörper von f über K und L' sei ein Zerfällungskörper von f^σ über K'. Es gibt dann einen Isomorphismus τ von L auf L' mit $k^\tau = k^\sigma$ für alle $k \in K$.*

Beweis. Es sei n die Anzahl der Nullstellen von f, die nicht in K liegen. Ist $n = 0$, so ist $L = K$. Weil die Abbildung $g \to g^\sigma$ ein Isomorphismus von $K[x]$ auf $K'[x]$ ist, folgt $L' = K'$, da ja f^σ schon in $K'[x]$ in Linearfaktoren zerfällt. In diesem Falle ist $\tau = \sigma$ der verlangte Isomorphismus. Es sei $n > 0$. Ferner sei

$$f = k(x - a_1)(x - a_2)\cdots(x - a_r).$$

Wegen $n > 0$ dürfen wir $a_1 \notin K$ annehmen. Es sei μ das Minimalpplynom von a_1 über K. Weil μ über K irreduzibel ist, ist entweder $\mathrm{ggT}(f,\mu) = 1$ oder μ teilt f. Nun ist $x - a_1$ wegen $f(a_1) = 0 = \mu(a_1)$ nach Satz 4 von Abschnitt 16 gemeinsamer Teiler von f und μ in $L[x]$. Andererseits gibt es $u, v \in K[x]$ mit

$$uf + v\mu = \mathrm{ggT}(f,\mu).$$

Da diese Gleichung auch in $L[x]$ gilt, kann nicht $\mathrm{ggT}(f,\mu) = 1$ sein. Also ist μ Teiler von f. Es gibt also ein $g \in K[x]$ mit $f = g\mu$. Weil k der Leitkoeffizient von f ist, ist $k \in K$. Also ist

$$f^\sigma = k^\sigma (x - b_1)(x - b_2)\cdots(x - b_r)$$

mit $b_i \in L'$. Ferner ist

$$g^\sigma \mu^\sigma = f^\sigma = k^\sigma (x - b_1) \cdots (x - b_r).$$

Wir dürfen daher annehmen, dass b_1 Nullstelle von μ^σ ist. Nach Satz 3 gibt es dann einen Isomorphismus ρ von $K[a_1]$ auf $K'[b_1]$, der σ fortsetzt. Wegen $K \subseteq K[a_1] \subseteq L$ ist L auch Zerfällungskörper von f über $K[a_1]$. Analog ist L' Zerfällungskörper von f^σ über $K'[b_1]$ und ρ ist ein Isomorphismus von $K[a_1]$ auf $K'[b_1]$. Wegen $a_1 \in K[a_1]$ ist die Anzahl der Nullstellen von f, die nicht in $K[a_1]$ liegen, kleiner als n. Nach Induktionsannahme gibt es einen Isomoprhismus τ von L auf L' mit $u^\tau = u^\rho$ für alle $u \in K[a_1]$. Hieraus folgt wiederum $k^\tau = k^\rho = k^\sigma$ für alle $k \in K$.

Korollar. *Es sei K ein Körper und $f \in K[x]$. Sind L und L' Zerfällungskörper von f über K, so gibt es einen Isomorphismus τ von L auf L' mit $k^\tau = k$ für alle $k \in K$.*

Beweis. Dies folgt mit $\sigma = 1$ aus Satz 4.

Es sei K ein Körper. Wir definieren die Abbildung ρ von $\mathbf{Z}$ in K durch $\rho(a) := a1$ für alle $a \in \mathbf{Z}$. Dann ist $\rho(a + b) = \rho(a) + \rho(b)$ und $\rho(ab) = \rho(a)\rho(b)$, so dass ρ ein Homomorphismus von $\mathbf{Z}$ in K ist. Es sei $\mathrm{Kern}(\rho) = p\mathbf{Z}$. Dann ist $\mathbf{Z}/p\mathbf{Z}$ zu einem Teilring von K isomorph. Weil K nullteilerfrei ist, ist $\mathbf{Z}/p\mathbf{Z}$ ein Integritätsbereich, so dass entweder $p = 0$ oder dass p eine Primzahl ist. Die Zahl p heißt *Charakteristik* von K. Ist $p = 0$, so ist ρ ein Monomorphismus von $\mathbf{Z}$ in K, so dass sich ρ nach Satz 11 von Abschnitt 14 zu einem Monomorphismus von $\mathbf{Q}$ in K fortsetzen lässt. In diesem Fall ist $\rho(\mathbf{Q})$ in allen Teilkörpern von K enthalten. Ist p eine Primzahl, so ist $\rho(\mathbf{Z})$ in allen Teilkörpern von K enthalten. Die Körper $\rho(\mathbf{Q})$ bzw. $\rho(\mathbf{Z})$ werden aus diesem Grund *Primkörper* genannt. Die Charakteristik eines Körpers werden wir mit $\mathrm{Char}(K)$ bezeichnen.

Hat der Körper K die Charakteristik $p > 0$, so folgt

$$pk = p(1k) = (p1)k = 0k = 0$$

für alle $k \in K$ und dann natürlich auch $nk = 0$, falls n durch p teilbar ist. Ist ferner $0 < i < p$, so ist

$$i\binom{p}{i} = p\binom{p-1}{i-1},$$

so dass p in diesem Falle Teiler von $\binom{p}{i}$ ist. Es folgt

$$(a + b)^p = \sum_{i:=0}^{p} \binom{p}{i} a^i b^{p-i} = a^p + b^p.$$

Da trivialerweise $(ab)^p = a^p b^p$ gilt und aus $a^p = 0$ folgt, dass $a = 0$ ist, ist die durch $a^\varphi := a^p$ definierte Abbildung φ ein injektiver Endomorphismus von K. Ist φ auch surjektiv, so heißt φ *Frobeniusautomorphismus* von K. Ist K endlich, so ist φ surjektiv.

Es sei $f = \sum_{i:=0}^{n} k_i x^i \in K[x]$. Wir setzen

$$f' := \sum_{i:=1}^{n} i k_i x^{i-1}.$$

Dann ist f' die (erste) *Ableitung* von f. Es gilt $(f+g)' = f'+g'$ und $(fg)' = f'g + fg'$ sowie die Kettenregel $f(g)' = f'(g)g'$.

Es sei $f \in K[x]$. Ist a Nullstelle von f in der Erweiterung L von K, so gibt es eine natürliche Zahl v und ein $g \in L[x]$ mit $f = (x-a)^v g$ und $g(a) \neq 0$. Man nennt v die *Vielfachheit* von a als Nullstelle von f. Ist $v > 1$, so heißt a *mehrfache Nullstelle*.

Satz 5. *Es sei K ein Körper. Ferner sei $f \in K[x]$.*

a) Genau dann gibt es eine Erweiterung L von K, in der f eine mehrfache Nullstelle hat, wenn f und f' nicht teilerfremd sind.

b) Ist a eine Nullstelle der Vielfachheit v von f und ist M eine Erweiterung von $K[a]$, so ist v auch die Vielfachheit von a als Nullstelle von f in M.

Beweis. a) Es sei a eine mehrfache Nullstelle von f in der Erweiterung L von K. Es gibt dann ein $v \in \mathbf{N}$ und ein $g \in L[x]$ mit $v \geq 2$ und $f = (x-a)^v g$. Es folgt

$$f' = v(x-a)^{v-1} g + (x-a)^v g' = (x-a)^{v-1} h,$$

wobei $H := vg + (x-a)g'$ gesetzt wurde. Daher sind f und f' nicht teilerfremd in $L[x]$ und damit auch nicht in $K[x]$.

Es seien f und f' nicht teilerfremd. Es gibt dann ein $g \in K[x]$, welches f und f' teilt und einen Grad ≥ 1 hat. Es gibt einen Erweiterungskörper L von K, in dem g eine Nullstelle a hat. Dann ist $x-a$ Teiler von g und dann auch von f und f'. Es sei $f = (x-a)^v h$ mit einem nicht durch $x-a$ teilbaren $h \in L[x]$. Es folgt

$$f' = v(x-a)^{v-1} h + (x-a)^v h'.$$

Weil $x-a$ Teiler von f' ist, folgt, dass $x-a$ auch $v(x-a)^{v-1} h$ und dann auch $v(x-a)^{v-1}$ teilt, da h zu $x-a$ teilerfremd ist. Wäre nun v nicht größer als 1, so wäre $x-a$ Teiler von $1(x-a)^0 = 1$: ein Widerspruch. Also ist doch $v \geq 2$, so dass a mehrfache Nullstelle von f ist.

b) Es gibt ein $g \in K[a][x]$ mit $f = (x-a)^v g$. Es sei M eine Erweiterung von $K[a]$ und es sei $f = (x-a)^w h$ mit einem zu $x-a$ teilerfremden $h \in M[x]$. Weil g auch ein Polynom über M ist, folgt $v \leq w$ und weiter $g = (x-a)^{w-v} h$. Hieraus folgt

$$0 \neq g(a) = (a-a)^{w-v} h(a)$$

und daher $v = w$.

Korollar. *Es sei K ein Körper und $f \in K[x]$ sei irreduzibel. Genau dann ist f separabel, wenn f in jeder Erweiterung von K nur einfache Nullstellen hat.*

Beweis. Genau dann ist f separabel, wenn $f' \neq 0$ ist. Dies ist wegen der Irreduzibilität von f genau dann der Fall, wenn $\mathrm{ggT}(f, f') = 1$ ist. Hieraus folgt mit Satz 5 die Behauptung.

Aufgaben

1. Es sei G eine Gruppe und K ein kommutativer Körper. Ferner seien $\eta_1, \ldots, \eta_n$ verschiedene Homomorphismen von G in die multiplikative Gruppe von K. Zeigen

Sie, dass $\eta_1, \ldots, \eta_n$ linear unabhängig sind. (Induktion nach n. Im Induktionsschritt, wähle man ein $a \in G$ mit $a^{\eta_1} \neq a^{\eta_n}$. Man betrachte ferner $k_1, \ldots, k_n \in K$ mit $\sum_{i:=1}^n k_i \eta_i = 0$. Dann gelten $\sum_{i:=1}^n k_i x^{\eta_i} = 0$ und $\sum_{i:=1}^n k_i (ax)^{\eta_i} = 0$ für alle $x \in G$. Multipliziere die erste Gleichung von links mit a^{η_1}, usw. Die Induktionsannahme wird zweimal verwendet.)

2. Es sei K der Zerfällungskörper von $x^3 - 2$ über $\mathbf{Q}$. Bestimmen Sie den Grad von K über $\mathbf{Q}$.

3. Berechnen Sie das Minimalpolynom von $\sqrt[4]{15}$ über $\mathbf{Q}$.

4. Es sei L Erweiterung des Körpers K. Ferner seien $a, b \in L$ algebraisch über K. Schließlich sei $K[a, b]$ der Schnitt über alle Teilringe von L, die K und a und b enthalten. Zeigen Sie, dass $K[a, b]$ Teilkörper von L ist und dass $K[a, b] = K[a][b]$ gilt.

18. Galoisfelder

Als erste Anwendung des Satzes über den Zerfällungskörper eines Polynoms werden wir nun alle endlichen kommutativen Körper konstruieren. Dass dies überhaupt alle endlichen Körper sind — das ist Inhalt des berühmten Satzes von Wedderburn über endliche Schiefkörper —, werden wir in diesem Buche nicht beweisen.

Satz 1. *Es sei K ein endlicher Körper. Setze $|K| := q$. Ist L eine endliche Erweiterung vom Grade n von K, so ist $|L| = q^n$.*

Beweis. Als K-Vektorraum hat L eine Basis $b_1, \ldots, b_n$. Die Abbildung

$$(x_1, \ldots, x_n) \rightarrow \sum_{i:=1}^{n} x_i b_i$$

ist dann eine Bijektion von K^n auf L. Also ist $|L| = |K|^n = q^n$.

Korollar. *Ist K ein endlicher Körper, so ist die Charakteristik p von K eine Primzahl und $|K|$ ist Potenz von p.*

Beweis. Weil K endlich ist, ist auch der in K enthaltene Primkörper P endlich. Also ist $P \cong \mathrm{GF}(p)$ für eine Primzahl p. Weil K endlich ist, ist K eine endliche Erweiterung von P. Mit Satz 1 folgt daher die Behauptung.

Satz 2. *Es sei K ein endlicher Körper mit q Elementen. Ist $n \in \mathbf{N}$, so gibt es einen und bis auf Isomorphie auch nur einen Erweiterungskörper L vom Grade n über K, nämlich den Zerfällungskörper von*

$$x^{q^n} - x$$

über K. Darüberhinaus ist L bis auf Isomorphie der einzige Körper mit q^n Elementen.

Beweis. Von den beiden Einzigkeitsaussagen genügt es die letzte zu beweisen, da jede Erweiterung vom Grade n über K genau q^n Elemente enthält.

Es sei also L ein endlicher Körper mit q^n Elementen. Ist $0 \neq a \in L$, so ist $a^{q^n-1} = 1$, da ja $|L^*| = q^n - 1$ ist. Also ist a Nullstelle von $x^{q^n} - x$. Dies gilt auch für $a = 0$. Also sind die q^n Elemente von L Nullstellen von $x^{q^n} - x$. Da $x^{q^n} - x$ aber höchstens q^n Nullstellen in L hat, folgt, dass L der Zerfällungskörper von $x^{q^n} - x$ (über jedem seiner Teilkörper) ist. Mit dem Korollar zu Satz 4 von Abschnitt 17 folgt daher die Einzigkeitsaussage des Satzes.

Zur Existenz. Es sei L der Zerfällungskörper von $f := x^{q^n} - x$ über K. Ferner sei L_0 die Menge der Nullstellen von f. Weil q Potenz der Charakteristik ist, ist $f' = q^n x^{q^n-1} - 1 = -1$. Folglich hat f nach Satz 5 von Abschnitt 17 keine mehrfachen Nullstellen, so dass $|L_0| = q^n$ ist. Es seien $a, b \in L_0$. Dann ist

$$(a+b)^{q^n} = a^{q^n} + b^{q^n} = a + b$$

und

$$(ab)^{q^n} = a^{q^n} b^{q^n} = ab,$$

so dass L_0 additiv und multiplikativ abgeschlossen ist. Folglich ist L_0 ein Körper, der f zerfällt. Wegen $L_0 \subseteq L$ ist daher $L_0 = L$. Damit ist alles bewiesen.

Ist p eine Primzahl, so gibt es den Körper GF(p). Es gibt dann auch das Polynom $x^{p^n} - x$ für alle $n \in \mathbf{N}$. Nach Satz 2 gibt es also bis auf Isomorphie genau einen Körper mit p^n Elementen. Diesen bezeichnen wir mit GF(p^n) oder auch mit GF(q), falls q Potenz einer Primzahl ist. Man nennt GF(q) das *Galoisfeld* mit q Elementen.

Satz 3. *Ist K ein endlicher Körper, so ist K^* zyklisch.*

Beweis. Es sei n eine natürliche Zahl. Dann hat das Polynom $x^n - 1$ in K höchstens n Nullstellen, dh., die Gleichung $x^n = 1$ hat in K^* höchstens n Lösungen. Daher ist K^* nach Aufgabe 6 von Abschnitt 6 zyklisch.

Satz 4. *Es sei q Potenz einer Primzahl, es seien m, $n \in \mathbf{N}$ und es sei $K := $ GF(q^n). Genau dann enthält K einen und dann auch nur einen zu GF(q^m) isomorphen Teilkörper, wenn m Teiler von n ist.*

Beweis. Es seien L und L' zu GF(q^m) isomorphe Teilkörper von K. Dann besteht sowohl L als auch L' aus den Nullstellen von $x^{q^m} - x$, so dass $L = L'$ ist.

Weiter folgt

$$n = [K : \mathrm{GF}(q)] = [K : L][L : \mathrm{GF}(q)] = [K : L]m,$$

so dass m Teiler von n ist.

Es sei umgekehrt m Teiler von n. Dann gibt es also ein $g \in \mathbf{N}$ mit $n = mg$. Setze $L := $ GF(q^m). Nach Satz 2 gibt es eine Erweiterung K' von L vom Grade g. Es folgt

$$|K'| = |L|^g = q^{mg} = q^n.$$

Hieraus folgt die Isomorphie von K' und K, so dass K einen zu L isomorphen Teilkörper enthält.

Satz 5. *Es sei q Potenz einer Primzahl. Ferner sei $K := $ GF(q). Schließlich sei $f \in K[x]$ ein irreduzibles Polynom vom Grade m. Ist $n \in \mathbf{N}$, so ist f genau dann Teiler von $x^{q^n} - x$, wenn m Teiler von n ist.*

Beweis. Es ist $L := K[x]/fK[x]$ ein Körper vom Grade m über K, in dem f nach Satz 2 von Abschnitt 16 die Nullstelle $\alpha := x + fK[x]$ hat. Ist f Teiler von $x^{q^n} - x$, so ist α Nullstelle von $x^{q^n} - x$. Folglich ist $\alpha \in$ GF(q^n) $=: M$. Es folgt $1, \alpha, \ldots, \alpha^{m-1} \in M$ und damit $L \subseteq M$. Nach Satz 4 ist daher m Teiler von n.

Es sei m Teiler von n. Nach Satz 4 enthält dann $M := $ GF(q^n) einen zu L isomorphen Teilkörper. Daher hat f in M eine Nullstelle α'. Es folgt, dass $x - \alpha'$ Teiler von f und von $x^{q^n} - x$ ist. Weil f irreduzibel ist, folgt hieraus, dass f Teiler von $x^{q^n} - x$ in $K[x]$ ist.

Satz 6. *Es sei q Potenz einer Primzahl. Ferner sei $K := $ GF(q). Schließlich sei $f \in K[x]$ irreduzibel vom Grade m. Genau dann zerfällt GF(q^n) das Polynom f über K, wenn m Teiler von n ist.*

Beweis. Ist m Teiler von n, so ist f nach Satz 5 Teiler von $x^{q^n} - x$, so dass f über $\mathrm{GF}(q^n)$ vollständig in Linearfaktoren zerfällt.

Hat f auch nur eine Nullstelle in $\mathrm{GF}(q^n)$, so ist f Teiler von $x^{q^n} - x$, wie wir beim Beweise von Satz 5 gesehen haben. Nach Satz 5 ist m daher Teiler von n.

Satz 8. *Es sei q Potenz einer Primzahl und es sei $K := \mathrm{GF}(q)$. Ist f ein irreduzibles Polynom vom Grade m über K, so ist $\mathrm{GF}(q^m)$ der Zerfällungskörper von f über K.*

Beweis. Nach Satz 6 zerfällt $\mathrm{GF}(q^m)$ das Polynom f über K. Wegen $\mathrm{GF}(q^m) \cong K[x]/fK[x]$ ist $\mathrm{GF}(q^m)$ minimal mit dieser Eigenschaft.

Satz 8. *Es sei q Potenz einer Primzahl und es sei $K := \mathrm{GF}(q)$. Ist $m \in \mathbf{N}$, so gibt es ein irreduzibles Polynom vom Grade m über K.*

Beweis. Setze $L := \mathrm{GF}(q^m)$. Die Gruppe L^* ist zyklisch nach Satz 3. Es gibt also ein $a \in L$ mit $L^* = \langle a \rangle$. Es sei μ_a das Minimalpolynom von a über K. Dann ist

$$L = K[a] \cong K[x]/\mu_a K[x].$$

Folglich ist $|K[x]/\mu_a K[x]| = q^m$. Hieraus folgt $m = \mathrm{Grad}(\mu_a)$. Also ist μ_a ein irreduzibles Polynom vom Grade m.

Satz 9. *Es sei $K := \mathrm{GF}(q)$ und $L := \mathrm{GF}(q^n)$. Ferner sei $\mathrm{Aut}(L:K)$ die Gruppe aller K-linearen Automorphismen von L, dh., die Menge aller Automorphismen α von L mit $k^\alpha = k$ für alle $k \in K$. Dann ist $\mathrm{Aut}(L:K)$ zyklisch der Ordnung n. Ein erzeugendes Element dieser Gruppe ist der durch $x^\varphi := x^q$ definierte Frobeniusautomorphismus φ von L über K.*

Beweis. Setze $p := \mathrm{Char}(L)$. Dann ist q Potenz von p und folglich φ Potenz des Frobeniusautomorphismus von L über $\mathrm{GF}(p)$. Somit ist φ ein Automorphismus von L.

Ist $0 \neq k \in K$, so ist $k^{q-1} = 1$ und folglich $k^\varphi = k^q = k$. Dies gilt auch für $k = 0$. Also ist $\varphi \in \mathrm{Aut}(L:K)$. Es sei $\varphi^i = 1$. Dann ist $a = a^{\varphi^i} = a^{q^i}$ und damit $a^{q^i} - a = 0$ für alle $a \in L$. Folglich ist $n \leq i$. Wählt man i minimal, so ist also $i = n$. Foglich ist $o(\varphi) = n$ und damit $|\mathrm{Aut}(L:K)| \geq n$.

Es gibt ein $a \in L$ mit $L = K[a]$, z. B. ein erzeugendes Element von L^*. Es sei μ das Minimalpolynom von a über K. Dann ist, so behaupte ich,

$$\mu = \prod_{i:=0}^{n-1} (x - a^{\varphi^i}).$$

Um dies zu beweisen, sei $m = \sum_{i:=0}^n k_i x^i$ mit $k_i \in K$ für alle i. Dann ist

$$0 = \mu(a)^{\varphi^j} = \left(\sum_{i:=0}^n k_i a^i \right)^{\varphi^j} = \sum_{i:=0}^n k_i a^{\varphi^j i} = \mu(a^{\varphi^j}).$$

Also ist a^{φ^j} Nullstelle von μ für $j := 0, \ldots, n - 1$. Ist $j \neq k$, so ist $a^{\varphi^j} \neq a^{\varphi^k}$. Andernfalls wäre $a^{\varphi^{j-k}} = a$. Weil jedes Element aus L die Form $g(a)$ mit $g \in K[x]$ hat, folgte

$$g(a)^{\varphi^{j-k}} = g(a^{\varphi^{j-k}}) = g(a),$$

so dass $\varphi^{j-k} = 1$ wäre. Also sind a, a^φ, ..., $a^{\varphi^{n-1}}$ lauter verschiedene Nullstellen von μ. Weil μ aber höchstens n Nullstellen hat, folgt die Zwischenbehauptung.

Es sei schließlich $\beta \in \mathrm{Aut}(L : K)$. Dann ist

$$0 = \mu(a)^\beta = \mu(a^\beta).$$

Es gibt also ein j mit $a^\beta = a^{\varphi^j}$. Hieraus folgt wiederum $\varphi^j \beta^{-1} = 1$ und damit $\beta = \varphi^j$. Also ist in der Tat $\mathrm{Aut}(L : K) = \langle \varphi \rangle$.

Aufgaben

1. Ist p eine Primzahl und gilt $p \geq 5$, so ist $p^2 \equiv 1 \bmod 12$. (Die Primzahl p ist zu 12 teilerfremd. Also ist $p \equiv 1$, 5, 7 oder 11 mod 12.)

2. Es sei L ein Körper mit von 2 und 3 verschiedener Charakteristik. Ferner sei $\zeta \in L$. Genau dann ist ζ eine Nullstelle von $x^4 - x^2 + 1$, wenn $o(\zeta) = 12$ ist.

3. Es sei $K = \mathbf{Q}$ oder $K = \mathrm{GF}(p)$ mit einer Primzahl p. Bestimmen Sie den Zerfällungskörper von $f := x^4 - x^2 + 1$ über K. (Angeben heißt im Falle $K = \mathbf{Q}$ ein Polynom g anzugeben, so dass $K[x]/gK[x]$ Zerfällungskörper von f ist. Ist $K = \mathrm{GF}(p)$, so genügt es, ein n anzugeben, so dass $\mathrm{GF}(p^n)$ der Zerfällungskörper ist.)

4. Es sei φ der Frobeniusautomorphismus von $\mathrm{GF}(q^n)$ über $\mathrm{GF}(q)$. Dann ist φ insbesondere auch ein Endomorphismus des $\mathrm{GF}(q)$-Vektorraumes $\mathrm{GF}(q^n)$. Berechnen Sie das Minimalpolynom und das charakteristische Polynom dieses Endomorphismus. (Aufgabe 1 von Abschnitt 17 hilft. $K := \mathrm{GF}(q^n)$ und $G := \mathrm{GF}(q^n)^*$ sowie $\eta_i = \varphi^i$.)

19. Separable und inseparable Erweiterungen

Es sei K ein Körper und $f \in K[x]$ sei irreduzibel. Wir nennen f *separabel*, falls $f' \neq 0$ ist, andernfalls *inseparabel*.

Satz 1. *Es sei K ein Körper und $f \in K[x]$ sei irreduzibel.*
a) Ist $\mathrm{Char}(K) = 0$, so ist f separabel.
b) Ist $\mathrm{Char}(K) = p > 0$, so ist f genau dann inseparabel, wenn es ein $g \in K[y]$ gibt mit $f = g(x^p)$.

Beweis. Es sei $f = \sum_{i:=0}^n a_i x^i$ und $n = \mathrm{Grad}(f)$. Dann ist

$$ f' = \sum_{i:=1}^n i a_i x^{i-1}. $$

a) Wäre $f' = 0$, so wäre $i a_i = 0$ für $i := 1, \ldots, n$. Es folgte $a_i = 0$ für $i := 1, \ldots, n$ und damit der Widerspruch $f = a_0$.

b) Ist $f' = 0$, so ist $i a_i = 0$ für $i := 1, \ldots, n$. Es folgt $a_i = 0$ für alle nicht durch p teilbaren i. Weil $a_n \neq 0$ ist, ist $n = mp$ mit $m \in \mathbf{N}$. Setze $g := \sum_{i:=0}^m a_{ip} y^i$. Dann ist $f = g(x^p)$.

Ist andererseits $f = g(x^p)$ mit einem $g \in K[y]$, so folgt $f' = g'(x^p) p x^{p-1} = 0$, so dass f inseparabel ist.

Es sei $f \in K[x]$ irreduzibel und es sei $p = \mathrm{Char}(K) > 0$. Es gibt dann ein $e \in \mathbf{N}_0$ und ein $g \in K[y]$ mit $f = g(x^{p^e})$ und $f \neq h(x^{p^{e+1}})$ für alle $h \in K[y]$. Wir nennen e den *Exponenten* von f und bezeichnen ihn mit $\exp(f)$ und nennen $\mathrm{Grad}(g)$ den *reduzierten Grad* von f und bezeichen ihn mit $\mathrm{redGrad}(f)$. Es ist dann

$$ \mathrm{Grad}(f) = p^e \mathrm{Grad}(g) = p^{\exp(f)} \mathrm{redGrad}(f). $$

Überdies ist g irreduzibel und $g' \neq 0$.

Satz 2. *Es sei K ein Körper der Charakteristik $p > 0$ und es sei $f \in K[x]$ irreduzibel. Ist L eine Erweiterung von K und ist $a \in L$ eine Nullstelle von f, so ist $p^{\exp(f)}$ die Vielfachheit von a als Nullstelle von f. Zerfällt L das Polynom f, so ist der reduzierte Grad von f die Anzahl der verschiedenen Nullstellen von f in L.*

Beweis. Setze $e := \exp(f)$. Es gibt dann ein $g \in K[y]$ mit $f = g(x^{p^e})$. Setze $m := \mathrm{Grad}(g)$. Es sei M der Zerfällungskörper von g über L. Wegen $g' \neq 0$ hat g lauter Nullstellen der Vielfachheit 1 in M. Diese seien $b_1, \ldots, b_m$. Ist dann t der Leitkoeffizient von g, so ist

$$ g = t \prod_{i:=1}^m (y - b_i) $$

und daher

$$f = t \prod_{i:=1}^{m} (x^{p^e} - b_i)$$

Es sei schließlich N der Zerfällungskörper von f über M. Es gibt dann $c_1, \ldots, c_m \in N$ mit $c_i^{p^e} = b_i$. Weil die b_i paarweise verschieden sind, sind es auch die c_i. Es folgt

$$f = t \prod_{i:=1}^{m} (x^{p^e} - c_i^{p^e}) = t \prod_{i:=1}^{m} (x - c_i)^{p^e}.$$

Die c_i haben also alle die Vielfachheit p^e als Nullstelle von f, da ja Grad$(t) = 0$ ist. Weil a eine dieser Nullstellen ist, ist der Satz bewiesen.

Es sei L eine Erweiterung des Körpers K. Ferner sei $a \in L$ algebraisch über K. Ist μ_a separabel, so heißt auch a *separabel* über K, andernfalls *inseparabel*.

Die algebraische Erweiterung L von K heißt *separabel* über K, falls alle $a \in L$ separabel über K sind, andernfalls *inseparabel*

Der Körper K heißt *vollkommen*, falls jede algebraische Erweiterung von K separabel über K ist, andernfalls *unvollkommen*.

Der Körper K heißt *algebraisch abgeschlossen*, falls alle über K irreduziblen Polynome linear sind. Algebraisch abgeschlossene Körper sind stets vollkommen.

Hat K die Charakteristik 0 und ist f ein Polynom vom Grade $n > 0$ über K, so hat f' den Grad $n - 1$, so dass $f' \neq 0$ ist. Daher sind Körper der Charakteristik 0 stets vollkommen. Für Körper der Charakteristik $p > 0$ gilt

Satz 3. *Es sei K ein Körper der Charakteristik $p > 0$. Genau dann ist K vollkommen, wenn die Abbildung $k \to k^p$ surjektiv ist.*

Beweis. Die Abbildung $k \to k^p$ sei surjektiv. Ferner sei $f \in K[x]$ und $f' = 0$. Dann ist

$$f = \sum_{i:=0}^{m} a_i x^{pi}$$

mit $a_0, \ldots, a_m \in K$. Es gibt $b_0, \ldots, b_m \in K$ mit $b_i^p = a_i$ für alle i. Es folgt

$$f = \sum_{i:=0}^{m} b_i^p x^{pi} = \left(\sum_{i:=0}^{m} b_i x^i \right)^p,$$

so dass f nicht irreduzibel ist.

Es sei $k \to k^p$ nicht surjektiv. Es gibt dann ein $a \in K - K^p$. Setze $f := x^p - a$. Es sei L der Zerfällungskörper von f über K. Es gibt dann ein $b \in L$ mit $b^p = a$. Es sei μ das Minimalpolynom von b über K. Dann ist μ Teiler von f. Es ist

$$f = x^p - b^p = (x - b)^p$$

und folglich $\mu = (x - b)^i$ in $K[x]$. Es folgt

$$\mu = (x - b)^i = \sum_{j:=0}^{i} (-1)^j \binom{i}{j} b^j x^{i-j}.$$

Hieraus folgt insbesondere $ib \in K$. Wäre $i \not\equiv 0 \bmod p$, so folgte $b \in K$ und weiter $a = b^p \in K^p$. Also ist doch $i \equiv 0 \bmod p$ und daher $i = p$. Es folgt $f = \mu$, so dass f irreduzibel ist. Ferner ist $f' = px^{p-1} = 0$, so dass L inseparabel ist. Folglich ist K unvollkommen.

Korollar. *a) Galoisfelder sind vollkommen.*

b) Ist K ein unvollkommener Körper der Charakteristik p und ist $k \in K - K^p$, so ist das Polynom $x^p - k$ irreduzibel.

c) Ist K ein Körper der Charakteristik $p > 0$ und ist $K(x)$ der Funktionenkörper in der Unbestimmten x über K, so ist $K(x)$ inseparabel. Das Polynom $y^p - x$ ist irreduzibel über $K(x)$.

Satz 4. *Es sei M eine Erweiterung von L und L sei eine Erweiterung von K. Ist M separabel über K, so ist M separabel über L.*

Beweis. Es sei $a \in M$. Ferner sei $\mu \in K[x]$ das Minimalpolynom von a über K und $\lambda \in L[x]$ das Minimalpolynom von a über L. Wegen $\mu \in L[x]$ folgt aus der Definition des Minimalpolynoms, dass λ Teiler von μ ist. Weil M über K separabel ist, hat μ nur einfache Nullstellen. Daher hat auch λ nur einfache Nullstellen, so dass $\mu' \neq 0$ ist (Abschnitt 17 Satz 5 und Korollar zu Satz 5). Also ist a separabel über L und folglich M separabel über L.

Satz 5. *Ist K vollkommen und ist L eine algebraische Erweiterung von K, so ist auch L vollkommen.*

Beweis. Es sei M eine algebraische Erweiterung von L. Weil L algebraisch über K ist, ist dann auch M algebraisch über K. Weil K vollkommen ist, ist M separabel über K und nach Satz 4 dann auch separabel über L. Folglich ist L vollkommen.

Satz 6. *Es sei L eine algebraische Erweiterung von K und es gebe ein $a \in L$ mit $L = K[a]$. Es sei μ das Minimalpolynom von a über K. Ist $\mathrm{Char}(K) = 0$, so setzen wir $m := \mathrm{Grad}(\mu)$. Ist $\mathrm{Char}(K) = p > 0$, so setzen wir $m := \mathrm{redGrad}(\mu)$. Ist M eine Erweiterung von L, die μ zerfällt, so gibt es genau m Monomorphismen von L in M, die K-linear sind. Bei keiner Erweiterung von L gibt es mehr als m solcher Monomorphismen.*

Beweis. Wir beweisen zunächst die letzte Aussage. Dazu sei M eine Erweiterung von L und σ sei ein K-linearer Monomorphismus von L in M. Dann ist a^σ Nullstelle von $\mu^\sigma = \mu$. Wegen $L^\sigma = K[a^\sigma]$ ist σ durch das Bild von a unter σ völlig festgelegt. Es gibt also höchstens soviele K-lineare Monomorphismen von L in M, wie μ Nullstellen in M hat, also höchstens m (Satz 2 bzw. Abschnitt 16, Satz 5).

Es sei M eine Erweiterung von L, die M zerfälle. Ist $b \in M$ eine Nullstelle von μ, so gibt es nach Abschnitt 17, Satz 3 einen K-linearen Monomorphismus σ von $K[a]$ auf $K[b]$ mit $a^\sigma = b$. Weil μ in M genau m Nullstellen hat, folgt auch die letzte noch offene Behauptung.

Mittels Induktion erhält man aus diesem Satz auch noch den folgenden Satz.

Satz 7. *Es sei $L = K[a_1, \ldots, a_t]$ und a_i sei algebraisch über $L_i := K[a_1, \ldots, a_{i-1}]$. Der Relativgrad des Minimalpolynoms von a_i über L_i sei m_i. Ist dann M eine Erweiterung* *von L, in der alle diese Minimalpolynome in Linearfaktoren zerfallen, so gibt es genau*

$$\prod_{i:=1}^{t} m_i$$

Monomorphismen von L in M, die K-linear sind. In keiner Erweiterung von L gibt es mehr als $\prod_{i:=1}^{t} m_i$ solcher Monomorphismen.

Satz 8. *Es sei $L = K[a_1, \ldots, a_t]$ eine endliche Erweiterung des Körpers K. Setze $L_0 := K$ und $L_i := K[a_1, \ldots, a_i]$ für $i := 1, \ldots, t$. Ferner sei μ_i das Minimalpolynom von a_i über L_{i-1}. Dann sind die folgenden Aussagen äquivalent:*

a) L ist separabel über K.

b) Es ist a_i separabel über L_{i-1} für $i := 1, \ldots, t-1$.

c) Ist M eine Erweiterung von L, in der alle μ_i in Linearfaktoren zerfallen, so gibt es genau $[L : K]$ Monomorphismen von L in M, die K-linear sind.

d) Es gibt eine endliche Erweiterung M von L, so dass es $[L : K]$ Monomorphismen von L in M gibt, die K-linear sind.

Beweis. a) impliziert b): Nach Voraussetzung ist L separabel über K und nach Satz 4 dann auch über L_{i-1}. Also ist a_i separabel über L_{i-1}.

b) impliziert c): Setze $n_i := [L_i : L_{i-1}]$ und $m_i := \mathrm{redGrad}(\mu_i)$. Nach Voraussetzung ist $n_i = m_i$ für alle i. Nach Satz 7 gibt es daher genau

$$\prod_{i:=1}^{t} n_i = [L : K]$$

Monomorphismen von L in M, die K-linear sind.

c) impliziert d): Nach Satz 2 von Abschnitt 17 gibt es einen Körper M, der das Produkt der μ_i und damit alle μ_i zerfällt. Dieses M erfüllt die Voraussetzung und damit auch die Folgerung von c).

d) impliziert a): Angenommen a) gelte nicht. Es gibt dann ein $a \in L$, welches über K inseparabel ist. Indem wir die Menge der $a_1, \ldots, a_t$ ggf. vergrößern, sehen wir, dass wir $a = a_1$ annehmen dürfen. Dann ist aber $m_1 < n_1$, so dass es nach Satz 7 keine Erweiterung M von L gibt, in der L genau $[L : K]$ Monomorphismen besitzt, die K-linear sind.

Damit ist alles bewiesen.

Satz 9. *Sind K, L und M Körper, ist L separable Erweiterung von K und M separable Erweiterung von L, so ist M separable Erweiterung von K.*

Beweis. Es sei $a \in M$ und μ sei das Minimalpolynom von a über L. Ist $\mu = x^t + \sum_{i:=0}^{t-1} l_i x^i$, so folgt mit Satz 8, dass $K[l_0, \ldots, l_{t-1}, a]$ separabel über K ist. Also ist insbesondere a separabel über K.

Satz 10. *Es sei L eine Erweiterung des Körpers K. Ist S die Menge der über K algebraischen und separablen Elemente von L, so ist S ein Teilkörper von L. Ist $l \in L - S$ und ist l algebraisch über K, so ist l inseparabel über K.*

Beweis. Dass S separabler Teilkörper ist, folgt mit Satz 8. Ist $l \in L$ algebraisch und separabel über S, so ist $S[l]$ nach Satz 9 separabel über K. Es folgt $l \in S$. Damit ist der Satz bewiesen.

Ist L algebraisch über K und ist $S = K$, so heißt die Erweiterung L *rein inseparabel* über K. Satz 10 besagt also, dass jede algebraische Erweiterung eines Körpers dadurch entsteht, dass eine rein inseparable Erweiterung einer separablen Erweiterung folgt.

Aufgaben

1. Beweisen Sie Satz 7. Orientieren Sie sich am Beweise von Satz 4 aus Abschnitt 17.

20. Der Satz vom primitiven Element

Die Erweiterung L des Körpers K heißt *einfach*, falls es ein $a \in L$ gibt mit $L = K(a)$. Jedes solche a heißt *primitives Element* von L.

Satz 1. *Es sei L eine algebraische Erweiterung von K. Genau dann ist L eine einfache Erweiterung von K, wenn es nur endlich viele Teilkörper zwischen K und L gibt.*

Beweis. Ist K endlich und ist L eine einfache Erweiterung von K, so ist auch L endlich, so dass es nur endlich viele Zwischenkörper gibt.

Es sei weiterhin K endlich und es gebe nur endlich viele Zwischenkörper zwischen K und L. Setze

$$\Xi := \{X \mid X = K[a], a \in L\}.$$

Dann ist Ξ endlich. Weil $a \in L$ algebraisch über K ist, ist auch jedes $X \in \Xi$ endlich. Folglich ist

$$M := \bigcup_{X \in \Xi} X$$

endlich. Wegen $a \in K[a] \subseteq M$ für alle $a \in L$ ist $L = M$, so dass L endlich ist. Weil L^* dann zyklisch ist, ist L einfache Erweiterung von K.

Im Folgenden sei K unendlich.

Es gebe nur endlich viele Zwischenkörper zwischen K und L. Von den Zwischenkörpern der Form $K[a_1, \ldots, a_t]$ gibt es dann auch nur endliche viele. Daher gibt es unter ihnen einen maximalen. Dieser sei $K[a_1, \ldots, a_t]$. Ist $a \in L$, so ist

$$K[a_1, \ldots, a_t] \subseteq K[a_1, \ldots, a_t, a].$$

Es folgt, dass

$$K[a_1, \ldots, a_t] = K[a_1, \ldots, a_t, a]$$

ist. Dies zeigt wiederum, dass $L = K[a_1, \ldots, a_t]$ ist. Ist $t = 1$, so ist L einfach. Es sei also $t > 1$ und der Satz gelte für $t - 1$. Es gibt dann ein $a \in L$ mit $K[a_1, \ldots, a_{t-1}] = K[a]$, da es zwischen K und $K[a_1, \ldots, a_{t-1}]$ ja auch nur endlich viele Zwischenkörper gibt. Setzt man $b := a_t$, so ist also $L = K[a, b]$

Weil K unendlich ist, gibt es Elemente $c_1, c_2 \in K$ mit $c_1 \neq c_2$ und

$$M := K[a + c_1 b] = K[a + c_2 b].$$

Es folgt $(c_1 - c_2)b \in M$. Wegen $c_1 - c_2 \neq 0$ und $c_1 - c_2 \in K \subseteq M$ ist $b \in M$. Dann ist aber auch $a = a + c_1 b - c_1 b \in M$ und folglich $L = K[a, b] \subseteq M$. Also ist $L = K[a + c_1 b]$, so dass L in der Tat eine einfache Erweiterung von K ist.

Es sei umgekehrt $L = K[v]$ und μ sei das Minimalpolynom von v über K. Es sei M ein Zwischenkörper zwischen K und L und μ_M sei das Minimalpolynom von v über

M. Dann ist μ_M Teiler von μ in $M[x]$ und dann auch in $L[x]$. Ist Φ die Menge aller Teiler von μ in $L[x]$, deren Leitkoeffizient 1 ist, so ist Φ endlich und $M \to \mu_M$ ist eine Abbildung der Menge der Zwischenkörper zwischen K und L in Φ. Es sei M_0 der von den Koeffizienten von μ_M über K erzeugte Zwischenkörper. Dann ist $K \subseteq M_0 \subseteq M$. Ferner ist $\mu_M \in M_0[x] \subseteq M[x]$ und μ_M ist irreduzibel über M_0. Daher gilt wegen

$$L = K[v] \subseteq M_0[v] \subseteq M[v] \subseteq L$$

die Gleichung $L = M[v] = M_0[v]$ und dann auch

$$[L : M] = \text{Grad}(\mu_M) = [L : M_0].$$

Hieraus folgt $M = M_0$. Folglich ist die Abbildung $M \to \mu_M$ injektiv. Daher gibt es nur endlich viele Zwischenkörper zwischen K und L.

Der nächste Satz ist auch als Satz vom primitiven Element bekannt.

Satz 2. *Es sei $K[a_1, a_2, \ldots, a_t]$ eine algebraische Erweiterung von K. Sind $a_2, \ldots, a_t$ separabel über K, so ist $K[a_1, a_2, \ldots, a_t]$ einfache Erweiterung von K.*

Beweis. Ist K endlich, so ist auch $K[a_1, \ldots, a_t]$ endlich. Folglich gilt der Satz in diesem Falle.

Es sei K unendlich. Für $t = 1$ ist der Satz richtig. Es sei $t > 1$ und der Satz gelte für $t - 1$. Es gibt dann ein a mit

$$K[a_1, \ldots, a_{t-1}] = K[a].$$

Also ist $K[a_1, \ldots, a_{t-1}, a_t] = K[a, a_t]$. Setze $b := a_t$. Es sei μ das Minimalpolynom von a über K und ν das Minimalpolynom von b über K. Nach Voraussetzung ist β separabel, also auch ν. Es sei L eine Erweiterung von $K[a, b]$, die μ und ν zerfälle. Es seien $a = a_1, a_2, \ldots, a_r$ die Nullstellen von μ und $b = b_1, b_2, \ldots, b_s$ die Nullstellen von ν in L. Ist $j \neq 1$, so ist $b_j \neq b_1$, so dass die Gleichung $a_i + b_j \xi = a_1 + b_1 \xi$ in K höchstens eine Lösung hat. Weil K unendlich ist, gibt es folglich ein $c \in K$ mit

$$a_i + b_j c \neq a_1 + b_1 c$$

für alle i und j, sofern nur $j > 1$ ist. Setze

$$v := a_1 + b_1 c = a + bc.$$

Dann ist $v \in K[a, b]$ und folglich $K[v] \subseteq K[a, b]$. Ferner ist $\nu(b) = 0$ und $\mu(v - bc) = \mu(a) = 0$. Weiter ist $\nu \in K[x] \subseteq K[v][x]$ und $\mu(v - cx) \in K[v][x]$. Ist $k \neq 1$, so ist $v - cb_k \neq a_i$ für $i := 1, 2, \ldots, r$. Also ist $\mu(v - cb_k) \neq 0$, so dass b die einzige gemeinsame Nullstelle von ν und $\mu(c - vx)$ ist. Nun ist ν separabel, hat also nur einfache Nullstellen. Daher haben ν und $\mu(v - vx)$ als Polynome über L nur den Linearfaktor $x - b$ gemeinsam. Hieraus folgt, dass der größte gemeinsame Teiler von ν und $\mu(v - cx)$ in $K[v][x]$ von der Form $\lambda(x - b)$ mit $\lambda \in K[v]^*$ ist. Hieraus folgt $\lambda b \in K[v]$ und wegen

$\lambda \neq 0$ dann $b \in K[v]$. Dann ist aber auch $a = v - cb \in K[v]$, so dass $K[a,b] \subseteq K[v]$ ist. Somit ist $K[a,b] = K[v]$. Damit ist der Satz bewiesen.

Korollar. *Ist L eine endliche Erweiterung von K und ist L separabel über K, so gibt es ein $v \in L$ mit $L = K[v]$.*

Aufgaben

1. Es sei K_0 ein Körper der Charakteristik $p > 0$. Ferner sei $L := K_0(x,y)$ der Funktionenkörper in den Unbestimmten x und y über K_0. Schließlich sei $K := K_0(x^p, y^p)$. Zeigen Sie:

    a) L ist algebraisch über K.

    b) L ist rein inseparabel über K.

    c) L ist keine einfache Erweiterung von K.

21. Die Galoisgruppe

Ist L eine Erweiterung des Körpers K, so bezeichnen wir mit $G(L:K)$ die Gruppe aller K-linearen Automorphismen von L. Ist L endlich über K, so gilt nach Satz 7 von Abschnitt 19 die Ungleichung

$$|G(L:K)| \leq [L:K].$$

Ist $|G(L:K)| = [L:K]$, so nennen wir die Erweiterung L von K *galoissch* über K und $G(L:K)$ heißt die *Galoisgruppe* dieser Erweiterung. Ist L galoissch über K, so ist L nach Satz 8 d) von Abschnitt 19 separabel über K.

Satz 1. *Ist L eine endliche Erweiterung von K, so sind die folgenden Bedingungen äquivalent:*

a) L ist galoissch über K.

b) L ist separabel über K und jedes irreduzible Polynom über K, welches eine Nullstelle in L hat, wird von L zerfällt.

c) L ist separabel über K und L ist Zerfällungskörper eines $f \in K[x]$.

Beweis. a) impliziert b): Es sei $p \in K[x]$ irreduzibel und $a \in L$ sei eine Nullstelle von p. Setze $G := G(L:K)$ und

$$G_a := \{g \mid g \in G, a^g = a\}.$$

Die Gruppe G_a induziert auf $K[a]$ die Identität und $|G:G_a|$ ist die Anzahl der von den Elementen aus G auf $K[a]$ induzierten K-linearen Monomorphismen von $K[a]$ in L. Nach Satz 7 von Abschnitt 19 ist daher

$$|G:G_a| \leq [K[a]:K].$$

Andererseits besteht G_a aus $K[a]$-linearen Monomorphismen von L in sich, so dass $|G_a| \leq [L:K[a]]$ ist. Also ist

$$[L:K] = |G| = |G:G_a||G_a| \leq [K[a]:K][L:K[a]] = [L:K].$$

Hieraus folgt $|G:G_a| = [K[a]:K] = \mathrm{Grad}(p)$. Weil G die Nullstellen von p in L untereinander permutiert, hat p in L also mindestens $\mathrm{Grad}(p)$ Nullstellen. Folglich zerfällt p über L.

b) impliziert c): Weil L über K separabel ist, gibt es ein $a \in L$ mit $L = K[a]$ (Satz vom primitiven Element). Ist f das Minimalpolynom von a über K, so ist f irreduzibel über K. Ferner ist $f(a) = 0$. Folglich zerfällt f über L. Wegen $K[a] = L$ ist L sogar der Zerfällungskörper von f über K.

c) impliziert a): Es sei $f \in K[x]$ und L sei der Zerfällungskörper von f über K. Ferner seien $a_1, \ldots, a_t$ alle Nullstellen von f in L. Dann ist $L = K[a_1, \ldots, a_t]$. Weil L separabel über K ist, gibt es nach Satz 8 von Abschnitt 19 eine Erweiterung M von L, in der L genau $[L : K]$ Monomorphismen besitzt, die K-linear sind. Es sei X die Menge dieser Monomorphismen. Ist $g \in X$, so ist

$$L^g = K[a_1^g, \ldots, a_t^g].$$

Ferner ist

$$0 = f(a_i)^g = f^g(a_i^g) = f(a_i^g),$$

so dass $a_i^g \in \{a_1, \ldots, a_t\}$ ist. Also ist $L^g \subseteq L$. Weil g eine injektive K-lineare Abbildung und weil $[L : K]$ endlich ist, folgt $L^g = L$. Somit ist $X \subseteq G(L : K)$ und daher

$$[L : K] = |X| \leq |G(L : K)| \leq [L : K].$$

Folglich ist $|G(L : K)| = [L : K]$, so dass L über K galoissch ist.

Satz 2. *Es sei L ein Körper und G sei eine endliche Gruppe von Automorphismen von L. Ist*

$$K := \{k \mid k \in L, k^g = k \quad \text{für alle } g \in G\},$$

so ist K ein Teilkörper von L und L ist galoissch über K. Ferner ist $G = G(L : K)$.

Beweis. Dass K Körper ist, ist trivial. Es sei $a \in L$ und $A := \{a^g \mid g \in G\}$. Dann ist A endlich. Setze

$$f := \prod_{b \in A} (x - b).$$

Dann ist

$$f^g := \prod_{b \in A} (x - b^g) = \prod_{\beta \in A} (x - \beta) = f$$

für alle $g \in G$, so dass $f \in K[x]$ ist. Ferner folgt aus der Transitivität von G auf A, dass f irreduzibel ist (Übungsaufgabe). Folglich ist f das Minimalpolynom von a. Weil f nur einfache Nullstellen hat, ist a und damit L separabel über K.

Es sei M ein Zwischenkörper zwischen K und L und M sei eine endliche Erweiterung von K. (Wir wissen an dieser Stelle noch nicht, dass L endlich über K ist.) Weil L separabel über K ist, ist auch M separabel über K und folglich ist $M = K[b]$. Setze $B := \{b^g \mid g \in G\}$ und $f := \prod_{c \in B}(x - c)$. Wie eben folgt, dass f das Minimalpolynom von b über K ist. Somit ist

$$|G : G_b| = |B| = [M : K],$$

so dass für alle endlichen Erweiterungen M von K, die in L liegen, insbesondere $[M : K] \leq |G|$ ist. Daher gibt es eine endliche Erweiterung M von K unterhalb von L, so dass $[M : K]$ maximal ist. Es sei $a \in L$. Dann ist $M[a]$ endlich über M, da ja a algebraisch über K und folglich a algebraisch über M ist. Wegen $M \subseteq M[a]$ und der Maximalität von $[M : K]$ ist dann $M[a] = M$ und folglich $a \in M$. Somit ist $L \subseteq M$, dh., $M = L$. Es folgt $[L : K] \leq |G|$. Mit Satz 7 von Abschnitt 19 folgt $[L : K] = |G|$, so dass L galoissch über K ist.

Man nennt K den *Fixkörper* von G.

Beispiel. Es sei K_0 ein Körper und $K_0(x_1, \ldots, x_n)$ sei der Funktionenkörper in den Unbestimmten $x_1, \ldots, x_n$ über K_0. Ist $\sigma \in S_n$, so wird durch $x_i^{\bar{\sigma}} := x_{i\sigma}$ eine Permutation auf $\{x_1, \ldots, x_n\}$ definiert, die sich nach Früherem zu einem Automorphismus von $K_0[x_1, \ldots, x_n]$ und dann auch zu einem Automorphismus von $K_0(x_1, \ldots, x_n)$ fortsetzen lässt, bei dem K_0 elementweise festgelassen wird. Auf diese Weise erhalten wir eine zu S_n isomorphe Gruppe G von Automorphismen von $L := K_0(x_1, \ldots, x_n)$. Es sei K der Fixkörper von G. Dann ist, wie gerade gezeigt,

$$[L : K] = n!.$$

Es sei $f := \prod_{i=1}^{n}(y - x_i)$. Dann ist $f^\sigma = f$ für alle $\sigma \in G$ und folglich $f \in K[y]$. Ferner wird f durch L zerfällt. Es sei $K \subseteq L_0 \subseteq L$ und L_0 sei der Zerfällungskörper von f über K. Dann ist

$$L = K_0(x_1, \ldots, x_n) \subseteq K[x_1, \ldots, x_n] \subseteq L_0$$

und daher $L = L_0$. Somit ist L der Zerfällungskörper von f über K.

Es seien wieder $\lambda(n)_i$ die elementarsymmetrischen Funktionen in den den Unbestimmten $x_1, \ldots, x_n$. Dann ist

$$f = \sum_{i=0}^{n}(-1)^i \lambda(n)_i y^{n-i}.$$

Weil G auf den Nullstellen von f in L transitiv operiert, ist f irreduzibel. Ferner gilt $\mathrm{Grad}(f) = n$. Wegen $[L : K] = n!$ kann man die Schranke in Satz 2 von Abschnitt 17 nicht verbessern.

Es ist $K_0(\lambda(n)_1, \ldots, \lambda(n)_n) \subseteq K$. Ferner ist $f \in K_0(\lambda(n)_1, \ldots, \lambda(n)_n)[y]$. Der Körper L zerfällt f über $K_0(\lambda(n)_1, \ldots, \lambda(n)_n)$. Es sei $M \subseteq L$ der Zerfällungskörper von f über $K_0(\lambda(n)_1, \ldots, \lambda(n)_n)$. Dann ist

$$L = K_0(x_1, \ldots, x_n) \subseteq K_0(\lambda(n)_1, \ldots, \lambda(n)_n)[x_1, \ldots, x_n] = M$$

und folglich $L = M$. Hieraus folgt

$$[L : K_0(\lambda(n)_1, \ldots, \lambda(n)_n)] \leq n!.$$

Andererseits ist $K_0(\lambda(n)_1, \ldots, \lambda(n)_n) \subseteq K$ und daher

$$[L : K_0(\lambda(n)_1, \ldots, \lambda(n)_n)] \geq [L : K] = n!.$$

Hieraus folgt $K_0(\lambda(n)_1, \ldots, \lambda(n)_n) = K$.

Man nennt $r \in K(x_1, \ldots, x_n)$ *rationale symmetrische Funktion*, falls für alle $\sigma \in G$ gilt, dass $r = r^\sigma$ ist. Was wir gerade gezeigt haben, lässt sich dann in dem folgenden Satz zusammenfassen.

Satz 3. *Ist r eine rationale symmetrische Funktion in n Unbestimmten über dem Körper K, so gibt es ein $f \in K(y_1, \ldots, y_n)$ mit $r = f(\lambda(n)_1, \ldots, \lambda(n)_n)$.*

Bemerkung. Es sei G eine Gruppe der Ordnung n und $G = \{g_1, \ldots, g_n\}$. Ist $h \in G$, so definieren wir die Abbildung $\sigma(h) \in S_n$ durch

$$g_{i\sigma(h)} := g_i h.$$

Dann ist σ ein Monomorphismus von G in S_n. Nimmt man nun den Fixkörper von $\sigma(G)$ in $K_0(x_1, \ldots, x_n)$, so sieht man, dass G galoissche Gruppe ist.

Aufgaben

1. Es sei L eine Galoiserweiterung von K und G sei die zugehörige Galoisgruppe. Ist $f \in K[x]$, ist $\mathrm{ggT}(f, f') = 1$, hat f eine Nullstelle in L und operiert G transitiv auf der Menge der in L enthaltenen Nullstellen von f, so ist f irreduzibel über K.

2. Es sei K_0 ein Körper und $L := K_0(x_1, \ldots, x_n)$ der Funktionenkörper in den Unbestimmten $x_1, \ldots, x_n$ über K_0. Es sei G, wie oben beschrieben, die Wirkung von S_n als Automorphismengruppe von L. Schließlich sei K der Fixkörper von G, dh. der Körper der symmetrischen rationalen Funktionen über K_0. Zeigen Sie, dass die Menge der

$$x_1^{e_1} x_2^{e_2} \cdots x_n^{e_n}$$

mit $0 \leq e_i \leq i - 1$ für alle i eine K-Basis von L ist. (Der Beweis von Satz 1 von Abschnitt 16 liefert eine Beweisidee.)

3. Es sei D eine natürliche Zahl, die kein Quadrat sei. Zeigen Sie, dass $\mathbf{Q}[\sqrt{D}]$ eine galoissche Erweiterung von $\mathbf{Q}$ ist und bestimmen Sie alle Elemente der Galoisgruppe dieser Erweiterung. (Sie brauchen nicht zu beweisen, dass $\sqrt{D}$ irrational ist.)

4. Es sei p eine Primzahl und f sei ein irreduzibles separables Polynom vom Grade p über dem Körper K. Es sei ferner L der Zerfällungskörper von f über K. Zeigen Sie, dass die p-Sylowgruppen von $G(L : K)$ die Ordnung p haben.

5. Zeigen Sie, dass das Polynom $x^5 - 4x + 2 \in \mathbf{Q}[x]$ irreduzibel ist und bestimmen Sie die Galoisgruppe des Zerfällungskörpers dieses Polynoms über $\mathbf{Q}$. (Kurvendiskussion zeigt, wo die Nullstellen dieses Polynoms liegen. Dies ergibt dann zusammen mit Aufgabe 4 genug Information, um die Galoisgruppe zu bestimmen. Sie dürfen alle Ihre Kenntnisse über $\mathbf{R}$ und $\mathbf{C}$ verwenden, die Sie aus der Analysis haben. Sie brauchen weder eine Basis des Zerfällungskörpers anzugeben noch alle Elemente der Galoisgruppe aufzulisten.)

22. Der Hauptsatz der Galoistheorie

Es sei L eine Galoiserweiterung von K und $G(L:K)$ sie die Galoisgruppe dieser Erweiterung. Mit $\mathcal{Z}(L:K)$ bezeichnen wir die Menge der Zwischenkörper dieser Erweiterung und mit $\mathcal{U}G(L:K)$ die Menge der Untergruppen von $G(L:K)$. Wir ordnen beide Mengen bezüglich der Inklusion. Ist $U \in \mathcal{U}G(L:K)$, so setzen wir

$$\mathrm{Fix}(U) := \{l \mid l \in L, l^u = l \text{ für alle } u \in U\}.$$

Ist $M \in \mathcal{Z}(L:K)$, so setzen wir

$$\mathrm{fix}(M) := \{g \mid g \in G, m^g = m \text{ für alle } m \in M\}.$$

Dabei soll Fix an Fixkörper und fix an fixierende Gruppe erinnern. Mit diesen Bezeichnungen gilt:

Hauptsatz der Galoistheorie. *Es sei L eine galoissche Erweiterung des Körpers K. Dann gilt:*

a) Ist $U \in \mathcal{U}G(L:K)$, so ist $|U| = [L : \mathrm{Fix}(U)]$ und $|G:U| = [\mathrm{Fix}(U):K]$.

b) Ist $M \in \mathcal{Z}(L:K)$, so ist $[M:K] = |G : \mathrm{fix}(M)|$ und $|\mathrm{fix}(M)| = [L:M]$.

c) Fix ist ein Antiisomorphismus von $(\mathcal{U}G(L:K), \subseteq)$ auf $(\mathcal{Z}(L:K), \subseteq)$ und fix ist die zu Fix inverse Abbildung. Sie ist ein Antiisomorphismus von $(\mathcal{Z}(L:K), \subseteq)$ auf $(\mathcal{U}G(L:K), \subseteq)$.

d) Ist $M \in \mathcal{Z}(L:K)$ und $g \in G$, so ist $g^{-1}\mathrm{fix}(M)g = \mathrm{fix}(M^g)$.

e) Ist $M \in \mathcal{Z}(L:K)$, so ist M genau dann galoissch über K, wenn $\mathrm{fix}(M)$ Normalteiler von G ist. Ist M galoissch über K, so ist

$$G/\mathrm{fix}(M) \cong G(M:K).$$

Beweis. Setze $G := G(L:K)$.

a) Ist $U \in \mathcal{U}G$, so ist $|U| = [L : \mathrm{Fix}(U)]$ nach Satz 2 von Abschnitt 21. Nun ist $|G:U|$ die Anzahl der von G induzierten K-Monomorphismen von $\mathrm{Fix}(U)$ in L. Daher ist $|G:U| \leq [\mathrm{Fix}(U):K]$. Es folgt

$$|G| = [L:K] = [L : \mathrm{Fix}(U)][\mathrm{Fix}(U):K] \geq |U||G:U| = |G|.$$

Also ist $|G:U| = [\mathrm{Fix}(U):K]$.

b) Es sei $M \in \mathcal{Z}(L:K)$. Dann ist $|G : \mathrm{fix}(M)|$ die Anzahl der von G auf M induzierten K-linearen Monomorphismen von M in L. Also ist

$$|G : \mathrm{fix}(M)| \leq [M:K].$$

Ferner ist fix(M) eine Menge von M-linearen Monomorphismen von L in sich. Also ist

$$|\text{fix}(M)| \le [L : M].$$

Es folgt

$$|G| = [L : K] = [L : M][M : K] \ge \big|\text{fix}(M)\big|\big|G : \text{fix}(M)\big| = |G|.$$

Folglich ist $[L : M] = |\text{fix}(M)|$ und $[M : K] = |G : \text{fix}(M)|$.

   c) Es sei $U \in \mathcal{UG}$. Dann ist $U \subseteq \text{fix}(\text{Fix}(U))$. Nun ist $|U| = [L : \text{Fix}(U)]$ nach a).
Mit b) folgt, wenn man $M := \text{Fix}(U)$ setzt,

$$\text{fix}\big(\text{Fix}(U)\big) = \big[L : \text{Fix}(U)\big].$$

Also ist $|U| = |\text{fixFix}(U)|$ und daher fixFix(U) $= U$.

   Es sei $M \in \mathcal{Z}(L : K)$. Dann ist $M \subseteq \text{Fixfix}(M)$. Ferner ist $[M : K] = |G : \text{fix}(M)|$
nach b). Ebenfalls nach b) gilt, wenn man M durch Fixfix(M) ersetzt

$$\big[\text{Fixfix}(M) : K\big] = \big|G : \text{fixFixfix}(M)\big|.$$

Nach dem bereits Bewiesenen ist fixFixfix(M) $=$ fix(M). Also ist

$$[M : K] = [\text{Fixfix}(M) : K]$$

und folglich $M = \text{Fixfix}(M)$. Also ist Fix bijektiv und $\text{Fix}^{-1} = \text{fix}$.

   Ist $U \subseteq V$, so ist natürlich $\text{Fix}(V) \subseteq \text{Fix}(U)$. Ebenso folgt aus $M \subseteq N$, dass
fix(N) $\subseteq$ fix(M) ist. Ferner folgt aus $\text{Fix}(V) \subseteq \text{Fix}(U)$ auch $U \subseteq V$. Es ist ja

$$U = \text{fixFix}(U) \subseteq \text{fixFix}(V) = V.$$

Ebenso folgt aus fix(N) $\subseteq$ fix(M) die Inklusion $M \subseteq N$. Damit ist c) bewiesen.

   d) Es sei $M \in \mathcal{Z}(L : K)$ und $g \in G$ und $m \in M$. Ferner sei $h \in \text{fix}(M)$. Dann ist

$$m^{gg^{-1}hg} = m^{hg} = m^{g}.$$

Also ist $g^{-1}hg \in \text{fix}(M^{g})$. Ist $h' \in \text{fix}(M^{g})$, so ist $m^{gh'} = m^{g}$ für alle $m \in M$. Daher
ist $gh'g^{-1} \in \text{fix}(M)$ und weiter $h' \in g^{-1}\text{fix}(M)g$. Somit ist $\text{fix}(M^{g}) = g^{-1}\text{fix}(M)g$.

   e) Es sei fix(M) normal in G. Dann ist

$$M = \text{Fixfix}(M) = \text{Fix}\big(g^{-1}\text{fix}(M)g\big) = \text{Fixfix}(M^{g}) = M^{g}$$

für alle $g \in G$. Es folgt, dass $G/\text{fix}(M)$ zu einer Untergruppe von $G(M : K)$ isomorph
ist. Nun ist

$$[M : K] = \big|G/\text{fix}(M)\big| \le \big|G(M : K)\big| \le [M : K].$$

Daher ist $|G/\text{fix}(M)| = |G(M : K)| = [M : K]$, so dass M über K galoissch ist und
$G(M : K) \cong G/\text{fix}(M)$ gilt.

Es sei M galoissch über K. Dann ist M insbesondere separabel über K. Es gibt daher ein $a \in M$ mit $M = K[a]$. Es sei f das Minimalpolynom von a über K. Weil M galoissch ist, zerfällt f über M. Es sei A die Menge der Nullstellen von f in M. Dann ist $A^g = A$ für alle $g \in G$. Daher ist $M^g = M$ für alle $g \in G$. Hieraus folgt mit d)

$$g^{-1}\mathrm{fix}(M)g = \mathrm{fix}(M^g) = \mathrm{fix}(M)$$

für alle $g \in G$ und weiter $\mathrm{fix}(M) \sqsubseteq G$. Damit ist alles bewiesen.

Aufgaben

1. Es sei wieder $f := x^3 - 2 \in \mathbf{Q}[x]$. Berechnen Sie für den Zerfällungskörper K von f die Elemente der Galoisgruppe und geben Sie für alle Zwischenkörper von $K : \mathbf{Q}$ je eine Basis an.

23. Der Fundamentalsatz der Algebra

Polynome ungeraden Grades über **R** haben stets eine Nullstelle in **R**. Demzufolge haben irreduzible Polynome ungeraden Grades über **R** den Grad 1. Es wir sich zeigen, dass irreduzible Polynome geraden Grades über **R** den Grad 2 haben. Dies ist nach all dem, was wir mittlerweile zur Verfügung haben, schnell bewiesen.

Satz 1. *Ist $k \in \mathbf{C}$, so gibt es ein $l \in \mathbf{C}$ mit $l^2 = k$.*

Beweis. Es sei $k = a + ib$ mit $a, b \in \mathbf{R}$ und $i^2 = -1$. Dann ist

$$-a \le \sqrt{a^2} \le \sqrt{a^2 + b^2} \quad \text{und} \quad a \le \sqrt{a^2} \le \sqrt{a^2 + b^2}.$$

Folglich sind $\frac{1}{2}(a + \sqrt{a^2 + b^2})$ und $\frac{1}{2}(-a + \sqrt{a^2 + b^2})$ nicht negativ. Es gibt also $u, v \in \mathbf{R}$ mit

$$u^2 = \frac{1}{2}(a + \sqrt{a^2 + b^2}) \quad \text{und} \quad v^2 = \frac{1}{2}(-a + \sqrt{a^2 + b^2}).$$

Daher ist $u^2 - v^2 = a$ und

$$u^2 v^2 = \frac{1}{4}(-a^a + a^2 + b^2) = \frac{1}{4}b^2.$$

Somit ist $uv \in \{\frac{1}{2}b, -\frac{1}{2}b\}$. Ändert man ggf. das Vorzeichen von u, so kann man erreichen, dass $uv = \frac{1}{2}b$ ist, ohne die Gleichung $u^2 - v^2 = a$ zu verletzen. Also ist

$$(u + iv)^2 = u^2 - v^2 + 2iuv = a + ib.$$

Damit ist der Satz bewiesen.

Satz 2. *Ist L eine quadratische Erweiterung von $\mathbf{R}$, so ist $L \cong \mathbf{C}$.*

Beweis. Es sei $L := \mathbf{R}[\vartheta]$. Dann ist

$$\mu_\vartheta = x^2 + ax + b = x^2 + ax + \frac{a^2}{4} + b - \frac{a^2}{4} = \left(x + \frac{a}{2}\right)^2 - \left(\frac{a^2}{4} - b\right).$$

Auf Grund von Satz 1 gibt es ein $\eta \in \mathbf{C}$ mit $\eta^2 = (a^2 - b)$. Setze $\lambda := -\frac{a}{2} + \eta$. Dann ist

$$\mu_\vartheta(\lambda) = \left(-\frac{a}{2} + \eta + \frac{a}{2}\right)^2 - \left(\frac{a^2}{4} - b\right) = 0.$$

Nach Früherem gibt es folglich einen **R**-Monomorphismus α von $L = \mathbf{R}[\vartheta]$ in **C** mit $\vartheta^\alpha = \lambda$. Wegen $[\mathbf{C} : \mathbf{R}] = 2$ und $\mathbf{R}[\lambda] \ne \mathbf{R}$ ist α surjektiv.

Fundamentalsatz der Algebra. *Der Körper der komplexen Zahlen ist algebraisch abgeschlossen.*

Beweis. Es sei $f \in \mathbf{R}[x]$ irreduzibel und es sei $\mathrm{Grad}(f) \geq 2$. Es sei weiterhin L der Zerfällungskörper von f und

$$[L : \mathbf{R}] = 2^t m$$

mit ungeradem m. Weil L Zerfällungskörper eines über $\mathbf{R}$ irreduziblen Polynoms ist, ist L nach Satz 1 von Abschnitt 21 galoissch über $\mathbf{R}$. Setze $G := G(L : \mathbf{R})$. Es sei $S \in \mathrm{Syl}_2(G)$ und $M := \mathrm{Fix}(S)$. Nach dem Hauptsatz der galoisschen Theorie ist

$$[M : \mathbf{R}] = |G : S| = m.$$

Weil algebraische Erweiterungen bei Charakteristik 0 separabel sind, gibt es ein α mit $M = \mathbf{R}[\alpha]$. Dann ist $\mathrm{Grad}(\mu_\alpha) = m$. Weil m ungerade ist, ist $m = 1$. Also ist

$$2 \leq [L : \mathbf{R}] = 2^t.$$

Es folgt $G = S$ und $t \geq 1$.

Es sei $t \geq 2$. Dann gibt es in G nach dem ersten Satz von Sylow (Abschnitt 7) zwei Untergruppen U und V von G mit $V \subseteq U$ und $|G : U| = 2 = |U : V|$. Setze $M := \mathrm{Fix}(U)$ und $N := \mathrm{Fix}(V)$. Nach dem Hauptsatz der galoisschen Theorie ist $M \subseteq N$ und $[M : \mathbf{R}] = 2$ und $[N : M] = 2$. Nach Satz 2 ist $M \cong \mathbf{C}$. Wegen $[N : M] = 2$ gibt es ein irreduzibles Polynom vom Grade 2 über M. Dies widerspricht aber Satz 1. Also ist doch $t = 1$. Damit ist gezeigt, dass über $\mathbf{R}$ irreduzible Polynome den Grad 1 oder 2 haben.

Es sei nun $f \in \mathbf{C}[x]$ und $f = \sum_{i:=0}^n f_i x^i$. Setze $\bar{f} := \sum_{i:=0}^n \bar{f}_i x^i$. Dann ist $f\bar{f} \in \mathbf{R}[x]$. Es folgt $f\bar{f} = \prod_{j:=1}^t p_j$ mit Polynomen p_j vom Grade 1 oder 2 über $\mathbf{R}$. Weil reelle Polynome vom Grade 2 über $\mathbf{R}$ nach Satz 2 über $\mathbf{C}$ zerfallen, ist $f\bar{f} = \prod_{k:=1}^s \lambda_k$ mit linearen $\lambda_k \in \mathbf{C}[x]$. Weil in $\mathbf{C}[x]$ der Satz von der eindeutigen Primfaktorzerlegung gilt, zerfällt auch f über $\mathbf{C}$ in ein Produkt von Linearfaktoren. Damit ist alles gezeigt.

Aufgaben

1. Analysieren Sie, welche Eigenschaften von $\mathbf{R}$ wir beim Beweise des Fundamentalsatzes der Algebra benutzt haben, und versuchen Sie, diesen Satz zu verallgemeinern. Vergleichen Sie Ihre Lösung mit Artin-Schreier 1927.

24. Gleichungen 2., 3. und 4. Grades

Bevor wir die galoissche Theorie benutzen, um ein Kriterium für die Lösbarkeit von algebraischen Gleichungen durch Radikale zu gewinnen, schauen wir uns Gleichungen 2., 3. und 4. Grades an, für die es explizite Lösungsformeln gibt. Dabei beschränken wir uns auf den Körper der reellen Zahlen. Man sieht aber unschwer, dass unsere Argumente auch in all den Fällen funktionieren, in denen die Charakteristik des zu Grunde liegenden Körpers von 2 und 3 verschieden ist.

Um Nullstellen von Polynomen zu bestimmen, genügt es, Polynome mit Leitkoeffizient 1 zu betrachten. Ist nämlich a der Leitkoeffizient des Polynomes f, so ist genau dann $f(u) = 0$, wenn $a^{-1}f(u) = 0$ ist. Das Polynom $a^{-1}f$ hat aber 1 als Leitkoeffizienten.

Quadratische Gleichungen $x^2 + ax + b = 0$ weiß ein jeder seit seiner Schulzeit zu lösen. Es ist ja

$$x^2 + ax + b = \left(x + \frac{a}{2}\right)^2 - \left(\frac{a^2}{4} - b\right),$$

so dass genau dann $x^2 + ax + b = 0$ ist, wenn

$$\left(x + \frac{a}{2}\right)^2 = b - \frac{a^2}{4}$$

ist. Diese Gleichung hat zumindest in $\mathbf{C}$ eine Lösung.

Als nächstes betrachten wir kubische Gleichungen. Es seien p, q, $r \in \mathbf{R}$ gegeben. Gesucht ist ein x mit

$$x^3 + px^2 + qx + r = 0.$$

Wir definieren y durch

$$y := x + \frac{p}{3}.$$

Dann gilt, wie einfach nachzurechnen ist,

$$y^3 + \left(q - \frac{p^2}{3}\right)y + \frac{2p^3 - 9qp + 27r}{27} = 0.$$

Wir setzen

$$P := q - \frac{p^2}{3}$$

und

$$Q := \frac{1}{27}(2p^3 - 9qp + 27r).$$

Dann kennt man also die Lösungen der Ausgangsgleichung, wenn man die Lösungen der Hilfsgleichung

$$y^3 + Py + Q = 0$$

kennt. Um diese zu lösen, suchen wir u und v mit

$$v - u = Q$$

und

$$uv = \left(\frac{P}{3}\right)^3.$$

Setzt man nämlich

$$y := \sqrt[3]{u} - \sqrt[3]{v},$$

so ist

$$y^3 + Py + Q = u - 3\sqrt[3]{u}\sqrt[3]{v}(\sqrt[3]{u} - \sqrt[3]{v}) - v + P(\sqrt[3]{u} - \sqrt[3]{v}) + Q$$
$$= -Q - Py + Py + Q = 0.$$

Hat man also u und v, so hat man eine Lösung der Hilfsgleichung und dann auch eine Lösung der Ausgangsgleichung. Nach allem, was wir bislang gemacht haben, ist klar, dass sich u und v mittels einer quadratischen Gleichung berechnen lassen. Es ist ja

$$\left(\frac{P}{3}\right)^3 = u(u + Q) = \left(u + \frac{Q}{2}\right)^2 - \left(\frac{Q}{2}\right)^2.$$

Es folgt

$$u = -\frac{Q}{2} \pm \sqrt{\left(\frac{P}{3}\right)^3 + \left(\frac{Q}{2}\right)^2}$$

und

$$v = \frac{Q}{2} \pm \sqrt{\left(\frac{P}{3}\right)^3 + \left(\frac{Q}{2}\right)^2}.$$

Dann ist

$$y = \sqrt[3]{-\frac{Q}{2} \pm \sqrt{\left(\frac{P}{3}\right)^3 + \left(\frac{Q}{2}\right)^2}} - \sqrt[3]{\frac{Q}{2} \pm \sqrt{\left(\frac{P}{3}\right)^3 + \left(\frac{Q}{2}\right)^2}}.$$

Ist

$$u = -\frac{Q}{2} + \sqrt{\left(\frac{P}{3}\right)^3 + \left(\frac{Q}{2}\right)^2},$$

so ist

$$v = \frac{Q}{2} + \sqrt{\left(\frac{P}{3}\right)^3 + \left(\frac{Q}{2}\right)^2}.$$

Macht man den gleichen Ansatz mit u' und v' und ist

$$u' = -\frac{Q}{2} - \sqrt{\left(\frac{P}{3}\right)^3 + \left(\frac{Q}{2}\right)^2},$$

so ist

$$v' = \frac{Q}{2} - \sqrt{\left(\frac{P}{3}\right)^3 + \left(\frac{Q}{2}\right)^2}.$$

Es folgt $u' = -v$ und $v' = -u$. Daher ist

$$y' = \sqrt[3]{u'} - \sqrt[3]{v'} = \sqrt[3]{-v} - \sqrt[3]{-u} = \sqrt[3]{u} - \sqrt[3]{v} = y.$$

Die andere Vorzeichenwahl liefert also keine neue Lösung. Unser Verfahren liefert somit nur die Lösung

$$y = \sqrt[3]{-\frac{Q}{2} + \sqrt{\left(\frac{P}{3}\right)^3 + \left(\frac{Q}{2}\right)^2}} - \sqrt[3]{\frac{Q}{2} + \sqrt{\left(\frac{P}{3}\right)^3 + \left(\frac{Q}{2}\right)^2}}.$$

Wie bekommt man die anderen Lösungen? In aller Regel hat man ja drei.

Setze $\epsilon := \frac{1}{2}(-1 + i\sqrt{3})$, wobei $i^2 = -1$ sei. Dann ist $\epsilon^2 = \bar{\epsilon}$ die zu ϵ konjugiert komplexe Zahl. Ferner ist $\epsilon^3 = 1$. Setzt man nun

$$y := \epsilon\sqrt[3]{u} - \epsilon^2\sqrt[3]{v},$$

wobei u und v die gleiche Bedeutung wie zuvor haben, so ist, da ja $\epsilon^3 = 1$ ist,

$$y^3 + Py + Q = u - 3\sqrt[3]{u}\sqrt[3]{v}(\epsilon\sqrt[3]{u} - \epsilon^2\sqrt[3]{v}) - v + P(\epsilon\sqrt[3]{u} - \epsilon^2\sqrt[3]{v}) + Q = Q - Py + Py + Q = 0.$$

Da wir bei der letzten Rechnung nur benutzt haben, dass $\epsilon^3 = 1$ ist, können wir in ihr ϵ durch ϵ^2 und auch durch 1 ersetzen und erhalten auf diese Weise alle Lösungen der Hilfsgleichung und dann auch alle Lösungen der Ausgangsgleichungen.

Bemerkenswert ist das Folgende. Ist

$$\left(\frac{P}{3}\right)^3 + \left(\frac{Q}{2}\right)^2 < 0,$$

so ist $\bar{u} = -v$ und $\bar{v} = -u$. Daher ist

$$\bar{y} = \epsilon^2\sqrt[3]{\bar{u}} - \epsilon\sqrt[3]{\bar{v}} = \epsilon^2\sqrt[3]{-v} - \epsilon\sqrt[3]{-u} = y.$$

Dies zeigt, dass in diesem Falle alle Lösungen reell sind.

Schließlich betrachten wir noch biquadratische Gleichungen. Hier zunächst das auch in Cardanos *ars magna* stehende Beispiel

$$x^4 + 6x^2 + 36 = 60x.$$

Indem man $6x^2$ zu dieser Gleichung addiert, erhält man

$$(x^2 + 6)^2 = 6x^2 + 60x.$$

Die Gleichung wäre einer Lösung zugänglich, wenn $6x^2 + 60x$ ein Quadrat wäre. Es ist dies aber nicht. Es wird nun versucht, zu dieser Gleichung einen in x quadratischen Ausdruck hinzuzufügen, so dass rechts und links ein Quadrat entsteht. Damit von vornherein klar ist, dass links ein Quadrat entsteht, macht man den Ansatz

$$(x^2 + 6)^2 + 2b(x^2 + 6) + b^2 = 6x^2 + 60x + 2b(x^2 + 6) + b^2,$$

wobei $b \geq 0$ sei. Dann ist

$$(x^2 + 6 + b)^2 = 6x^2 + 60x + 2b(x^2 + 6) + b^2$$
$$= (6 + 2b)x^2 + 60x + 12b + b^2$$
$$= (6 + 2b)\left(x^2 + 2\frac{30}{6 + 2b}x + \frac{12b + b^2}{6 + 2b}\right).$$

Hierin ist $6 + 2b > 0$, also ein Quadrat. Damit der Ausdruck in der zweiten Klammer ein Quadrat wird, muss

$$\left(\frac{30}{6 + 2b}\right)^2 = \frac{12b + b^2}{6 + 2b}$$

sein. Hieraus folgt für b die Bedingung

$$450 = (3 + b)(12b + b^2),$$

also eine Gleichung dritten Grades. Gleichungen dritten Grades können wir aber mittlerweile lösen, so dass wir in der Tat ein b finden, dass diese Gleichung löst. Mit diesem b folgt

$$(x^2 + 6 + b)^2 = (6 + 2b)\left(x + \frac{30}{6 + 2b}\right)^2$$

und damit

$$x^2 + 6 + b = \pm\sqrt{6 + 2b}\left(x + \frac{30}{6 + 2b}\right).$$

Diese beiden quadratischen Gleichungen lassen sich natürlich wieder lösen, womit wir für die Ausgangsgleichung vier Lösungen erhalten. Der Leser prüfe sein Können, und berechne diese Lösungen.

Das allgemeine Verfahren liest sich wie folgt. Die zu lösende biquadratische Gleichung sei

$$x^4 + px^3 + qx^2 + rx + s = 0.$$

Man addiere auf der linken Seite $(ux + v)^2$, wobei u und v so gewählt sein sollen, dass es ein w gibt, so dass die Summe gleich

$$\left(x^2 + \frac{1}{2}(px + w)\right)^2$$

ist. Nimmt man an, man hätte solche u, v und w gefunden, so ergibt sich für die linke Seite

$$x^4 + px^3 + qx^2 + rx + s + u^2x^2 + 2uxv + v^2$$
$$= x^4 + px^3 + (q + u^2)x^2 + (r + 2uv)x + s + v^2$$

und für die rechte Seite

$$x^4 + \frac{p^2}{4}x^2 + \frac{w^2}{4} + px^3 + wx^2 + \frac{pw}{2}x = x^4 + px^3 + \left(\frac{p^2}{4} + w\right)x^2 + \frac{pw}{2}x + \frac{w^2}{4}.$$

Es folgt

$$q + u^2 = \frac{p^2}{4} + w$$
$$r + 2uv = \frac{pw}{2}$$
$$s + v^2 = \frac{w^2}{4}.$$

Aus der ersten und der letzten Gleichung ergibt sich

$$u^2 = \frac{p^2}{4} + w - q$$
$$v^2 = \frac{w^2}{4} - s.$$

Aus der mittleren Gleichung ergibt sich dann

$$\left(\frac{pw}{2} - r\right)^2 = 4u^2v^2 = 4\left(\frac{p^2}{4} - q + w\right)\left(\frac{w^2}{4} - s\right)$$
$$= \left(\frac{p^2}{4} - q\right)w^2 + w^3 - (p^2 - 4q)s - 4ws.$$

Nach einigen weiteren Umformungen erhält man hieraus für w die Gleichung

$$w^3 - qw^2 + (pr - 4s)w - (r^2 + p^2 - 4qs) = 0.$$

Diese Gleichung aber können wir lösen. Dann berechnet sich u aus der ersten der obigen Gleichungen und anschließend v aus der zweiten. Mit diesen Werten erhält man dann

$$\left(x^2 + \frac{p}{2}(x + w)\right)^2 = (ux + v)^2.$$

Hieraus folgen nun die quadratischen Gleichungen

$$x^2 + \frac{p}{2}(x + w) + ux + v = 0$$

und
$$x^2 + \frac{p}{2}(x + w) - ux - v = 0.$$

Die Lösungen dieser quadratischen Gleichungen sind dann schließlich die Lösungen der Ausgangsgleichung.

Mehr an Einzelheiten findet der Leser in Dörrie 1948.

Aufgaben

1. Berechnen Sie die Lösungen der Gleichung $x^3 - 9x^2 + 21x - 5 = 0$.

2. Die Gleichung $x^3 + 3x - 14 = 0$ hat nur eine positive Lösung, die man sofort sieht. Berechnen Sie dennoch diese Nullstelle mittels obiger Methode.

3. Die Gleichung $x^3 = \sqrt{50} + 7$ hat eine Lösung in $\mathbf{Q}[\sqrt{2}]$.

25. Die Kreisteilungspolynome

Als nächstes werden wir die Kreisteilungspolynome etwas näher untersuchen. Zu ihrer Definition bedienen wir uns der primitiven n-ten Einheitswurzeln. Ihrer Existenz kann man sich auf dreierlei Art versichern.

Wir können uns darauf berufen, dass das Polynom $x^n - 1$ über $\mathbf{C}$ vollständig in Linearfaktoren zerfällt, da $\mathbf{C}$ ja algebraisch abgeschlossen ist. Wir könnten uns auch auf die Analysis berufen, die uns sagt, dass

$$e^{\frac{2\pi i}{n}} = \cos\frac{2\pi}{n} + i\sin\frac{2\pi}{n}$$

eine primitive n-te Einheitswurzel ist. Schließlich könnten wir uns auch darauf berufen, dass $x^n - 1$ einen Zerfällungskörper über $\mathbf{Q}$ hat. Bleiben wir bei der ersten Interpretation. Sie liefert gleichzeitig auch eine Begründung für den Namen „Kreisteilungspolynom". Fasst man nämlich die Nullstellen von $x^n - 1$ als Punkte der gaußschen Zahlenebene auf, so sind diese Punkte gerade die Eckpunkte eines dem Einheitskreise einbeschriebenen regulären n-Ecks.

Die Elemente der Menge W_n aller Nullstellen von $x^n - 1$ nennen wir *n-te Einheitswurzeln*. Diese Menge ist multiplikativ abgeschlossen und daher wegen ihrer Endlichkeit eine Untergruppe der multiplikativen Gruppe von $\mathbf{C}$. Da die Ableitung nx^{n-1} dieses Polynoms mit ihm keinen Faktor gemeinsam hat, hat $x^n - 1$ genau n Nullstellen. Somit bilden die *n-ten Einheitswurzeln* eine Untergruppe der Ordnung n von $\mathbf{C}^*$. Nach Aufgabe 6 von Abschnitt 6 ist W_n zyklisch. Es gibt somit $\varphi(n)$ primitive n-te Einheitswurzeln in $\mathbf{C}$, wobei φ wieder die eulersche Totientenfunktion bezeichne. Diese Menge bezeichnen wir mit PnE.

Ist $n \in \mathbf{N}$, so setzen wir

$$\Phi_n := \prod_{\lambda \in \text{PnE}} (x - \lambda)$$

und nennen dieses Polynom *n-tes Kreisteilungspolynom*. Es gilt dann

$$\text{Grad}(\Phi_n) = \varphi(n).$$

Weil jede n-te Einheitswurzel eine primitive d-te Einheitswurzel ist für einen Teiler d von n, gilt ferner

$$x^n - 1 = \prod_{d|n} \Phi_d.$$

Dies sind die grundlegenden Eigenschaften der Kreisteilungspolynome, die unmittelbar aus ihrer Definition folgen.

Es ist $\Phi_1 = x - 1$. Ist p eine Primzahl, so ist

$$x^p - 1 = (x - 1)\Phi_p$$

und folglich

$$\Phi_p = \sum_{i:=0}^{p-1} x^i.$$

Weitere wichtige Eigenschaften der Kreisteilungspolynome fassen wir im folgenden Satz zusammen. Zuvor jedoch noch eine Definition. Das Polynom $f = \sum_{i:=0}^{n} a_i x^i \in \mathbf{Z}[x]$ heißt *primitiv*, falls $\mathrm{ggT}(a_0, \dots, a_n) = 1$ ist.

Satz 1. *Ist $n \in \mathbf{N}$, so gilt*
   a) Der Leitkoeffizient von Φ_n ist 1.
   b) Es ist $\Phi_1(0) = -1$ und $\Phi_n(0) = 1$ für $n > 1$.
   c) Es ist $\Phi_n \in \mathbf{Z}[x]$.
   d) Φ_n ist primitiv.

Beweis. a) folgt unmittelbar aus der Definition von Φ_n.

b) Es ist $\Phi_1 = x - 1$ und $\Phi_2 = x + 1$. Daher gilt b) in diesen beiden Fällen. Es sei $n \geq 3$ und es gelte $\Phi_d(0) = 1$ für alle d mit $1 < d < n$. Dann ist

$$-1 = \prod_{d|n} \Phi_d(0) = -\Phi_n(0),$$

so dass auch b) gilt.

c) Es ist $\Phi_1 = x - 1 \in \mathbf{Z}[x]$. Es sei $n > 1$ und es gelte $\Phi_d \in \mathbf{Z}[x]$ für alle $d < n$. Setze

$$g := \prod_{d|n;\ d<n} \Phi_d.$$

Dann ist $g \in \mathbf{Z}[x]$ nach Induktionsannahme und der Leitkoeffizient von g ist nach a) gleich 1. Ferner gilt

$$x^n - 1 = g \Phi_n.$$

Nach Satz 8 von Abschnitt 14 führt die Division mit Rest von $x^n - 1$ durch g nicht aus $\mathbf{Z}[x]$ heraus, so dass auf Grund dieses Satzes $\Phi_n \in \mathbf{Z}[x]$ gilt.

   d) Dies folgt aus a) und c).

Eine abelsche Gruppe A heißt *noethersch*, falls jede nicht leere Menge Φ von Untergruppen von A ein bezüglich der Inklusion als Teilordnung maximales Element enthält. Dabei heißt ein Element $M \in \Phi$ *maximal*, falls aus $X \in \Phi$ und $M \subseteq X$ die Gleichung $M = X$ folgt.

Gruppen, Ringe, Moduln, etc., die die Maximalbedingung für Untergruppen, Ideale, Teilmoduln, etc., erfüllen, noethersch zu nennen, geschieht, um eine bemerkenswerte Frau zu ehren, die maßgeblich an dem Wandel der Mathematik hin zur Strukturmathematik dieses Jahrhunderts mitgewirkt hat. Emmy Noether (1882–1935) zählt zu den ganz großen Mathematikern — Deutsch ist nun mal so — dieses Jahrhunderts. Ihr Vater war Max Noether, der einen Lehrstuhl für Mathematik an der Universität Erlangen inne hatte. Sie war Schülerin von Paul Gordan und promovierte 1908 in Erlangen. Als Frau hatte sie trotz der Unterstützung David Hilberts und Felix Kleins erhebliche berufliche Schwierigkeiten und als Tochter jüdischer Eltern war sie durch die Nazis bedroht, so dass sie Deutschland 1933 verließ und in die USA ging. Wer mehr über diese Frau wissen möchte, sei an Dick 1981 verwiesen.

Satz 2. *Ist A eine abelsche Gruppe und ist B eine Untergruppe von A, so dass A/B und B noethersch sind, so ist auch A noethersch.*

Beweis. Es sei Φ eine nicht leere Menge von Untergruppen von A. Dann ist $\Psi :=$ $\{(X + B)/B \mid X \in \Phi\}$ eine nicht leere Menge von Untergruppen von A/B. Nach Voraussetzung gibt es ein $X \in \Phi$, so dass $(X + B)/B$ maximal in Ψ ist. Setze

$$\Phi_X := \{Y \mid Y \in \Phi, X \subseteq Y\}.$$

Dann ist

$$(X + B)/B \subseteq (Y + B)/B$$

für alle $Y \in \Phi_X$. Es folgt $Y + B = X + B$ für alle $Y \in \Phi_X$. Weil B noethersch ist, gibt es ein $Y \in \Phi_X$, so dass $Y \cap B$ in der Menge

$$\{Z \cap B \mid Z \in \Phi_X\}$$

maximal ist. Es sei $U \in \Phi$ und es gelte $Y \subseteq U$. Wegen $X \subseteq Y$ ist dann $U \in \Phi_X$ und folglich

$$U + B = X + B = Y + B$$

und

$$U \cap B = Y \cap B.$$

Mit Hilfe des modularen Gesetzes folgt

$$U = U \cap (U + B) = U \cap (Y + B) = Y + (U \cap B) = Y + (Y \cap B) = Y.$$

Damit ist die Maximalität von Y in Φ bewiesen, so dass A in der Tat noethersch ist.

Das modulare Gesetz lautet: Sind A, B, C Teilmoduln des R-Moduls M, wobei R ein nicht notwendig kommutativer Ring mit 1 sei, und gilt $B \subseteq A$, so ist

$$A \cap (B + C) = B + (A \cap C).$$

Der einfache Beweis dieser Tatsache sei dem Leser als Übungsaufgabe überlassen.

Mit Hilfe des gerade bewiesenen Satzes ist es einfach mittels Induktion den folgenden Satz zu beweisen.

Satz 3. *Ist A eine endlich erzeugte abelsche Gruppe, so ist A noethersch.*

Beweis. Es sei $A = \sum_{i:=1}^{n} a_i \mathbf{Z}$. Ist $n = 1$, so ist A zyklisch. Ist $o(a_1) > 0$, so ist A endlich und daher noethersch. Ist $o(a_1) = 0$, so ist A zu $(\mathbf{Z}, +)$ isomorph und daher ebenfalls noethersch. Es sei also $n > 1$. Setze $B := \mathbf{Z}a_n$. Dann ist B noethersch, wie gerade gesehen. Ferner wird A/B von $a_1 + B, \ldots, a_{n-1} + B$ erzeugt, ist daher nach Induktionsannahme noethersch, so dass A nach Satz 2 noethersch ist.

Satz 4. Φ_n *ist für alle* $n \in \mathbf{N}$ *irreduzibel über* $\mathbf{Q}$.

Beweis. Wir zeigen zunächst, dass Φ_n in $\mathbf{Z}[x]$ irreduzibel ist. Dass Φ_n dann auch als Polynom in $\mathbf{Q}[x]$ irreduzibel ist, zeigen die Übungsaufgaben zu diesem Abschnitt. Es sei f ein irreduzibles Polynom aus $\mathbf{Z}[x]$, welches Φ_n teilt. Weil Φ_n den Leitkoeffizient 1 hat, hat f den Leitkoeffizient 1 oder -1. Wir dürfen daher annehmen, dass auch f den Leitkoeffizient 1 hat. Zuächst bemerken wir, dass es genügt zu zeigen, dass aus $f(\zeta) = 0$ folgt, dass $f(\zeta^p) = 0$ ist für alle Primzahlen p, die n nicht teilen. Ist nämlich ξ eine von ζ verschiedene primitive $n$te Einheitswurzel, so ist $\xi = \zeta^i$ mit $i > 1$ und $\mathrm{ggT}(i, n) = 1$. Es gibt dann eine Primzahl p, die i teilt. Setzt man $\eta := \zeta^p$, so ist also $f(\eta) = 0$. Induktion liefert

$$f(\zeta^i) = f(\eta^{ip^{-1}}) = 0,$$

so dass alle primitiven n-ten Einheitswurzeln Nullstellen von f sind, falls f wenigstens eine Nullstelle hat. Weil f als irreduzibles Polynom aber mindestens den Grad 1 hat, hat f eine Nullstelle in $\mathbf{C}$. Es folgt $\mathrm{Grad}(f) = \mathrm{Grad}(\Phi_n)$, so dass Φ_n irreduzibel ist.

Es sei ζ eine Nullstelle von f. Wir bezeichnen mit $\mathbf{Z}[\zeta]$ den Ring, den man erhält, wenn man im Polynomring $\mathbf{Z}[x]$ in der Unbestimmten x über $\mathbf{Z}$ die Unbestimmte x durch ζ ersetzt. Dann ist $\mathbf{Z}[\zeta]$ zu $\mathbf{Z}[x]/f\mathbf{Z}[x]$ isomorph. Insbesondere hat jedes Element aus $\mathbf{Z}[\zeta]$, wenn r der Grad von f ist, die Form

$$z_0 + z_1\zeta + \ldots + z_{r-1}\zeta^{r-1},$$

so dass $\mathbf{Z}[\zeta]$ sogar als abelsche Gruppe endlich erzeugt ist. Somit ist $\mathbf{Z}[\zeta]$ als abelsche Gruppe und dann erst recht als Ring noethersch. Dabei heißt ein Ring *noethersch*, wenn jede nicht leere Menge von Idealen des Ringes ein bzg. der Inklusion als Teilordnung maximales Ideal enthält.

Es sei nun p eine Primzahl, die n nicht teilt. Es gibt dann ein Ideal P von $\mathbf{Z}[\zeta]$, welches maximal ist unter allen von $\mathbf{Z}[\zeta]$ verschiedenen Idealen dieses Ringes, die p enthalten, da $\mathbf{Z}[\zeta]$ ja noethersch ist. Weil jedes Ideal, welches oberhalb P liegt, ebenfalls p enthält, ist P sogar maximales Ideal von $\mathbf{Z}[\zeta]$, so daß $K := \mathbf{Z}[\zeta]/P$ ein Körper ist. Wegen $p \in P$ ist die Charakteristik von K gleich p. Weil f Teiler von Φ_n ist, sind die Nullstellen von f allesamt primitive n-te Einheitswurzeln. Es gibt daher natürliche Zahlen $b(1), \ldots, b(r-1)$, so dass $\zeta, \zeta^{b(1)}, \ldots, \zeta^{b(r-1)}$ die Nullstellen von f sind. Setze $\sigma := \zeta + P$. Weil p kein Teiler von n ist, hat $x^n - 1$ auch über K keine mehrfachen Nullstellen. Daher sind die Elemente

$$\sigma, \sigma^{b(1)}, \ldots, \sigma^{b(r-1)}$$

paarweise verschieden. Es sei $f = \sum_{i:=0}^{r} a_i x^i$ und

$$g := \sum_{i:=0}^{r} (a_i + P)x^i.$$

Dann ist

$$g = (a_r + P) \prod_{i:=0}^{r-1} (x - \sigma^{b(i)}).$$

wobei $b(0) := 1$ gesetzt wurde. Nun ist, da ja $a_i^p \equiv a_i \bmod p$ ist,

$$g(\sigma^p) = \sum_{i:=0}^{r} (a_i + P)\sigma^{pi} = \sum_{i:=0}^{r} (a_i^p + P)\sigma^{pi} = g(\sigma)^p = 0.$$

Es gibt daher ein i mit $\sigma^p = \sigma^{b(i)}$. Hieraus folgt $\zeta^p = \zeta^{b(i)}$ und damit $f(\zeta^p) = 0$. Damit ist die Irreduzibilität von Φ_n bewiesen.

Wir setzen $\mathbf{Q}_n := \mathbf{Q}[x]/\Phi_n\mathbf{Q}[x]$ und nennen $\mathbf{Q}_n$ den n-ten *Kreisteilungskörper*. Er hat den Grad $\varphi(n)$ über $\mathbf{Q}$. Für ihn gilt:

Satz 5. $\mathbf{Q}_n$ *ist der Zerfällungskörper von* Φ_n. *Die Automorphismengruppe von* $\mathbf{Q}_n$ *ist isomorph zur Einheitengruppe des Ringes* $\mathbf{Z}/n\mathbf{Z}$.

Beweis. Auf Grund von Satz 1 von Abschnitt 17 hat Φ_n eine Nullstelle ζ in $\mathbf{Q}_n$. Weil alle n-ten Einheitswurzeln Potenzen von ζ sind, liegen sie alle in $\mathbf{Q}_n$. Insbesondere liegen dann auch alle primitiven n-ten Einheitswurzeln in $\mathbf{Q}_n$, so dass $\mathbf{Q}_n$ in der Tat der Zerfällungskörper von Φ_n ist.

Es ist $\mathbf{Q}[\zeta] = \mathbf{Q}_n$. Ist η eine zweite primitive n-te Einheitswurzel, so gibt es eine zu n teilerfremde natürliche Zahl i mit $\eta = \zeta^i$. Mittels Satz 2 von Abschnitt 1 folgt die Existenz eines Automorphismus σ_i von $\mathbf{Q}_n = \mathbf{Q}[\zeta]$ auf $\mathbf{Q}_n = \mathbf{Q}[\zeta^i]$ mit

$$\zeta^{\sigma_i} = \zeta^i.$$

Ist j eine zweite zu n teilerfremde Zahl, so folgt

$$\zeta^{\sigma_i\sigma_j} = (\zeta^j)^i = \zeta^{ji} = \zeta^{ij} = \zeta^{\sigma_{ij}}.$$

Hieraus folgt, weil alle Elemente von $\mathbf{Q}$ unter den σ_k festbleiben, dass $\sigma_i\sigma_j = \sigma_{ij}$ ist. Folglich ist σ ein Homomorphismus und, weil σ offensichtlich injektiv ist, dann auch ein Monomorphismus der Einheitengruppe von $\mathbf{Z}/n\mathbf{Z}$ in die Automorphismengruppe von $\mathbf{Q}_n$. Es sei nun α ein Automorphismus von $\mathbf{Q}_n$. Dann lässt α alle Elemente von $\mathbf{Q}$ invariant und bildet offenkundig auch primitive n-te Einheitswurzeln auf ebensolche ab. Es gibt also eine zu n teilerfremde natürliche Zahl i mit $\zeta^\alpha = \zeta^i$. Es folgt $\alpha = \sigma_i$, so dass σ auch surjektiv ist. Damit ist alles bewiesen.

Weil die Kreisteilungspolynome ganzzahlige Koeffizienten haben, kann man sie als Polynome über einem jeglichen Körper auffassen. Das werden wir uns zu Nutze machen. Es sei L eine Erweiterung von K und ζ sei eine primitive n-te Einheitswurzel von L. Dann ist ζ Nullstelle von $x^n - 1$. Weil

$$x^n - 1 = \prod_{d|n} \Phi_d$$

ist, gibt es einen Teiler d von n mit $\Phi_d(\zeta) = 0$. Dann ist aber auch $\zeta^d = 1$ und folglich $d = n$, da ζ ja primitive n-te Einheitswurzel ist.

Satz 6. *Es sei* L *eine Erweiterung des Körpers* K *und* $\zeta \in L$ *sei eine primitive n-te Einheitswurzel. Dann ist* $\mathrm{Char}(K)$ *kein Teiler von* n. *Weiter gilt, dass* $K[\zeta]$ *der*

Zerfällungskörper von $x^n - 1$ über K ist und dass die Galoisgruppe dieser Erweiterung zu einer Untergruppe der Einheitengruppe von $\mathbf{Z}/n\mathbf{Z}$ isomorph ist.

Beweis. Es sei p die Charakteristik von K und p teile n. Dann ist $n = pm$ mit einer natürlichen Zahl m. Es folgt

$$0 = \zeta^n - 1 = (\zeta^m - 1)^p,$$

so dass ζ eine m-te Einheitswurzel wäre, was dem Primitivsein von ζ widerspräche.

Weil jede n-te Einheitswurzel Potenz von ζ ist, enthält $K[\zeta]$ alle n-ten Einheitswurzeln, so dass $K[\zeta]$ der Zerfällungskörper von $x^n - 1$ ist. Es sei $\sigma \in G(K[\zeta] : K)$. Es gibt dann ein $i(\sigma) \in \{0, \ldots, n-1\}$ mit

$$\zeta^\sigma = \zeta^{i(\sigma)}.$$

Ist auch noch $\tau \in G(K[\zeta] : K)$, so folgt

$$\zeta^{i(\sigma\tau)} = \zeta^{\sigma\tau} = \zeta^{i(\sigma)\tau}$$
$$= \zeta^{\tau i(\sigma)} = \zeta^{i(\tau)i(\sigma)}$$
$$= \zeta^{i(\sigma)i(\tau)}.$$

Also ist

$$i(\sigma\tau) \equiv i(\sigma)i(\tau) \bmod n.$$

Weil auch ζ^σ eine primitive n-te Einheitswurzel ist, ist $i(\sigma)$ zu n teilerfremd. Folglich ist i ein Homomorphismus von $G(K[\zeta] : K)$ in die Einheitengruppe von $\mathbf{Z}/n\mathbf{Z}$. Ist schließlich $i(\sigma) = 1$, so ist $\sigma = 1$. Also ist σ ein Monomorphismus von $G(K[\zeta] : K)$ in die Einheitengruppe von $\mathbf{Z}/n\mathbf{Z}$.

Aufgaben

1. Schönemannsches Irreduzibilitätskriterium. Es sei $f = \sum_{i:=0}^{n} a_i x^i \in \mathbf{Z}[x]$ ein Polynom mit ganzzahligen Koeffizienten. Ferner sei $\mathrm{ggT}(a_0, \ldots, a_n) = 1$. Ist p eine Primzahl, ist p Teiler von $a_0, \ldots, a_{n-1}$, ist aber p^2 kein Teiler von a_0, so ist f in $\mathbf{Z}[x]$ irreduzibel.

2. Sind $f, g \in \mathbf{Z}[x]$ primitive Polynome, so ist auch fg primitiv.

3. Es sei $f \in \mathbf{Z}[x]$ ein Polynom über $\mathbf{Z}$. Ist f irreduzibel, so ist f auch als Polynom über $\mathbf{Q}$ irreduzibel. (Hierin liegt die Bedeutung des schönemannschen Irreduzibilitätskriteriums. Es erweist gewisse Polynome als irreduzibel über $\mathbf{Z}$. Diese sind es dann auch über $\mathbf{Q}$.

Überlegen Sie sich zunächst, dass sich jedes Polynom g über $\mathbf{Q}$, vom Vorzeichen abgesehen, auf genau eine Weise als $g = rh$ mit einem $r \in \mathbf{Q}$ und einem primitiven Polynom $h \in \mathbf{Z}[x]$ darstellen lässt und benutzen Sie Aufgabe 2.

Viele Autoren nennen das schönemannsche Irreduzibilitätskriterium eisensteinsches I.k. Dies übersieht, dass Schönemann das Kriterium schon vier Jahre vor Eisenstein publizierte.)

4. Sind m, $n \in \mathbf{N}$, so ist Φ_{mn} Teiler von $\Phi_n(x^m)$.

5. Sind m, $n \in \mathbf{N}$ und ist jeder Primteiler von m auch Teiler von n, so ist $\Phi_{mn} = \Phi_n(x^m)$.

6. Sind m, $n \in \mathbf{N}$ teilerfremd, ist $n > 1$, falls $m = 2$ ist, und ist W die Menge der primitiven m-ten Einheitswurzeln, so ist

$$\Phi_{mn} = \prod_{\zeta \in W} \Phi_n(\zeta x).$$

7. Ist $n \in \mathbf{N}$ und ist p eine n nicht teilende Primzahl, so ist

$$\Phi_n \Phi_{np} = \Phi_n(x^p).$$

8. Berechnen Sie Φ_{105}.

9. Es sei $\Phi_n = \sum_{i:=0}^{\varphi(n)} a_i x^i$. Zeigen Sie, dass $a_i = a_{\varphi(n)-i}$ gilt für alle $i := 0, \ldots, \varphi(n)$, falls nur $n > 1$ ist. (Betrachten Sie $x^{\varphi(n)} \Phi_n(x^{-1})$.)

10. Es sei p eine Primzahl und q sei Potenz von p. Ferner sei n eine nicht durch p teilbare natürliche Zahl. Fasst man das n-te Kreisteilungspolynom Φ_n als Polynom über GF(q) auf, so zerfällt Φ_n in irreduzible Polynome. Bestimmen Sie die Grade dieser irreduziblen Polynome.

26. Endliche abelsche Gruppen

Schon endliche p-Gruppen gibt es in solcher Fülle, dass es aussichtslos ist, einen Überblick über alle endlichen Gruppen zu gewinnen. Im Gegensatz dazu ist es aber möglich, die Struktur endlicher abelscher Gruppen vollständig aufzuklären. Sie sind nämlich allesamt direkte Produkte von zyklischen Gruppen, wie wir nun sehen werden. Diese Kenntnis werden wir uns bei der Untersuchung der Charaktergruppe einer endlichen abelschen Gruppe zu Nutze machen. Diese werden wir wiederum bei unseren körpertheoretischen Studien benötigen.

Wir werden uns in diesem Abschnitt auf das Nötigste beschränken. Was man aus Satz 1 und seinem Beweis alles noch herausholen kann, kann der Leser an Hand von Lüneburg 1987 und Lüneburg 1993 lernen.

Satz 1. *Ist A eine endliche abelsche Gruppe, so ist A direktes Produkt von zyklischen Gruppen.*

Beweis. Weil A als abelsche Gruppe nilpotent ist, ist A direktes Produkt ihrer Sylowgruppen. Wir dürfen daher annehmen, dass A eine p-Gruppe ist. Es sei a ein Element maximaler Ordnung von A. Ferner sei $o(a) = p^n$. Setze $B = \langle a \rangle$. Wenn der Satz richtig ist, dann muss B ein direkter Summand von A sein. Dies zur Didaktik, die hier einfach ist. Der Beweis, dass dies so ist, ist aber nicht ganz Ohne.

1) *Ist $x \in A$ und $m \in \mathbf{Z}$ und gilt $x^m \in B$, so gibt es ein $y \in B$ mit $x^m = y^m$.*

Ist $x^m = 1$, so tut's $y := 1$. Es sei also $x^m \neq 1$. Ferner sei $m = p^i s$ mit einem nicht durch p teilbaren s. Es gibt dann $u, v \in \mathbf{Z}$ mit $1 = us + vp^n$. Es folgt

$$p^i = up^i s + vp^{n+i} = um + vp^{n+i}.$$

Wegen der Maximalität von $o(a)$ folgt $x^{p^n} = 1$. Also ist

$$x^{p^i} = x^{um} x^{vp^{n+i}} = x^{um} \in B.$$

Wegen $B = \langle a \rangle$ gibt es ein $t \in \mathbf{N}_0$ mit

$$x^{p^i} = a^t.$$

Wegen $x^m \neq 1$ und $\mathrm{ggT}(p, u) = 1$ ist $a^t = x^{p^i} = x^{um} \neq 1$. Somit ist p^n kein Teiler von t. Ist $o(x) = p^j$, so folgt ferner $j > i$. Es ist

$$1 = x^{p^j} = (x^{p^i})^{p^{j-i}} = a^{tp^{j-i}},$$

so dass p^n Teiler von tp^{j-i} ist. Wegen der Maximalität von $o(a) = p^n$ ist $n \geq j$ und daher $n - j + i \geq i \geq 0$. Folglich ist p^{n-j+i} und damit p^i Teiler von t. Es ist also $t = p^i k$ mit $k \in \mathbf{N}$. Setze $y := a^k$. Dann ist $y \in B$ und, da ja $m = p^i s$ ist,

$$x^m = x^{p^i s} = a^{ts} = a^{p^i ks} = y^m.$$

Dies beweist 1).

2) *Es sei $xB \in A/B$. Es gibt dann ein $z \in xB$ mit $o(z) = o(xB)$.*

Setze $m := o(xB)$. Dann ist $x^m \in B$. Nach 1) gibt es ein $y \in B$ mit $y^m = x^m$. Setze $z := xy^{-1}$. Dann ist $z^m = x^m y^{-m} = 1$ und folglich $o(z) \leq m$. Andererseits ist $zB = xB$ und $(zB)^{o(z)} = B$, so dass m Teiler von $o(z)$ ist. Also ist $o(z) = m$.

Nach diesen Vorbereitungen sind wir in der Lage, den Satz zu beweisen. Dazu machen wir Induktion nach $|A|$. Es sei $a \in A$ ein Element maximaler Ordnung und es sei $B := \langle a \rangle$. Dann ist $|A/B| < |A|$. Somit ist

$$A/B = Z_1 \times \ldots \times Z_t$$

mit zyklischen Gruppen Z_i. Es sei $Z_i = \langle x_i B \rangle$ für $i := 1, \ldots, t$. Nach 2) gibt es ein $z_i \in x_i B$ mit $o(z_i) = o(x_i B)$. Setze $C_i := \langle z_i \rangle$. Ist $x \in A$, so ist $xB \in A/B$. Es gibt also $n_i \in \mathbf{N}_0$ mit

$$xB = \prod_{i:=1}^{t} (z^i B)^{n_i} = \left(\prod_{i:=1}^{t} z_i^{n_i}\right) B.$$

Es gibt dann auch ein $m \in \mathbf{N}_0$ mit

$$x = \left(\prod_{i:=1}^{t} z_i^{n_i}\right) a^m.$$

Also ist $A = (\prod_{i:=1}^{t} C_i) B$.

Neben $x = (\prod_{i:=1}^{t} z_i^{n_i}) a^m$ gelte auch $x = (\prod_{i:=1}^{t} z_i^{b_i}) a^c$. Dann ist

$$1 = xx^{-1} = \left(\prod_{i:=1}^{t} z_i^{n_i - b_i}\right) a^{m-c}.$$

Es folgt

$$B = \prod_{i:=1}^{t} (z_i^{n_i - b_i} B).$$

Weil A/B das direkte Produkt der Z_i ist, folgt, dass $o(z_i B)$ Teiler von $n_i - b_i$ ist. Nun ist aber $o(z_i) = o(z_i B)$. Folglich ist $z_i^{n_i - b_i} = 1$ und damit $1 = a^{m-c}$. Folglich ist $A = C_1 \times \ldots \times C_t \times B$, q. e. d.

Anmerkung. Es gibt viele Möglichkeiten der Zerlegung von A in zyklische Gruppen. Siehe hierzu den Aufgabenteil.

Ist G eine endliche Gruppe, so ist

$$\exp(G) := \mathrm{kgV}\big(o(g) \mid g \in G\big)$$

der *Exponent* von G. Insbesondere ist $g^{\exp(G)} = 1$ für alle $g \in G$.

Es sei A eine endliche abelsche Gruppe vom Exponenten e und K sei ein Körper, der eine primitive e-te Einheitsurzel enthält. Es sei W die Gruppe der e-ten Einheitswurzeln von K. Nach Satz 6 von Abschnitt 25 ist die Charakteristik von K kein Teiler von e und W ist zyklisch der Ordnung e. Mit A° bezeichnen wir die Menge der Homomorphismen von A in W. Ist $\chi \in A^\circ$, so heißt χ auch *Charakter* von W.

Sind $\chi, \psi \in A^\circ$, so definieren wir $\chi\psi$ punktweise durch

$$(\chi\psi)(a) := \chi(a)\psi(a)$$

für alle $a \in A$. Es folgt

$$(\chi\psi)(ab) = \chi(ab)\psi(ab) = \chi(a)\chi(b)\psi(a)\psi(b)$$
$$= \chi(a)\psi(a)\chi(b)\psi(b) = (\chi\psi)(a)(\chi\psi)(b).$$

Also ist $\chi\psi \in A^\circ$. Triviale Rechnungen zeigen, dass $(A^\circ, \cdot)$ eine Gruppe ist, die *Charaktergruppe* von A. Das Einselement dieser Gruppe ist der durch $1(a) := 1$ definierte Homomorphismus 1 von A in W.

Satz 2. *Ist A eine endliche abelsche Gruppe vom Exponenten e und ist K ein Körper, der eine primitive e-te Einheitswurzel enthält, so sind A und A° isomorph.*

Beweis. Nach Satz 1 ist A direktes Produkt von zyklischen Gruppen $Z_1, \dots, Z_t$. Es sei $Z_i = \langle z_i \rangle$. Setze $n_i := o(z_i)$. Ist ζ eine primitive e-te Einheitswurzel von K, so ist

$$\zeta_i := \zeta^{e n_i^{-1}}$$

eine primitive n_i-te Einheitswurzel. Wir definieren $\chi_i \in A^\circ$ durch

$$\chi_i(z_1^{f_1} \cdots z_t^{f_t}) := \zeta_i^{f_i}.$$

Dann ist $o(\chi_i) = n_i$, wie man sich schnell überzeugt (s. Aufgabe 5)). Ist nun

$$a = z_1^{d_1} \cdots z_t^{d_t},$$

so setzen wir

$$a^\sigma := \chi_1^{d_1} \cdots \chi_t^{d_t}.$$

Wegen $o(\chi_i) = o(z_i)$ ist σ wohldefiniert. Ferner ist $(ab)^\sigma = a^\sigma b^\sigma$, so dass σ ein Homomorphismus von A in A° ist. Ist $a^\sigma = 1$, so ist

$$1 = a^\sigma(z_i) = (\chi_1^{d_1} \cdots \chi_t^{d_t})(z_i)$$
$$= \chi_1(z_i)^{d_1} \cdots \chi_t(z_i)^{d_t} = \zeta_i^{d_i}.$$

Also ist n_i Teiler von d_i für alle i. Folglich ist $a = 1$. Dies zeigt, dass σ injektiv ist.

Sei nun $\chi \in A^\circ$. Dann ist

$$\chi(z_i)^{n_i} = \chi(z_i^{n_i}) = \chi(1) = 1.$$

Es gibt also ein $f_i \in \mathbf{N}$ mit $\chi(z_i) = \zeta^{f_i} = \chi_i(z_i)^{f_i}$. Es sei nun $b \in A$. Dann gibt es e_1, $\ldots, e_t \in \mathbf{N}_0$ mit $b = z_1^{e_1} \cdots z_t^{e_t}$. Dann ist

$$\chi_i(b) = \chi_i(z_i)^{e_i}.$$

Es folgt

$$\chi(b) = \chi(z_1)^{e_1} \cdots \chi(z_t)^{e_t} = \zeta_1^{f_1 e_1} \cdots \zeta_t^{f_t e_t} = \chi_1(z_1)^{f_1 e_1} \cdots \chi_t(z_t)^{f_t e_t}$$
$$= \chi_1(b)^{f_1 e_1} \cdots \chi_t(b)^{f_t e_t} = (\chi_1^{f_1} \cdots \chi_t^{f_t})(b).$$

Also ist $\chi = \chi_1^{f_1} \cdots \chi_t^{f_t} = a^\sigma$, so dass σ surjektiv ist. Damit ist alles bewiesen.

Satz 3. *Es sei A eine endliche abelsche Gruppe vom Exponenten e und K sei ein Körper, der eine primitive e-te Einheitswurzel enthalte. Für $a \in A$ definieren wir $a^\varphi \in A^{\circ\circ}$ durch*

$$a^\varphi(\sigma) = \sigma(a).$$

Dann ist φ ein Isomorphismus von A auf $A^{\circ\circ}$.

Beweis. Es ist
$$\left(a^\varphi(\sigma)\right)^e = \sigma(a)^e = \sigma(a^e) = \sigma(1) = 1,$$

so dass $a^\varphi(\sigma)$ eine e-te Einheitswurzel ist. Ferner ist

$$(ab)^\varphi(\sigma) = \sigma(ab) = \sigma(a)\sigma(b) = a^\varphi(\sigma)b^\varphi(\sigma) = a^\varphi b^\varphi(\sigma)$$

für alle $\sigma \in A^\circ$. Also ist $(ab)^\varphi = a^\varphi b^\varphi$, so dass φ ein Homomorphismus von A in $A^{\circ\circ}$ ist. Es sei $a^\varphi = 1$. Dann ist

$$1 = 1(\sigma) = a^\varphi(\sigma) = \sigma(a)$$

für alle $\sigma \in A^\circ$. Es haben χ_i und z_i die gleiche Bedeutung, die sie beim Beweise von Satz 2 hatten. Dann ist $a = z_1^{d_1} \cdots z_t^{d_t}$ und $\sigma = \chi_1^{f_1} \cdots \chi_t^{f_t}$. Es folgt

$$1 = \chi_1(z_1)^{d_1 f_1} \cdots \chi_t^{d_t f_t} = \zeta_1^{d_1 f_1} \cdots \zeta_t^{d_t f_t}$$

für alle $f_1, \ldots, f_t \in \mathbf{N}_0$. Mit $f_i = 1$ und $f_j = 0$ für $j \neq i$ folgt $1 = \zeta_i^{d_i}$ für alle i und damit $d_i \equiv 0 \bmod n_i$. Dies impliziert $a = 1$, so dass φ injektiv ist. Mit Satz 2 folgt $|A| = |A^\circ| = |A^{\circ\circ}|$, so dass φ auch surjektiv ist.

Aufgaben

1. Es sei G eine endliche nilpotente Gruppe. Es gibt dann ein $g \in G$ mit $o(g) = \exp(G)$. (Betrachten Sie zuerst den Fall, dass G eine p-Gruppe ist.)

2. Zeigen Sie an Hand eines Beispiels, dass es bei nicht nilpotenten Gruppen im Allgemeinen kein Element gibt, dessen Ordnung gleich dem Exponenten der Gruppe ist.

3. Es sei p eine Primzahl und A und B seien zwei endliche abelsche p-Gruppen. Ferner sei A das direkte Produkt der zyklischen Gruppen C_1, ..., C_s und B das direkte Produkt der zyklischen Gruppen D_1, ..., D_t. Schließlich seien die C_i und D_j so numeriert, dass

$$|C_1| \geq |C_2| \geq \ldots \geq |C_s| \geq p$$

und

$$|D_1| \geq |D_2| \geq \ldots \geq |D_t| \geq p$$

ist. Dann ist A genau dann isomorph zu B, wenn $s = t$ und $|C_i| = |D_i|$ ist für $i := 1$, ..., t. (Nicht trivial ist nur, aus der Isomorphie von A und B die Gültigkeit der obigen Bedingungen herzuleiten. Es sei p^e der Exponent von A. Setze

$$A_i := \{a \mid a \in A, a^{p^i} = 1\}$$

für $i := 0$, ..., e und betrachte A_i/A_{i-1}. Dies sind elementarabelsche p-Gruppen. Entsprechend betrachte man auch B_i/B_{i-1}. Dann hilft lineare Algebra weiter.)

4. Dass die Eindeutigkeitsaussage von Aufgabe 3 für beliebige endliche abelsche Gruppen nicht mehr gilt, sieht man schon am Beispiel der zyklischen Gruppe der Ordnung 6, die ja das direkte Produkt der zyklischen Gruppe der Ordnung 2 mit der zyklischen Gruppe der Ordnung 3 ist. Hier ist also $s = 1$ und $t = 2$. Die Aussage gilt aber wieder, wenn man statt der Ordnung $\leq$ die Teilordnung der Teilbarkeit nimmt. Versuchen Sie sich an dieser Aufgabe, aber verschwenden Sie nicht mehr Zeit als eine Woche. Eine Lösung finden Sie in meinen beiden oben genannten Büchern. Die dort beschriebene Lösung benötigt nicht die Faktorisierung von $|A|$, ist also für das wirkliche Rechnen bestens geeignet.

5. Voraussetzungen und Bezeichnungen seien wie bei Satz 2 und seinem Beweis. Zeigen Sie, dass $o(\chi_i) = n_i$ ist.

27. Noethersche Gleichungen

Wir schreiben Abbildungen wieder phönikisch, dh. links vom Argument.

Es sei G eine endliche Gruppe von Automorphismen des Körpers K. Ist $x : G \to K^*$ eine Abbildung von G in K^*, so sagen wir x erfülle die *noetherschen Gleichungen*, falls

$$x_\sigma \sigma(x_\tau) = x_{\sigma\tau}$$

ist für alle $\sigma, \tau \in G$.

Satz 1. *Es sei K ein Körper und G sei eine endliche Gruppe von Automorphismen von K. Genau dann erfüllt die Abbildung x von G in K^* die noetherschen Gleichungen, wenn es ein $a \in K^*$ gibt mit*

$$x_\sigma = \frac{a}{\sigma(a)}$$

für alle $\sigma \in G$.

Beweis. Es sei $a \in K^*$. Definiere x durch $x_\sigma := \frac{a}{\sigma(a)}$. Dann ist

$$x_\sigma \sigma(x_\tau) = \frac{a}{\sigma(a)} \frac{\sigma(a)}{\sigma\tau(a)} = \frac{a}{\sigma\tau(a)} = x_{\sigma\tau}.$$

Es sei umgekehrt x eine Abbildung von G in K^*, die die noetherschen Gleichungen erfülle. Nach Aufgabe 1 von Abschnitt 17 sind die Automorphismen aus G linear unabhängig. Daher gibt es ein $b \in K^*$ mit

$$a := \sum_{\gamma \in G} x_\gamma \gamma(b) \neq 0.$$

Es folgt

$$x_\sigma \sigma(a) = \sum_{\gamma \in G} x_\sigma \sigma(x_\gamma) \sigma\gamma(b) = \sum_{\gamma \in G} x_{\sigma\gamma} \sigma\gamma(b)$$

$$= \sum_{\tau \in G} x_\tau \tau(b) = a.$$

Also ist $x_\sigma = \frac{a}{\sigma(a)}$ für alle $\sigma \in G$. Damit ist alles bewiesen.

Satz 2. *Es sei L eine galoissche Erweiterung von K und G sei die Galoisgruppe dieser Erweiterung. Ist x ein Homomorphismus von G in K^*, so gibt es ein $a \in L^*$ mit*

$$x_\sigma = \frac{a}{\sigma(a)}$$

für alle $\sigma \in G$. Ferner gilt $a^{\exp(G)} \in K$. Ist umgekehrt $a \in L^*$ und $\frac{a}{\sigma(a)} \in K$ für alle $\sigma \in G$, so wird durch $x_\sigma := \frac{a}{\sigma(a)}$ ein Homomorphismus x von G in K^* definiert.

Beweis. Wegen $K = \text{Fix}(G)$ gilt

$$x_{\sigma\tau} = x_\sigma x_\tau = x_\sigma \sigma(x_\tau),$$

so dass x die noetherschen Gleichungen erfüllt. Nach Satz 1 ist daher die Existenz von a gesichert.

Setze $e := \exp(G)$. Dann ist

$$\frac{a^e}{\sigma(a^e)} = \left(\frac{a}{\sigma(a)}\right)^e = x_\sigma^e = x_{\sigma^e} = x_1 = 1.$$

Also ist $\sigma(a^e) = a^e$ für alle $\sigma \in G$ und daher $a^e \in \text{Fix}(G) = K$.

Es sei $\frac{a}{\sigma(a)} \in K$ für alle $\sigma \in G$. Dann ist

$$x_{\sigma\tau} = \frac{a}{\sigma\tau(a)} = \frac{a}{\sigma(a)} \frac{\sigma(a)}{\sigma\tau(a)} = \frac{a}{\sigma(a)} \sigma\left(\frac{a}{\tau(a)}\right)$$
$$= \frac{a}{\sigma(a)} \frac{a}{\tau(a)} = x_\sigma x_\tau.$$

Damit ist alles bewiesen.

Es sei L eine galoissche Erweiterung von K und G sei die Galoisgruppe dieser Erweiterung. Ist $a \in L$, so setzen wir die Normabbildung N von L in K durch

$$N(a) := \prod_{\gamma \in G} \gamma(a).$$

Es gilt $N(ab) = N(a)N(b)$ und $\sigma(N(a)) = N(a)$ für alle $\sigma \in G$, so dass tatsächlich $N(a) \in K$ gilt. Statt N werden wir, wenn es nötig ist, auch $N_{L:K}$ schreiben.

Der nächste Satz stammt aus einer berühmten Arbeit von D. Hilbert (Hilbert 1897). Er trägt in dieser Arbeit die Nummer 90 und so wird er stets als Hilberts Satz 90 zitiert.

Hilberts Satz 90. *Es sei L eine galoissche Erweiterung von K und die Galoisgruppe G dieser Erweiterung sei zyklisch. Ferner sei $G = \langle\sigma\rangle$. Ist $b \in L$, so gilt genau dann $N(b) = 1$, wenn es ein $a \in L^*$ gibt mit $b = \frac{a}{\sigma(a)}$.*

Beweis. Ist $b = \frac{a}{\sigma(a)}$, so ist

$$N(b) = \frac{N(a)}{N(\sigma(a))} = \frac{N(a)}{\sigma(N(a))} = \frac{N(a)}{N(a)} = 1.$$

Es sei umgekehrt $b \in L$ und $N(b) = 1$. Setze $n := [L:K]$. Dann ist

$$N(b) = \prod_{i:=0}^{n-1} \sigma^i(b).$$

Setze

$$x_{\sigma^j} := \prod_{i:=0}^{j-1} \sigma^i(b).$$

Dann ist

$$x_{\sigma^i}\sigma^i(x_{\sigma^k}) = \prod_{j:=0}^{i-1} \sigma^j(b) \prod_{l:=0}^{k-1} \sigma^{i+l}(b)$$

$$= \prod_{j:=0}^{i-1} \sigma^j(b) \prod_{l:=i}^{i+k-1} \sigma^l(b)$$

$$= \prod_{j:=0}^{i+k-1} \sigma^j(b) = x_{\sigma^{i+k}}.$$

Also erfüllt x die noetherschen Gleichungen, so dass es nach Satz 1 ein $a \in L^*$ gibt mit

$$x_{\sigma^i} = \frac{a}{\sigma^i(a)}$$

für alle i. Nun ist $x_\sigma = \sigma^0(b) = b$ und daher $b = \frac{a}{\sigma(a)}$. Damit ist alles bewiesen.

Aufgaben

1. Ist L eine galoissche Erweiterung von K und ist N die Normabbildung dieser Erweiterung, so gilt

$$N_{L:K}(ll') = N_{L:K}(l)N_{L:K}(l')$$

für alle $l, l' \in L$.

2. Es sei nun q Potenz einer Primzahl und n sei eine natürliche Zahl. Setze $K := GF(q)$ und $L := GF(q^n)$. Ist dann $N_{L:K}$ die Normabbildung von L nach K, so ist $N_{L:K}$ surjektiv. Zeigen Sie ferner, dass die Normabbildung im Unendlichen nicht immer surjektiv ist.

3. Es sei M eine galoissche Erweiterung des Körpers K und L sei ein Zwischenkörper, der über K galoissch ist. Zeigen Sie, dass

$$N_{M:K} = N_{L:K}N_{M:L}$$

ist. (Hier rächt sich die phönikische Schreibweise.)

4. Sei L eine galoissche Erweiterung des Körpers K und G sei die Galoisgruppe dieser Erweiterung. Definiere die Spurabbildung von L nach K durch

$$\mathrm{Sp}_{L:K}(a) := \sum_{\gamma \in G} \gamma(a).$$

Zeigen Sie, dass diese Abbildung K-linear ist. Zeigen Sie ferner, dass sie surjektiv ist.

5. Die Voraussetzungen seien wie bei Aufgabe 4. Zeigen Sie, dass dann auch

$$\mathrm{Sp}_{M:K} = \mathrm{Sp}_{L:K}\mathrm{Sp}_{M:L}$$

gilt.

28. Kummersche Erweiterungen

In diesem Abschnitt betrachten wir gewisse galoissche Erweiterungen, deren Galois-gruppe abelsch ist.

Satz 1. *Es sei K ein Körper, der eine primitive e-te Einheitswurzel enthalte. Ferner sei L eine galoissche Erweiterung von K mit abelscher Galoisgruppe G und $\exp(G)$ sei Teiler von e. Setze*

$$A := \{a \mid a \in L^*, a^e \in K\}.$$

Dann ist $K^* \subseteq A$ und es gilt $G^\circ \cong A/K^*$ und $G^\circ \cong A^e/K^{*e}$. Ferner ist $L = K[A]$. Ist B eine Untergruppe von A mit $K^* \subseteq B$, so ist $K[B]$ ein Zwischenkörper und $B \to K[B]$ ist bijektiv. Ist G zyklisch, so gibt es ein $a \in A$ mit $L = K[a]$.

Beweis. Es sei $\chi \in G^\circ$. Dann ist χ ein Homomorphismus von G in K^*. Nach Satz 2 von Abschnitt 27 gibt es ein $a \in L^*$ mit $\chi_\gamma = \frac{a}{\gamma(a)}$ für alle $\gamma \in G$. Ferner gilt $a^e \in K$, so dass $a \in A$ ist.

Es gelte $\frac{a}{\gamma(a)} = \frac{b}{\gamma(b)}$ für alle $\gamma \in G$. Dann ist

$$\frac{a}{b} = \gamma\left(\frac{a}{b}\right)$$

für alle γ und damit $\frac{a}{b} \in K$. Daher wird durch $\sigma(\chi) := aK^*$ eine Abbildung von G° in A/K^* definiert. Es sei $\sigma(\chi) = aK^*$ und $\sigma(\psi) = bK^*$. Dann ist $\chi_\gamma = \frac{a}{\gamma(a)}$ und $\psi_\gamma = \frac{b}{\gamma(b)}$ für alle $\gamma \in G$. Es folgt

$$(\chi\psi)_\gamma = \chi_\gamma \psi_\gamma = \frac{a}{\gamma(a)} \frac{b}{\gamma(b)} = \frac{ab}{\gamma(ab)}.$$

Also ist

$$\sigma(\chi\psi) = abK^* = aK^* bK^* = \sigma(\chi)\sigma(\psi).$$

Somit ist σ ein Homomorphismus. Ist $\sigma(\chi) = K^*$, so ist

$$\chi_\gamma = \frac{1}{\gamma(1)} = 1$$

für alle γ und damit $\chi = 1$. Somit ist σ injektiv. Ist schließlich $a \in A$, so ist $a^e \in K^*$. Definiere χ durch

$$\chi_\gamma := \frac{a}{\gamma(a)}$$

für alle $\gamma \in G$. Wegen $a^e \in K$ ist

$$\chi_\gamma^e = \frac{a^e}{\gamma(a^e)} = \frac{a^e}{a^e} = 1,$$

so dass χ_γ^e eine e-te Einheitswurzel ist. Da K eine primitive e-te Einheitswurzel enthält, ist $\chi_\gamma \in K$ für alle $\gamma \in G$. Nach Satz 2 von Abschnitt 27 ist χ daher in G°. Ferner gilt $\sigma(\chi) = aK$, so dass σ auch surjektiv ist. Folglich ist σ ein Isomorphismus von G° auf A/K^*.

Setze $M := K[A]$. Weil die Elemente von A über K algebraisch sind, ist M Teilkörper von L. Setze $U := \mathrm{fix}(M)$. Gäbe es ein $\gamma \in U - \{1\}$, so gäbe es ein $\chi \in U^\circ$ mit $\chi(\gamma) \neq 1$. Es gäbe ferner nach Satz 2 von Abschnitt 27 ein $a \in A$ mit

$$\chi_\lambda = \frac{a}{\lambda(a)}$$

für alle $\lambda \in G$. Wegen $\gamma(a) = a$ folgte der Widerspruch

$$1 \neq \chi_\gamma = \frac{a}{\gamma(a)} = \frac{a}{a} = 1.$$

Also ist $U = \{1\}$. Es folgt $M = \mathrm{Fixfix}(M) = \mathrm{Fix}(U) = L$. Folglich ist $K[A] = L$.

Es sei M ein Zwischenkörper von $L : K$. Setze $U := \mathrm{fix}(M)$. Weil G abelsch ist, ist U normal in G. Daher ist $\mathrm{Fix}(U) = \mathrm{Fixfix}(M) = M$ eine galoissche Erweiterung von K. Die zugehörige Galoisgruppe ist G/U. Ihr Exponent ist Teiler von e. Setze

$$B_M := \{b \mid b \in M^*, b^e \in K\}.$$

Dann ist B_M eine K^* umfassende Untergruppe von A. Es folgt wieder $M = K[B_M]$. Also ist $M \to B_M$ eine Abbildung der Menge der Zwischenkörper in die Menge der Zwischengruppen zwischen K^* und A. Ist $B_M = B_{M'}$, so folgt

$$M = K[B_M] = K[B_{M'}] = M',$$

so dass die Abbildung B injektiv ist. Nun ist $A/K^* \cong G^\circ$ und $G^\circ \cong G$. Es gibt daher genau so viele Zwischenkörper zwischen K und L wie es Zwischengruppen zwischen K^* und A gibt. Also ist die Abbildung B auch surjektiv.

Für $a \in A$ setzen wir $\varphi(a) := a^e K^{*e}$. Dann ist φ ein Homomorphismus von A auf A^e/K^{*e}. Es sei $\varphi(a) = K^{*e}$. Dann ist $a^e K^{*e} = K^{*e}$. Es gibt also ein $k \in K^*$ mit $a^e = k^e$. Es folgt $(ak^{-1})^e = 1$, so dass ak^{-1} eine e-te Einheitswurzel ist. Da K^* eine primitive e-te Einheitswurzel enthält, ist $ak^{-1} \in K$ und daher $a \in K$. Folglich ist $\mathrm{Kern}(\varphi) \subseteq K^*$. Andererseits folgt aus $a \in K^*$, dass $\varphi(a) = a^e K^{*e} = K^{*e}$ ist. Also ist $\mathrm{Kern}(\varphi) = K^*$. Daher sind die Gruppen A/K^* und A^e/K^{*e} isomorph.

Ist die Galoisgruppe zyklisch, so ist auch A/K^* wegen der Isomorphie der beiden Gruppen zyklisch. Es ist also $A/K^* = \langle aK^* \rangle$. Dann ist aber ganz offensichtlich $L = K[A] = K[a]$. Damit ist alles bewiesen.

Ist L eine galoissche Erweiterung von K, ist die Galoisgruppe G dieser Erweiterung abelsch und enthält K eine primitive $\exp(G)$-te Einheitswurzel, so heißt die Erweiterung $L : K$ *kummersch*

Sind $a_1, \ldots, a_t$ Elemente des Körpers K und ist $e \in \mathbf{N}$, so bezeichne

$$K[\sqrt[e]{a_1}, \ldots, \sqrt[e]{a_t}]$$

den Zerfällungskörper von

$$(x^e - a_1)(x^e - a_2) \cdots (x^e - a_t)$$

über K.

Satz 2. *Es sei $e \in \mathbf{N}$ und K sei ein Körper, der eine primitive e-te Einheitswurzel enthalte. Sind $a_1, \ldots, a_t \in K^*$, so ist*

$$L := K[\sqrt[e]{a_1}, \ldots, \sqrt[e]{a_t}]$$

eine kummersche Erweiterung von K. Die Charaktergruppe G° der galoisschen Gruppe G von $L : K$ ist isomorph zu A^e / K^{*e}, wobei A wie in Satz 1 definiert ist, und es gilt

$$A^e = \{a_1^{s_1} a_2^{s_2} \cdots a_t^{s_t} b^e \mid s_1, \ldots, s_t \in \mathbf{Z}, b \in K^*\}.$$

Ist $t = 1$, so ist G zyklisch und $|G|$ teilt e.

Beweis. Die Ableitung von $x^e - a$ ist ex^{e-1}. Da K eine primitive e-te Einheitswurzel enthält, ist e nicht durch $\mathrm{Char}(K)$ teilbar. Also ist $ex^{e-1} \neq 0$ und daher $\mathrm{ggT}(x^e - a, ex^{e-1}) = 1$. Folglich ist L separabel über K und als Zerfällungskörper daher galoissch. Es sei G die Galoisgruppe.

Es seien η_i und κ_i Wurzeln von $x^e - a_i$. Dann ist $\eta_i \kappa_i^{-1}$ eine e-te Einheitswurzel und folglich ein Element von K. Daher ist

$$L = K[\eta_1, \ldots, \eta_t].$$

Ist $\gamma \in G$, so ist $\gamma(\eta_i)$ ebenfalls Nullstelle von $x^e - a_i$. Es gibt daher eine e-te Einheitswurzel $\epsilon_i(\gamma)$ mit $\gamma(\eta_i) = \epsilon_i(\gamma)\eta_i$. Wegen $L = K[\eta_1, \ldots, \eta_t]$ ist γ durch die Wirkung auf die η_i festgelegt. Es folgt

$$\gamma\delta(\eta_i) = \gamma\big(\epsilon_i(\delta)\big) = \epsilon_i(\delta)\gamma(\eta_i) = \epsilon_i(\delta)\epsilon_i(\gamma)\eta_i$$
$$= \epsilon_i(\gamma)\epsilon_i(\delta)\eta_i = \delta\gamma(\eta_i).$$

Also ist $\gamma\delta = \delta\gamma$, so dass G abelsch ist. Weiter gilt $\delta^e(\eta_i) = \epsilon_i(\delta)^e \eta_i = \eta_i$ für alle i und daher $\delta^e = 1$, so dass $\exp(G)$ Teiler von e ist. Folglich ist L eine kummersche Erweiterung von K.

Ist $t = 1$, so ist $\delta \to \epsilon_1(\delta)$ ein Monomorphismus von G in die Gruppe der e-ten Einheitswurzeln. Diese ist zyklisch, also auch jene.

Sei t wieder beliebig. Setze

$$B := \{\eta_1^{s_1} \cdots \eta_t^{s_t} b \mid s_i \in \mathbf{Z}, b \in K^*\}.$$

Dann ist

$$K^* \subseteq B \subseteq A = \{a \mid a \in L^*, a^e \in K\},$$

da ja $\eta_i^e = a_i \in K$ ist. Wegen $L = K[B]$ folgt mit Satz 1, dass $B = A$ ist. Dann ist aber

$$A^r = \{a_1^{s_1} \cdots a_t^{s_t} b^e \mid s_i \in \mathbf{Z}, b \in K^*\}.$$

Mit Satz 1 folgt dann auch die letzte, noch offene Behauptung.

29. Der Translationssatz

Es sei L eine Erweiterung von K und M und N seien Zwischenkörper dieser Erweiterung. Dann bezeichnen wir mit MN den Schnitt über alle Teilkörper von L, die sowohl M als auch N enthalten. Man nennt MN das *Kompositum* der beiden Körper M und N. Ist L algebraisch über K, so besteht MN aus allen Summen der Form

$$\sum_{i:=1}^{t} m_i n_i$$

mit $m_i \in M$ und $n_i \in N$. Diese Sumen bilden ja offensichtlich einen Ring, der in MN enthalten ist. Ist nun $0 \neq x = \sum_{i:=1}^{t} m_i n_i$, so ist

$$x \in K[m_1, \ldots, m_t, n_1, \ldots, n_t].$$

Weil Letzteres ein Körper ist, ist $x^{-1} \in K[m_1, \ldots, m_t, n_1, \ldots, n_t]$. Folglich ist x^{-1} ein Polynom in m_1, ..., m_t, n_1, ..., n_t. Weil aber Potenzen der m_i zu M und Potenzen der n_i zu N gehören, folgt

$$x^{-1} = \sum_{i:=1}^{s} m_i' n_i'.$$

Translationssatz. *Es sei K ein Körper und f sei ein über K separables Polynom. Ferner sei L eine algebraische Erweiterung von K und der Zwischenkörper M der Erweiterung L von K sei Zerfällungskörper von f über K. Ist N irgendein Zwischenkörper der Erweiterung $L : K$, so ist MN der Zerfällungskörper von f über N. Ist G die Galoisgruppe von M über K und H die Galoisgruppe von MN über N, so ist H isomorph zur Untergruppe* $\mathrm{fix}(M \cap N)$ *von G.*

Beweis. Es seien a_1, ..., a_t die Nullstellen von f in L. Dann ist

$$M = K[a_1, \ldots, a_t].$$

Es folgt $MN = N[a_1, \ldots, a_t]$, da ja $K \subseteq N$ ist. Also ist MN Zerfällungskörper von f über N. Weil f über K separabel ist, ist $\mathrm{ggT}(f, f') = 1$. Also ist f auch über N separabel, so dass MN galoissche Erweiterung von N ist.

Es sei $\eta \in H$. Wegen $K \subseteq N$ ist η auch K-linear, induziert also einen K-linearen Monomorphismus η' von M in MN. Da es genau $[M : K] = |G|$ solcher Monomorphismen gibt und jedes Element von G ein solcher ist, ist $\eta' \in G$. Lässt η' den Körper M elementweise fest, so lässt η den Körper MN elementweise fest, ist also gleich 1. Folglich ist $'$ ein Monomorphismus von H in G.

Ist $\sigma \in H$, so lässt σ alle Elemente von $M \cap N$ fest. Also ist $\sigma' \in \mathrm{fix}(M \cap N)$. Ist umgekehr $\rho \in \mathrm{fix}(M \cap N)$, so kennt man alle $\rho(a_i)$. Es gibt nun ein $\sigma \in H$ mit $\sigma(a_i) = \rho(a_i)$ und es folgt $\sigma' = \rho$. Also ist $H' = \mathrm{fix}(M \cap N)$. Damit ist der Satz bewiesen.

30. Auflösbarkeit durch Radikale

In diesem Abschnitt setzen wir stets voraus, dass die Charakteristik 0 sei. Es sei L eine Erweiterung von K. Wir nennen L *Radikalerweiterung* von K, wenn es eine aufsteigende Folge

$$K = K_0 \subseteq K_1 \subseteq K_2 \subseteq \ldots \subseteq K_t = L$$

gibt, so dass gilt: Für alle i ist $K_i = K_{i-1}[a_i]$, wobei a_i Nullstelle eines Polynoms der Form $x^{n_i} - b_i \in K_{i-1}[x]$ ist.

Die Erweiterung L von K heißt *metabelsch*, falls es eine aufsteigende Folge

$$K = K_0 \subseteq K_1 \subseteq K_2 \subseteq \ldots \subseteq K_t = L$$

gibt, so dass K_i über K_{i-1} galoissch mit abelscher Galoisgruppe ist für $i := 1, \ldots, t$.

Satz 1. *Es sei* $K = K_0 \subseteq K_1 \subseteq \ldots \subseteq K_t = L$ *eine Radikalerweiterung von* K, *wobei* K_i *durch Adjunktion einer* n_i-*ten Wurzel aus* K_{i-1} *entstehe. Ist* $e := \text{kgV}(n_1, \ldots, n_t)$ *und ist* ζ *eine primitive* e-*te Einheitswurzel über* L, *so ist*

$$K \subseteq K_0[\lambda] \subseteq K_1[\lambda] \subseteq \ldots \subseteq K_t[\lambda] = L[\lambda]$$

eine metabelsche Erweiterung von K.

Beweis. Nach Satz 6 von Abschnitt 25 ist die Galoisgruppe der Erweiterung $K_0[\zeta]$ von K abelsch. Ferner ist $K_i[\zeta] = K_{i-1}[\zeta][\sqrt[n]{a_i}]$. Daher ist die galoissche Gruppe dieser Erweiterung nach Satz 2 von Abschnitt 28 sogar zyklisch. Folglich ist die Erweiterung $L[\zeta]$ über K metabelsch.

Satz 2. *Es seien* M *und* N *Zwischenkörper der algebraischen Erweiterung* L *von* K. *Sind* M *und* N *metabelsche Erweiterungen von* K, *so ist auch ihr Kompositum* MN *eine metabelsche Erweiterung von* K.

Beweis. Es seien

$$K = K_0 \subseteq K_1 \subseteq \ldots \subseteq K_s = M$$

und

$$K = K_0' \subseteq K_1' \subseteq \ldots \subseteq K_t' = N$$

die zugehörigen Ketten. Wir betrachten die Kette

$$K = K_0 \subseteq K_1 \subseteq \ldots \subseteq K_s = M = MK_0' \subseteq MK_1' \subseteq \ldots \subseteq MK_s' = MN.$$

Die Erweiterungen $K_i : K_{i-1}$ sind alle abelsch und nach dem Translationssatz sind es auch die Erweiterungen MK_i' über MK_{i-1}', da die $K_i' : K_{i-1}$ ja galoissch sind mit abelscher Galoisgruppe. Also ist MN metabelsche Erweiterung von K.

Satz 3. *Es sei L eine metabelsche Erweiterung von K. Es gibt dann eine galoissche metabelsche Erweiterung M von K mit $L \subseteq M$.*

Beweis. Nach unserer Generalvoraussetzung haben alle betrachteten Körper die Charakteristik 0. Somit ist L separable Erweiterung von K, so dass es nach dem Satz vom primitiven Element ein $a \in L$ gibt mit $L = K[a]$. Es sei f das Minimalpolynom von a über K und M sei der Zerfällungskörper von F über K. Es seien $L_1, L_2, \ldots, L_t$ die Bilder von L unter der Galoisgruppe von M über K. Dann ist

$$L_1 L_2 \cdots L_t \subseteq M.$$

Andererseits ist $K \subseteq L_1 L_2 \cdots L_t$ und $L_1 L_2 \cdots L_t$ enthält alle Nullstellen von F. Daher ist $M = L_1 L_2 \cdots L_t$. Da mit L auch alle L_i über K metabelsch sind, folgt mittels Induktion aus Satz 2, dass auch M über K metabelsch ist.

Es sei $f \in K[x]$ irreduzibel. Man sagt, *f sei in Bezug auf K durch Radikale lösbar*, wenn es eine Radikalerweiterung von K gibt, in der f eine Nullstelle hat.

Satz 4. *Es sei K ein Körper der Charakteristik 0. Ferner sei $f \in K[x]$ irreduzibel und L sei der Zerfällungskörper von f über K. Schließlich sei G die Galoisgruppe dieser Erweiterung. Genau dann ist f in Bezug auf K durch Radikale lösbar, wenn G auflösbar ist. In diesem Falle gibt es eine Radikalerweiterung von K, in der f in Linearfaktoren zerfällt.*

Beweis. G sei auflösbar. Setze $n := |G|$ und ζ sei eine primitive n-te Einheitswurzel. Setze $K' := K[\zeta]$. Dann ist K' Radikalerweiterung von K. Ferner ist $L' := L[\zeta]$ Zerfällungskörper von F über K'. Nach dem Translationssatz ist die Galoisgruppe G' der Erweiterung L' über K' zu einer Untergruppe von G isomorph. Also ist G' auflösbar. Es sei

$$\{1\} = G_s \sqsubseteq G_{s-1} \sqsubseteq \ldots \sqsubseteq G_0 = G'$$

(Vorsicht, die Relation $\sqsubseteq$ ist nicht transitiv.) eine Folge von Untergruppen von G' mit abelschen Faktorgruppen G_{i-1}/G_i. Für die Fixkörper gilt dann

$$K' = K'_0 \subseteq K'_1 \subseteq \ldots \subseteq K'_s = L'.$$

Wegen $G_i \sqsubseteq G_{i-1}$ ist K'_i galoissche Erweiterung von K'_{i-1}. Die Galoisgruppe ist G_{i-1}/G_i. Sie ist also abelsch. Da K'_{i-1} eine primitive n-te Einheitswurzel enthält, ist K'_i eine kummersche Erweiterung von K'_{i-1}. Folglich ist K'_i eine Radikalerweiterung von K'_{i-1}, so dass L' eine Radikalerweiterung von K' und dann auch von K ist.

Es sei umgekehrt f durch Radikale lösbar. Es gibt dann eine Radikalerweiterung von K, in der f eine Nullstelle hat. Mit den Sätzen 1 und 3 folgt die Existenz einer galoisschen metabelschen Erweiterung M von K, in der f vollständig in Linearfaktoren zerfällt. Dann enthält M einen Zerfällungskörper L' von f über K. Es folgt $L \cong L'$. Weil L' Zerfällungskörper ist, ist L' galoissch über K und $G(L' : K)$ ist epimorphes Bild von $G(M : K) =: H$. Es ist also nur noch zu zeigen, dass H auflösbar ist. Weil f durch Radikale lösbar ist, gibt es eine Kette

$$K = K_0 \subseteq K_1 \subseteq K_2 \subseteq \ldots \subseteq K_t = M$$

von Zwischenkörpern, so dass K_i über K_{i-1} galoissch und $G(K_i : K_{i-1})$ abelsch ist. Setzt man $H_i := \text{fix}(K_i)$, so folgt

$$\{1\} = H_t \subseteq H_{t-1} \subseteq \ldots \subseteq H_0 = H$$

und $H_{i-1}/H_i \cong G(M_i : K_{i-1})$. Dies besagt aber, dass H auflösbar ist.

31. Irreduzible Gleichungen von Primzahlgrad

Ab sofort ist die Charakteristik der betrachteten Körper wieder beliebig.

Es sei K_0 ein Körper und $L := K_0(x_1, \ldots, x_n)$ sei der Funktionenkörper in den Unbestimmten $x_1, \ldots, x_n$ über K_0. Ferner sei $K := \mathrm{Sym}_{K_0}(x_1, \ldots, x_n)$ der Teilkörper der symmetrischen rationalen Funktionen über K_0. Wie wir wissen, ist L eine galoissche Erweiterung des Grades $n!$ von K und S_n ist die Galoisgruppe dieser Erweiterung. Überdies ist L der Zerfällungskörper von

$$f = \prod_{i:=1}^{n} (y - x_i).$$

Ist $n \geq 5$, so ist die alternierende Gruppe A_n einfach und nicht abelsch. Daher ist S_n nicht auflösbar. Nach Satz 4 von Abschnitt 30 ist f daher über K nicht durch Radikale lösbar. Das besagt zunächst nur wenig. Ist nämlich etwa $K_0 = \mathbf{R}$ der Körper der reellen Zahlen, so ist f nicht durch Radikale lösbar. Über $\mathbf{R}$ irreduzible Polynome sind es aber doch, da sie den Grad 1 oder 2 haben. Das Beispiel f löst also nicht die Frage nach der Lösbarkeit von algebraischen Gleichungen über $\mathbf{Q}$ durch Radikale. Um zu zeigen, dass nicht alle diese Gleichungen durch Radikale lösbar sind, muss man sich also mehr anstrengen.

Es sei K ein Körper und $f \in K[x]$ sei ein separables Polynom mit Leitkoeffizient 1 und L sei der Zerfällungskörper von f über K. Dann ist

$$f = \prod_{i:=1}^{n} (x - a_i)$$

mit paarweise verschiedenen $a_i \in L$. Ist G die Galoisgruppe der Erweiterung $L : K$, so heißt G auch *Galoisgruppe* von f. Ist $\gamma \in G$, so folgt

$$0 = f(a_i)^\gamma = f(a_i^\gamma)$$

für alle i, so dass γ eine Permutation auf der Menge $\{a_1, \ldots, a_n\}$ induziert. Ist $a_i^\gamma = a_i$ für alle i, so folgt $l^\gamma = l$ für alle $l \in L$ und damit $\gamma = 1$. Somit ist G zu einer Untergruppe der symmetrischen Gruppe auf $\{a_1, \ldots, a_n\}$ isomorph. Weil die a_i paarweise verschieden sind, wird durch $a_{i\gamma} := a_i^\gamma$ eine Wirkung von G auf $\{1, \ldots, n\}$ induziert, so dass man G auch als Untergruppe der S_n auffassen kann. Alle drei Interpretationen werden wir nebeneinander benutzen. Die Gruppe G zerlegt $\{1, \ldots, n\}$ in Bahnen. Diese seien $B_1, \ldots, B_t$. Setze

$$p_i := \prod_{j \in B_i} (x - a_j).$$

Dann ist $f = \prod_{i:=1}^{t} p_i$ die Zerlegung von f in irreduzible Faktoren über K.

Wir studieren im Folgenden nur noch den Fall, dass f irreduzibel von Primzahlgrad ist und dass die Gruppe von G auflösbar ist.

Ist K ein Körper, so bezeichnen wir mit $A(1,K)$ die Gruppe aller *affinen Abbildungen*

$$x \to ax + b$$

mit $a, b \in K$ und $a \neq 0$. Ist $K = \mathrm{GF}(q)$, so schreiben wir auch $A(1,q)$.

Satz 1. *Es sei q eine Primzahl und G sei eine auflösbare, transitive Untergruppe von S_q. Dann ist G zu einer Untergruppe von $A(1,q)$ konjugiert.*

Beweis. Da G auflösbar ist, enthält G einen abelschen Normalteiler $N \neq \{1\}$. Da transitive Gruppen von Primzahlgrad primitiv sind, operiert N auf $\{0, \ldots, q-1\}$ transitiv und als abelsche Gruppe dann scharf transitiv. Daher gilt $|N| = q$, so dass N zyklisch der Ordnung q ist. Dann ist N aber ein q-Zyklus. Da diese alle in S_q konjugiert sind, dürfen wir annehmen, dass

$$N = \langle (0, 1, 2, \ldots, q-1) \rangle$$

ist. Weil N eine transitive abelsche Gruppe ist, gilt $N = C_G(N)$, so dass G/N zu einer Untergruppe der Automorphismengruppe von N isomorph ist. Insbesondere ist G/N also zyklisch. Ist G_0 der Stabilisator von 0 in G, so ist $G = NG_0$, da N transitiv ist. Ferner ist $G_0 \cong G/N$, da $G_0 \cap N = \{1\}$ ist. Also ist G_0 zyklisch. Es sei $G_0 = \langle \alpha \rangle$.

Ist $\tau := (0, 1, 2, \ldots, q-1)$, so ist also $x^\tau = x + 1$. Ferner ist $0^\alpha = 0$ und $1^\alpha =: a$. Ferner ist $\alpha^{-1}\tau\alpha = \tau^i$, dh. $x^{\alpha^{-1}\tau\alpha} = x + i$. Es folgt

$$x^\alpha + i = x^{\alpha\alpha^{-1}\tau\alpha} = x^{\tau\alpha} = (x+1)^\alpha.$$

Mit $x = 0$ folgt $i = 1^\alpha = a$ und damit

$$x^\alpha + a = (x+1)^\alpha.$$

Nun ist $0^\alpha = 0 = a0$. Ist $x^\alpha = ax$, so folgt

$$a(x+1) = x^\alpha + a = (x+1)^\alpha.$$

Also ist $x^\alpha = ax$ für alle $x \in \mathrm{GF}(q)$. Wegen $G = NG_0$ und

$$x^{\alpha^i \tau^j} = a^i x + j,$$

ist dann die Ausgangsgruppe G tatsächlich zu einer Untergruppe von $A(1,q)$ konjugiert.

Satz 2. *Es sei $f \in K[x]$ irreduzibel vom Grade q und q sei eine Primzahl. Ferner sei L der Zerfällungskörper von f über K und f sei separabel. Ist die Galoisgruppe G von f auflösbar und sind a und b verschiedene Nullstellen von f, so ist $L = K[a,b]$.*

Beweis. Weil G auflösbar ist, ist G nach Satz 1 zu einer Untergruppe von $A(1,q)$ konjugiert. Ist nun $\sigma \in G$ und $\sigma \in \mathrm{fix}(K[a,b])$, so ist $a^\sigma = a$ und $b^\sigma = b$. Da in $A(1,q)$ nur die 1 zwei verschiedene Fixpunkte hat, ist $\sigma = 1$ und daher $\mathrm{fix}(K[a,b]) = \{1\}$. Aus dem Hauptsatz folgt daher $L = K[a,b]$.

Korollar. *Es sei K ein Teilkörper von $\mathbf{R}$. Ist $f \in K[x]$ irreduzibel vom Primzahlgrad, ist die Galoisgruppe von f auflösbar und hat f zwei reelle Nullstellen, so sind alle Nullstellen von f reell.*

Beweis. Sind a und b die beiden reellen Nullstellen, so ist nach dem gerade bewiesenen Satz

$$L = K[a, b] \subseteq \mathbf{R}.$$

Da L alle Nullstellen von f enthält, ist der Satz bewiesen.

Und jetzt schließlich der Nachweis, dass es auch über $\mathbf{Q}$ Polynome gibt, die nicht durch Radikale lösbar sind.

Beispiel. *Ist q eine Primzahl größer oder gleich 5, so ist das Polynom*

$$f := x^q - 4x + 2$$

über $\mathbf{Q}$ nicht durch Radikale lösbar.

Beweis. Nach dem schönemannschen Irreduzibilitätskriterium ist dieses Polynom irreduzibel. Es ist

$$f(-2) < 0, \quad f(0) > 0, \quad f(1) < 0, \quad f(2) > 0.$$

Also hat f mindestens drei Nullstellen. Es ist $f' = qx^{q-1} - 4$. Dieses Polynom hat genau zwei Nullstellen (Beweis!). Also hat f nach dem Satz von Rolle genau drei Nullstellen. Nach dem Korollar ist die Galoisgruppe von f nicht auflösbar, so dass f über $\mathbf{Q}$ nicht durch Radikale lösbar ist.

32. ggT-Bereiche

Wir haben bislang den Begriff des größten gemeinsamen Teilers mit einer nebensächlichen Ausnahme nur für den Ring der ganzen Zahlen und für Polynomringe in einer Unbestimmten über einem Körper verwendet in der Hoffnung, dass der Leser dies aus dem Anfängerunterricht kennt. Um aber im nächsten Abschnitt nicht einfach so herumwursteln zu müssen, sei dieser Begriff hier nun in der richtigen Allgemeinheit vorgestellt.

Es sei R ein Integritätsbereich. Sind a, $b \in R$, so heißt b *Teiler* von a, falls es ein $c \in R$ gibt mit $a = bc$. Sind $a, b, d \in R$, so heißt d *größter gemeinsamer Teiler* von a und b, falls gilt

1) d teilt a und b, dh. d ist *gemeinsamer Teiler* von a und b.

2) Ist g gemeinsamer Teiler von a und b, so ist g Teiler von d.

Ein Integritätsbereich R heißt ggT-*Bereich*, wenn je zwei Elemente von R einen größten gemeinsamen Teiler haben. In aller Regel haben zwei Elemente dann viele ggT's, doch unterscheiden sich diese nur um eine Einheit von R. Sind a, $b \in R$ und ist R ein ggT-Bereich, so bezeichnen wir mit ggT(a, b) einen größten gemeinsamen Teiler von a und b. Zwei Elemente eines ggT-Bereiches heißen *teilerfremd*, falls 1 ein größter gemeinsamer Teiler von ihnen ist.

Satz 1. *Ist R ein* ggT-*Bereich, so gilt:*

a) Für alle a, b, $c \in R$ ist ggT$(ac, bc) = c$ggT(a, b).

b) Sind a, $b \in R$, ist $(a, b) \neq (0, 0)$ und ist $g :=$ ggT(a, b), so ist ggT$(\frac{a}{g}, \frac{b}{g}) = 1$.

c) Sind a, b, $c \in R$ und sind a und b teilerfremd, so ist ggT$(a, bc) =$ ggT(a, c).

d) Sind a, b, $c \in R$, sind a und b teilerfremd, ist ferner a Teiler von bc, so ist a Teiler von c.

Beweis. a) Das ist sicher richtig für $c = 0$. Es sei also $c \neq 0$. Es ist $c$ggT(a, b) Teiler von ac wie auch von bc. Also ist $c$ggT(a, b) Teiler von $g :=$ ggT(ac, bc). Umgekehrt ist c Teiler von g und $\frac{g}{c}$ gemeinsamer Teiler von a und b. Also ist $\frac{g}{c}$ Teiler von ggT(a, b) und daher g Teiler von $c$ggT(a, b). Es folgt (bis auf Einheiten) $gc =$ ggT(ac, bc).

b) Weil a und b nicht beide null sind, ist $g \neq 0$, so dass $\frac{a}{g}$ und $\frac{b}{g}$ eindeutig festliegen. Nach a) ist

$$g\text{ggT}\left(\frac{a}{g}, \frac{b}{g}\right) = \text{ggT}(a, b) = g,$$

und folglich, da R ein Integritätsbereich und $g \neq 0$ ist,

$$\text{ggT}\left(\frac{a}{g}, \frac{b}{g}\right) = 1.$$

c) Es sei $g := \text{ggT}(a, c)$. Ferner sei t ein gemeinsamer Teiler von a und bc. Dann ist t auch ein gemeinsamer Teiler von ac und bc. Nach b) ist

$$\text{ggT}(ac, bc) = c\,\text{ggT}(a, b) = c,$$

so dass t ein gemeinsamer Teiler von a und c und damit Teiler von g ist. Folglich gilt $\text{ggT}(a, bc) = \text{ggT}(a, c)$.

d) Nach c) ist $\text{ggT}(a, bc) = \text{ggT}(a, c)$. Weil a Teiler von bc ist, ist daher

$$a = \text{ggT}(a, bc) = \text{ggT}(a, c),$$

so dass a Teiler von c ist.

Ist R ein ggT-Bereich, und ist $g = \sum_{i:=0}^{n} a_i x^i \in R[x]$ ein Polynom über R, so nennen wir

$$\text{cont}(g) := \text{ggT}(a_0, \dots, a_n)$$

Inhalt von g. Das Polynom g heißt *primitiv*, wenn $\text{cont}(g) = 1$ ist.

Satz 2. *Es sei R ein ggT-Bereich und $Q(R)$ sei sein Quotientenkörper. Ist $0 \neq f \in Q(R)[x]$, dem Polynomring in der Unbestimmten x über $Q(R)$, so gibt es ein $a \in Q(R)$ und ein primitives $g \in R[x]$ mit $f = ag$. Ist $b \in Q(R)$ und $h \in R[x]$, ist h primitiv und gilt $f = bh$, so gibt es eine Einheit $u \in R$ mit $g = uh$.*

Beweis. Die Existenz der Zerlegung $f = ag$ ist banal. Es sei also $ag = f = bh$ mit primitiven Polynomen g und h und $a, b \in Q(R)$. Es gibt dann $\alpha, \beta, \gamma, \delta \in R$ mit $a = \frac{\alpha}{\beta}$ und $b = \frac{\gamma}{\delta}$. Es folgt

$$\alpha \delta g = \beta \delta a g = \beta \delta b h = \beta \gamma h.$$

Weil g und h primitiv sind, folgt mit Satz 1 a)

$$\alpha \delta = \alpha \delta \text{cont}(g) = \text{cont}(\alpha \delta g) = \text{cont}(\beta \gamma h) = \beta \gamma \text{cont}(h) = \beta \gamma v$$

mit einer Einheit v. Letzteres, weil der ggT irgendwelcher Elemente nur bis auf Einheiten bestimmt ist. Hieraus folgt $a = bv$ und mit $u := v^{-1}$ dann

$$ag = f = bh = auh$$

und weiter $g = uh$. Damit ist der Satz bewiesen.

Gaußsches Lemma. *Ist R ein ggT-Bereich und sind f und g primitive Polynome über R, so ist auch fg primitiv.*

Beweis. Es sei $f = \sum_{i:=0}^{m} f_i x^i$ und $g = \sum_{i:=0}^{n} g_i x^i$. Ferner sei t ein gemeinsamer Teiler der Koeffizienten von fg, der keine Einheit sein möge. Es gibt dann ein $i \in \{0, \dots, m\}$ mit

$$\text{ggT}(f_0, \dots, f_{i-1}, t) \neq 1 = \text{ggT}(f_0, \dots, f_i, t),$$

wobei der ggT links im Falle $i = 0$ als t zu interpretieren ist. Es sei

$$u := \text{ggT}(f_0, \dots, f_{i-1}, t).$$

Dann ist u keine Einheit. Es gibt daher ein $j \in \{0, \ldots, n\}$ mit

$$\ggT(g_0, \ldots, g_{j-1}, u) \neq 1 = \ggT(g_0, \ldots, g_j, u),$$

wobei der Fall $j = 0$ dem Fall $i = 0$ analog zu interpretieren ist. Es sei

$$v := \ggT(g_0, \ldots, g_{j-1}, u).$$

Dann ist auch v keine Einheit. Weil v Teiler von u und u Teiler von t ist, ist v gemeinsamer Teiler der Koeffizienten von fg. Nun ist

$$(fg)_{i+j} = \sum_{k:=0}^{i+j} f_k g_{i+j-k}.$$

Nach Konstruktion ist v Teiler von $f_0, \ldots, f_{i-1}, g_{j-1}, \ldots, g_0$. Hiermit und mit der vorstehenden Gleichung folgt

$$f_i g_j \equiv (fg)_{i+j} \equiv 0 \bmod v.$$

Also ist v Teiler von $f_i g_j$. Nun ist

$$v = \ggT(g_0, \ldots, g_{j-1}, u)$$

und daher

$$1 = \ggT(g_0, \ldots, g_j, u) = \ggT(v, g_j).$$

Mit Satz 1 d) folgt daher, dass v Teiler von f_i ist. Daher ist v ein gemeinsamer Teiler von $f_0, \ldots, f_{i-1}, f_i, u$ und somit von

$$\ggT(f_0, \ldots, f_i, u) = 1.$$

Dies widerspricht aber der Tatsache, dass v keine Einheit ist. Also ist fg doch, wie behauptet, primitiv.

Das gaußsche Lemma ist ein überaus nützliches Werkzeug, wie schon die Beweise der nächsten Sätze zeigen.

Satz 3. *Ist R ein ggT-Bereich und hat $f \in R[x]$ den Leitkoeffizienten 1, ist ferner $g \in Q(R)[x]$ ein Teiler von f und hat auch g den Leitkoeffizienten 1, so ist $g \in R[x]$.*

Beweis. Es sei $f = gh$ mit $h \in Q(R)[x]$. Nach Satz 2 gibt es $a, b \in Q(R)$ und primitive Polynome $G, H \in R[x]$ mit $g = aG$ und $h = bH$. Es folgt $f = gh = abGH$. Nach dem gaußschen Lemma ist GH primitiv. Weil auch f primitiv ist, gibt es nach Satz 2 eine Einheit u in R mit $f = uGH$. Es sei γ der Leitkoeffizient von G und δ der von H. Dann ist $u\gamma\delta$ der von f, so dass $u\gamma\delta = 1$ ist. Folglich sind auch γ und δ Einheiten in R. Nun ist aber $a\gamma$ der Leitkoeffizient von $aG = g$, so dass $a\gamma = 1$ ist, da ja der Leitkoeffizient von g nach Voraussetzung gleich 1 ist. Es folgt $a = \gamma^{-1} \in R$, so dass $g = aG \in R[x]$ ist. Damit ist der Satz bewiesen.

Satz 4. *Es sei R ein ggT-Bereich. Ist $f \in R[x]$ primitiv, so ist f genau dann in $R[x]$ irreduzibel, wenn f in $Q(R)[x]$ irreduzibel ist.*

Beweis. Ist f in $R[x]$ reduzibel, so auch in $Q(R)[x]$. Es gibt dann nämlich $g, h \in R[x]$, die keine Einheiten sind, mit $f = gh$. Es kann nicht $g \in R$ gelten, da sonst g ein gemeinsamer Teiler der Koeffizienten von f wäre. Weil f primitiv ist, wäre g dann eine Einheit von R, was nicht der Fall ist. Ebenso gilt, dass auch h nicht in R liegt. Also haben g und h positiven Grad, so dass $f = gh$ auch eine nicht triviale Zerlegung von f in $Q(R)[x]$ ist.

Es sei umgekehrt $f = gh$ mit $g, h \in Q(R)[x]$ und g und h mögen positiven Grad haben. Nach Satz 2 gibt es $a, b \in Q(R)$ und primitive $G, H \in R[x]$ mit $g = aG$ und $h = bH$. Es folgt $f = abGH$. Nach dem gaußschen Lemma ist GH primitiv. Weil auch f primitiv ist, folgt mit Satz 2, dass ab eine Einheit in R ist. Also ist $f = (abG)H$ eine Zerlegung von f in $R[x]$, die wegen

$$\text{Grad}(abG) = \text{Grad}(G) = \text{Grad}(g)$$

nicht trivial ist. Damit ist alles bewiesen.

Satz 5. *Ist R ein ggT-Bereich, so ist auch der Polynomring $R[x]$ in der Unbestimmten x über R ein ggT-Bereich.*

Beweis. Es seien $f, g \in R[x]$ und f und g seien primitiv. Weil $Q(R)[x]$ ein euklidischer Ring ist, haben f und g in $Q(R)[x]$ einen größten gemeinsamen Teiler, den wir μ nennen. Es gibt dann $a, b \in Q(R)[x]$ mit $f = a\mu$ und $g = b\mu$. Es gibt dann weiter $\alpha, \beta, \gamma \in Q(R)$ und primitive $A, B, M \in R[x]$ mit $a = \alpha A$, $b = \beta B$ und $\mu = \gamma M$. Es folgt $f = \alpha \gamma A M$ und $g = \beta \gamma B M$. Nach dem gaußschen Lemma sind AM und BM primitiv, so dass $\alpha \gamma$ und $\beta \gamma$ nach Satz 2 Einheiten von R sind, da f und g ja primitiv sind. Es folgt, dass M ein gemeinsamer Teiler von f und g in $R[x]$ ist. Es sei d ein gemeinsamer Teiler von f und g in $R[x]$. Dann ist d insbesondere primitiv. Ferner ist d in $Q(R)[x]$ Teiler von μ. Es sei $\mu = dv$ mit $v \in Q(R)[x]$. Es gibt dann ein $\delta \in Q(R)$ und ein primitives $N \in R[x]$ mit $v = \delta N$. Es folgt $\gamma M = \delta d N$. Nach dem gaußschen Lemma ist dN primitiv, so dass es nach Satz 2 eine Einheit u in R gibt mit $M = udN$. Folglich ist d Teiler von M, so dass M größter gemeinsamer Teiler von f und g ist.

Es seien nun $f, g \in R[x]$ beliebig. Ist $f = 0$, so ist $\text{ggT}(f, g) = g$. Entsprechend ist $\text{ggT}(f, g) = f$, wenn $g = 0$ ist. Es seien also f und g beide von null verschieden. Ferner sei $\alpha := \text{cont}(f)$ und $\beta := \text{cont}(g)$. Weiter sei $f = \alpha F$ und $g = \beta G$. Dann sind F und G primitive Polynome und haben nach dem schon Bewiesenen einen größten gemeinsamen Teiler D in $R[x]$. Es sei ferner $\delta := \text{ggT}(\alpha, \beta)$. Dann ist δD ein gemeinsamer Teiler von f und g. Wir zeigen, dass δD ein größter gemeinsamer Teiler von f und g ist.

Es sei h ein gemeinsamer Teiler von f und g. Ferner sei $\epsilon := \text{cont}(h)$ und $h = \epsilon H$. Dann ist ϵ gemeinsamer Teiler aller Koeffizienten von f und damit Teiler von α. Entsprechend folgt, dass ϵ Teiler von β ist. Also ist ϵ Teiler von δ. Es sei ferner $f = ah$ und $a = \eta A$ mit $\eta = \text{cont}(a)$. Es folgt $\alpha F = \eta \epsilon A H$. Weil F und AH primitiv sind, gibt es eine Einheit u in R mit $F = uAH$, so dass H Teiler von F ist. Ebenso folgt, dass H Teiler von G ist. Also ist H Teiler von D. Dann ist aber $h = \epsilon H$ Teiler von δD, so dass δD größter gemeinsamer Teiler von f und g ist. Damit ist $R[x]$ als ggT-Bereich erkannt.

Es sei R ein Integritätsbereich. Das Element $p \in R^*$ heißt *Primelement*, falls p keine Einheit ist und außerdem gilt: Sind $a, b \in R$ und ist p Teiler von ab, so ist p Teiler von a oder von b. Das Element $p \in R^*$ heißt *irreduzibel*, falls aus $a, b \in R$ und $p = ab$ folgt, dass a oder b Einheit in R ist. Primelemente sind stets irreduzibel. Die Umkehrung gilt nicht, wie Aufgabe 3 zeigt.

Satz 6. *Es sei R ein Integritätsbereich. Ferner seien X und Y endliche Mengen von Primelementen von R. Ist dann u eine Einheit in R und gilt*

$$\prod_{p \in X} p = u \prod_{q \in Y} q,$$

so gibt es eine Bijektion β von X auf Y und eine Abbildung ϵ von Y in die Einheitengruppe von R mit $p = \epsilon(p)\beta(p)$ für alle $p \in X$.

Beweis. Ist $X = \emptyset$, so ist

$$1 = u \prod_{q \in Y} q.$$

Da Primelemente *per definitionem* keine Einheiten sind, folgt $Y = \emptyset$. In diesem Falle ist also nichts zu beweisen. Es sei also $X \neq \emptyset$ und $a \in X$. Dann ist a Teiler von u oder von $\prod_{q \in Y} q$. Da a keine Einheit ist, teilt a das Produkt. Dann ist aber auch $Y \neq \emptyset$. Mittels Induktion nach $|Y|$ folgt, dass a eines der $b \in Y$ teilt. Weil a und b Primelemente sind, gibt es eine Einheit $\epsilon(a)$ mit $a = \epsilon(a)b$. Setze $\beta(a) := b$. Es folgt

$$\prod_{p \in X - \{a\}} p = u \epsilon(a)^{-1} \prod_{q \in Y - \{b\}} q.$$

Induktion führt nun zum Ziele.

Ist R ein Integritätsbereich, so heißt R *ZPE-Bereich* oder auch *faktorieller Bereich*, wenn jedes von 0 verschiedene Element von R Produkt einer Einheit und einem eventuell leeren Produkt von Primelementen ist. Satz 6 zeigt, dass in solchen Ringen die Zerlegung eines Elementes in ein Produkt von Primelementen im Wesentlichen eindeutig ist. Daher Z(erlegung) in P(rimelemente) ist E(indeutig).

Satz 7. Ist R ein ZPE-Bereich, so ist auch der Polynomring $R[x]$ in der Unbestimmten x über R ein ZPE-Bereich.

Beweis. Es sei p ein Primelement von R. Ferner seien $f, g \in R[x]$ und p teile fg. Dann teilt p alle Koeffizienten von fg. Wir müssen zeigen, dass p Teiler von f oder Teiler von g ist. Es sei p kein Teiler von f. Es gibt dann ein i, so dass die Koeffizienten $f_0, \ldots, f_{i-1}$ von f durch p teilbar sind, f_i aber nicht. Dann ist

$$f_i g_0 \equiv \sum_{j:=0}^{i} f_j g_{i-j} = (fg)_i \equiv 0 \bmod p.$$

Es folgt, dass p Teiler von g_0 ist. Es sei $k > 0$ und p teile $g_0, \ldots, g_{k-1}$. Dann ist

$$f_i g_k \equiv \sum_{j:=0}^{i+k} f_j g_{i+k-j} = (fg)_{i+k} \equiv 0 \bmod p.$$

Es folgt $g_k \equiv 0 \bmod p$, so dass g durch p teilbar ist. Somit ist p auch Primelement in $R[x]$.

Es sei nun $f \in R[x]$ beliebig. Dann ist $f = \text{cont}(f)F$ mit einem primitiven Polynom F. Weil R ein ZPE-Bereich ist, ist $\text{cont}(f)$ Produkt von Primelementen in R und damit von Primelementen in $R[x]$, weil die Primlemente von R in $R[x]$ ja prim bleiben, wie gerade gesehen. Das primitive Polynom F ist Produkt von endlich vielen in $R[x]$ irreduziblen Polynomen, da der Grad eines echten Faktors eines primitiven Polynoms ja kleiner ist, als der Grad des gegebenen Polynoms. Es ist also nur noch zu zeigen, dass ein irreduzibles Polynom prim ist. Dazu beachte man zunächst, dass $R[x]$ nach Satz 5 ein ggT-Bereich ist. Es sei f ein irreduzibles Polynom und dieses Polynom teile das Produkt gh. Ist f kein Teiler von g, so ist $\text{ggT}(f,g) = 1$. Dann teilt f aber nach Satz 1 d) das Polynom h. Folglich ist f ein Primpolynom. Damit ist der Satz bewiesen.

Korollar 1. *Ist K ein kommutativer Körper, so ist der Polynomring $K[X]$ in den Unbestimmten aus X ein ZPE-Bereich.*

Beweis. Für endliches X folgt dies mittels Induktion aus Satz 7. Es seien $f, g \in K[X]$. Dann kommen in f und g nur endlich viele $x_1, \ldots, x_t \in X$ vor. In $K[x_1, \ldots, x_t]$ haben f und g einen größten gemeinsamen Teiler d. Es sei h ein gemeinsamer Teiler von f und g. Weil $K[X]$ nullteilerfrei ist, folgt, dass h bereits in $K[x_1, \ldots, x_t]$ liegt. Folglich ist h Teiler von d, so dass d auch größter gemeinsamer Teiler von f und g in $K[X]$ ist.

Ebenso folgt

Korollar 2. *Der Polynomring $\mathbf{Z}[X]$ in den Unbestimmten aus X über $\mathbf{Z}$ ist ein ZPE-Bereich.*

Der Nachweis innerhalb des Beweises von Satz 7, dass irreduzible Polynome aus $R[x]$ prim sind, wenn R ein ggT-Bereich ist, liefert auch noch

Korollar 3. *Ist R ein ggT-Bereich und ist $u \in R$ irreduzibel, so ist u ein Primelement von R.*

Aufgaben

1) Es sei R ein ggT-Bereich. Ferner seien a, b, d, $d' \in R$. Sind d und d' größte gemeinsame Teiler von a, b, so gibt es eine Einheit e von R mit $d' = de$.

2) Es sei R ein ggT-Bereich. Ferner seien f, $g \in R[x]$ und es gelte $f, g \neq 0$. Ist $\alpha := \text{cont}(f)$ und $\beta := \text{cont}(g)$, ist ferner $f = \alpha F$ und $g = \beta G$, so ist

$$\text{ggT}(f,g) = \text{ggT}(\alpha,\beta)\text{ggT}(F,G).$$

3) Die Menge $R := \{a + b\sqrt{-5} \mid a, b \in \mathbf{Z}\}$ ist ein Teilring von $\mathbf{C}$. Zeigen Sie, dass das Element $a + 2\sqrt{-5}$ in R zwar irreduzibel aber nicht prim ist.

33. Transzendenzbasen

Nun kehren wir zu unseren anfänglichen Untersuchungen zurück, um zu zeigen, dass sich die mengentheoretischen Maximumprinzipien auch für die Körpertheorie nutzbar machen lassen. Dabei werden wir in diesem Abschnitt die Begriffe der algebraischen Abhängigkeit und Unabhängigkeit studieren und im nächsten dann sehen, dass jeder Körper einen und bis auf Isomorphie auch nur einen algebraischen Abschluss hat.

Es sei K ein Körper und L sei eine Erweiterung von K. Ist S eine Teilmenge von L und ist $a \in L$, so heißt a *algebraisch abhängig* von S, wenn a algebraisch ist in Bezug auf $K(S)$. Ist a nicht algebraisch in Bezug auf $K(S)$, so heißt a *algebraisch unabhängig* von S. Die Menge S heißt *algebraisch unabhängig*, wenn jedes $a \in S$ von $S - \{a\}$ algebraisch unabhängig ist. Die Menge der in Bezug auf K algebraisch unabhängigen Teilmengen von L bezeichnen wir mit $\mathcal{U}(L : K)$.

Satz 1. *Es sei L eine Erweiterung des Körpers K. Ferner sei $S \in \mathcal{U}(L : K)$. Setze $x_s := (x, s)$ und*

$$X := \{x_s \mid s \in S\}.$$

Ist dann $K(X)$ der Funktionenkörper in den Unbestimmten aus X, so gibt es genau einen Isomorphismus ρ von $K(X)$ auf $K(S)$ mit $x_s^\rho = s$.

Beweis. Nach Altbekanntem gibt es einen Epimorphismus ρ von $K[X]$ auf $K[S]$ mit $x_s^\rho = s$. Es sei $f \in \mathrm{Kern}(\rho)$. Es gibt dann eine endliche Teilmenge T von S und eine endliche Menge E von Abbildungen von T in $\mathbf{N}_0$ mit

$$f = \sum_{e \in E} a_e \prod_{t \in T} x_t^{e(t)},$$

wobei $a_e \in K$ ist für alle $e \in E$. Ist $w \in T$ und ordnet man f nach Potenzen von x_w, so ist

$$f = \sum_{i := 0}^{n} b_i x_w^i$$

mit $b_i \in K[T - \{x_w\}]$ für alle i. Es folgt

$$0 = f^\rho = \sum_{i := 0}^{n} b_i^\rho w^i.$$

Weil T algebraisch unabhängig ist, folgt $b_i^\rho = 0$ für alle i. Wäre nun f nicht 0, so wären nicht alle b_i null und man könnte das gleiche Spiel mit einem b_k und $T - \{w\}$ weiterspielen. Das geht aber nur endlich oft, da T endlich ist. Also ist doch $f = 0$, so dass ρ injektiv ist. Dann lässt sich ρ aber zu einem Monomorphismus von $K(X)$ in L fortsetzen, dessen Bild in L offenbar $K(S)$ ist.

Satz 2. *Es sei L eine Erweiterung des Körpers K. Es sei ferner $\{b\}$, $A \in \mathcal{U}(L : K)$ und b sei algebraisch abhängig von A. Es gibt dann eine nicht leere, endliche Teilmenge T von A mit den Eigenschaften:*

1) b hängt von T algebraisch ab.

2) Ist $t \in T$, so ist $(T - \{t\}) \cup \{b\} \in \mathcal{U}(L : K)$ und t ist von $(T - \{t\}) \cup \{b\}$ algebraisch abhängig.

Beweis. Es sei μ_b das Minimalpolynom von b über $K(A)$. Auf Grund von Satz 1 dürfen wir $K(A)$ auffassen als den Funktionenkörper in den Unbestimmten aus A. Es gibt daher nach Korollar 1 zu Satz 7 von Abschnitt 32 und Satz 2 des gleichen Abschnitts ein $k \in K(a)$ und ein primitives Polynom $f \in K[A][x]$ mit

$$\mu_b = kf.$$

Es sei T die Menge der in den Koeffizienten von f vorkommenden a's aus A. Dann ist T endlich und wegen $f(b) = 0$ hängt b von T ab. Weil b transzendent über K ist, ist überdies T nicht leer. Damit ist 1) nachgewiesen.

Es sei $t \in T$. Sortieren von f nach Potenzen von t ergibt

$$f = \sum_{j:=0}^{m} u_j(x) t^j$$

mit Koeffizienten $u_j(x) \in K[(T - \{t\}) \cup \{x\}]$ und $u_m(x) \neq 0$. Weil t in f vorkommt, ist $m \geq 1$. Es folgt

$$0 = f(b) = \sum_{j:=0}^{m} u_j(b) t^j.$$

Wäre $u_m(b) = 0$, so wäre $u_m(x)$ in $K(A)[x]$ durch μ_b teilbar. Weil $u_m(x)$ in x aber höchstens vom Grade Grad(f) ist, gibt es folglich ein $l \in K(A)$ mit $u_m(x) = l\mu_b$. Hieraus folgt weiter

$$u_m(x) = lkf.$$

Es sei $lk = \frac{\eta}{\vartheta}$ mit η, $\vartheta \in K[A]$. Ist ferner

$$u_m(x) = \text{cont}(u_m(x))g$$

mit einem primitiven $g \in K[A][x]$, so folgt

$$\vartheta \text{cont}(u_m(x))g = \eta f.$$

Nach Satz 2 von Abschnitt 32 gibt es ein $e \in K^*$ mit $g = ef$. Hieraus folgt, dass t in keinem der Koeffizienten von f vorkommt, da t in g ja nicht vorkommt. Dieser Widerspruch zeigt, dass $u_m(b) \neq 0$ ist. Also ist

$$g = \sum_{j:=0}^{m} u_j(b) y^j \neq 0.$$

Wegen $g(t) = 0$ folgt, dass t von $(A - \{t\}) \cup \{b\}$ algebraisch abhängt. Also gilt auch 2).

Satz 3. *Ist L eine Erweiterung des Körpers K, so ist $\mathcal{U}(L : K)$ eine Unabhängigkeitsstruktur.*

Beweis. Es sei $S \in \mathcal{U}(L : K)$ und S' sei eine endliche Teilmenge von S. Ist $a \in S'$, so folgt aus $K(S' - \{a\}) \subseteq K(S - \{a\})$, dass a von $S' - \{a\}$ algebraisch unabhängig ist. Folglich gilt $S' \in \mathcal{U}(L : K)$.

Es sei umgekehrt S eine Teilmenge von L und es gelte $S' \in \mathcal{U}(L : K)$ für alle endlichen Teilmengen S' von S. Es sei ferner $a \in S$ und a hänge von $S - \{a\}$ algebraisch ab. Es sei f das Minimalpolynom von a über $K(S - \{a\})$. Dann hat f nur endlich viele von 0 verschiedene Koeffizienten in $K(S - \{a\})$. In diesen Koeffizienten sind wiederum nur endlich viele Elemente von $S - \{a\}$ involviert. Ist S' die Menge dieser Elemente, so ist a algebraisch in Bezug auf $K(S')$, so dass a von S' algebraisch abhängt. Das widerspricht aber der Annahme, dass $S' \cup \{a\}$ als endliche Teilmenge von S zu $\mathcal{U}(L : K)$ gehört. Damit ist gezeigt, dass $\mathcal{U}(L : K)$ von endlichem Charakter ist.

Um zu zeigen, dass auch der steinitzsche Austauschsatz gilt, seien A, B endliche Teilmengen von L und es gelte A, $B \in \mathcal{U}(L : K)$ sowie $|B| = |A| + 1$. Wir müssen zeigen, dass es ein $b \in B$ gibt, welches von A nicht algebraisch abhängt. Gäbe es ein solches b nicht, so wäre b von A algebraisch abhängig für alle $b \in B$.

Ist $k \leq |A|$ und ist D eine k-Teilmenge von B, so gibt es eine k-Teilmenge C von A, so dass B von $A' := (A - C) \cup D$ algebraisch abhängt und $A' \in \mathcal{U}(L : K)$ gilt.

Dies ist richtig für $k = 0$. Es sei also $0 \leq k < |A|$ und die Aussage gelte für k. Es sei $b \in B - D$. Nach Satz 2 gibt es dann eine Teilmenge T von A' mit den Eigenschaften 1) und 2) dieses Satzes. Insbesondere hängt b von T algebraisch ab. Wegen der algebraischen Unabhängigkeit von B kann nicht $T \subseteq D$ gelten. Es gibt also ein $t \in T$ mit $t \notin D$. Setze $C' := C \cup \{t\}$ und $D' := D \cup \{b\}$ sowie $A'' := (A - C') \cup D'$. Dann ist

$$A'' = (A' - \{t\}) \cup \{b\}.$$

Nach 2) hängt dann t von A'' ab. Dann hängt aber auch A' von A'' ab. Weil B von A' abhängt, folgt schließlich, dass auch B von A'' abhängt. Damit ist die Zwischenbehauptung bewiesen. Mit $k = n$ folgt nun, dass jedes Element von B (eines genügte für den Widerspruch) von den übrigen abhängt im Widerspruch zur algebraischen Unabhängigkeit von B. Damit ist der Satz bewiesen.

Ist B ein maximales Element von $\mathcal{U}(L : K)$, so heißt B *Transzendenzbasis* von L über K. Nach Satz 8 von Abschnitt 4 sind je zwei Transzendenzbasen von L über K gleichmächtig. Die entsprechende Mächtigkeit wird üblicherweise *Transzendenzgrad* von L über K genannt.

Satz 4. *Es sei L eine Erweiterung des Körpers K. Ist B eine Transzendenbasis von L über K, so ist L algebraisch über $K(B)$.*

Beweis. Wegen der Maximalität von B ist jedes $l \in L$ algebraisch abhängig von B.

34. Der algebraische Abschluss eines Körpers

Der Körper **C** der komplexen Zahlen ist algebraisch abgeschlossen, wie wir in Abschnitt 23 gesehen haben. Das heißt, dass die über **C** irreduziblen Polynome alle vom Grade 1 sind. Dies ist gleichbedeutend damit, dass jedes Polynom positiven Grades mit Koeffizienten in **C** eine Nullstelle in **C** hat. Wir werden nun sehen, dass sich jeder Körper in einen algebraisch abgeschlossenen Körper einbetten lässt. Dies ist vor allem ein mengentheoretisches Problem, wie sich zeigen wird. Vervollständigen wir also unser mengentheoretisches Rüstzeug.

Satz 1. *Es sei M eine Menge und f sei eine Abbildung von M in die Potenzmenge $P(M)$ von M. Ist dann*

$$W := \{x \mid x \notin f(x)\},$$

so liegt W nicht im Bild von f. Es gibt insbesondere keine surjektive Abbildung von M auf $P(M)$.

Beweis. Es sei $w \in M$ und $f(w) = W$. Wäre $w \in W$, so folgte aus der Definition von W, dass $w \notin f(w) = W$ wäre. Wäre $w \notin W = f(w)$, so folgte $w \in W$. Es kann also kein $w \in M$ mit $f(w) = W$ geben.

Satz 2. *Die durch*

$$f(a) := ((a \operatorname{MOD} n) + 1, (a \operatorname{DIV} n) + 1)$$

definierte Abbildung f ist eine Bijektion von $\mathbf{N}$ auf $\{1, \dots, n\} \times \mathbf{N}$.

Beweis. Banal.

Dies ist eine schöne Interpretation der beiden Operatoren DIV und MOD. Eine ebenso schöne Interpretation gestatten auch die dyadischen Entwicklungen von nicht negativen ganzen Zahlen. Fasst man diese nämlich als charakteristische Funktionen auf $\mathbf{N}_0$ auf, so erhält man eine Bijektion von $\mathbf{N}_0$ auf die Menge der endlichen Teilmengen von $\mathbf{N}_0$. Mit Hilfe des Auswahlaxioms kann man dann weiterhin beweisen, dass es für jede unendliche Menge eine Bijektion dieser Menge auf die Menge ihrer endlichen Teilmengen gibt. Das werden wir hier aber nicht weiter verfolgen. Wem kein Beweis gelingt, dem sei Lüneburg 1989 zur Lektüre empfohlen.

Satz 3. *Die durch*

$$f(i, k) := \begin{cases} (k-1)^2 + i & \text{für } 1 \le i \le k \\ i^2 - k + 1 & \text{für } k < i \end{cases}$$

definierte Abbildung f ist eine Bijektion von $\mathbf{N} \times \mathbf{N}$ auf $\mathbf{N}$.

Beweis. Setze $C_n := \{1, \dots, n\} \times \{1, \dots, n\}$ und f_n bezeichne die Einschränkung von f auf C_n. Dann ist $\mathbf{N} \times \mathbf{N} = \bigcup_{n \in \mathbf{N}} C_n$ und $f = \bigcup_{n \in \mathbf{N}} f_n$. Es genügt daher zu zeigen, dass f_n für alle n eine Bijektion von C_n auf $\{1,\dots,n^2\}$ ist. Dies ist richtig für $n = 1$. Es sei $n \geq 1$ und der Satz gelte für n. Es ist

$$C_{n+1} = C_n \cup \{(i,n+1) \mid 1 \leq i \leq n+1\} \cup \{(n+1,i) \mid 1 \leq i < n+1\}.$$

Nun ist $f(i,n+1) = n^2 + i$ und $f(n+1,i) = (n+1)^2 - i + 1$. Somit trifft f_{n+1} alle Werte in $\{n^2 + 1, \dots, (n+1)^2\}$. Weil f_n auch die Einschränkung von f_{n+1} auf C_n ist, folgt, dass f_{n+1} eine surjektive Abbildung von C_{n+1} auf $\{1,\dots,(n+1)^2\}$ ist. Weil beide Mengen gleichmächtig sind, ist f_{n+1} bijektiv.

Der Beweis liefert mehr, als im Satz gesagt wurde.

Die Sätze 2 und 3 lassen sich verallgemeinern. Der resultierende Satz benötigt zu seinem Beweise das Auswahlaxiom, so dass seine Aussage nur noch eine Existenzaussage ist.

Satz 4. *Ist M eine unendliche Menge und ist $U = \{1,\dots,n\}$ oder $U = N$, so sind M und $U \times M$ gleichmächtig.*

Beweis. Es sei Φ die Menge aller Paare (X,f) mit $X \subseteq M$ und einer Bijektion f von X auf $U \times X$. Weil M als unendliche Menge nach Satz 1 von Abschnitt 3 eine abzählbare Teilmenge enthält, ist Φ nach den Sätzen 2 und 3 nicht leer. Wir definieren auf Φ eine Teilordnung $\leq$ durch $(X,f) \leq (Y,g)$, wenn $X \subseteq Y$ und $f \subseteq g$ ist. Auf Grund des hausdorffschen Maximumprinzips gibt es in $(\Phi,\leq)$ eine maximale Kette Γ. Setze

$$X_0 := \bigcup_{(X,f)\in\Gamma} X \quad \text{und} \quad f_0 := \bigcup_{(X,f)\in\Gamma} f.$$

Dann ist $(X_0, f_0) \in \Phi$.

Wäre nun $M - X_0$ unendlich, so enthielte $M - X_0$ eine abzählbare Teilmenge W. Nach den Sätzen 2 und 3 gäbe es eine Bijektion g von W auf $U \times W$. Es wäre

$$U \times (X_0 \cup W) = (U \times X_0) \cup (U \times W)$$

und

$$(U \times X_0) \cap (U \times W) = \emptyset.$$

Es folgte $(X_0 \cup W, f_0 \cup g) \in \Phi$. Andererseits wäre

$$(X,f) \leq (X_0 \cup W, f_0 \cup g)$$

für alle $(X,f) \in \Gamma$. Aus der Maximalität von Γ folgte schließlich der Widerspruch $X_0 \cup W \subseteq X_0$. Damit ist gezeigt, dass $M - X_0$ endlich ist. Nach dem Korollar zu Satz 1 von Abschnitt 3 gibt es eine Bijektion β von M auf X_0. Dann ist $f_0\beta$ eine Bijektion von M auf $U \times X_0$. Definiert man schließlich γ durch

$$\gamma(u,x) := (u, \beta^{-1}(x)),$$

so ist γ eine Bijektion von $U \times X_0$ auf $U \times M$. Daher ist $\gamma f_0 \beta$ eine Bijektion von M auf $U \times M$. Damit ist der Satz bewiesen.

Satz 5. *Ist M eine unendliche Menge und ist $U = \{1,\ldots,n\}$ oder $U = \mathbf{N}$, so gibt es eine Partition $\{A_i \mid i \in U\}$ von M mit $|A_i| = |M|$ für alle $i \in U$.*

Beweis. Nach Satz 4 gibt es eine Bijektion f von $U \times M$ auf M. Setze $A_i := \{f(i,m) \mid m \in M\}$. Dann leistet $\{A_i \mid i \in U\}$ das Verlangte.

Satz 6. *Es sei M eine unendliche Menge und T sei eine Teilmenge von M. Gibt es keine injektive Abbildung von T in $M - T$, so sind M und T gleichmächtig.*

Beweis. Wäre T endlich, so gäbe es nach dem Korollar zu Satz 1 von Abschnitt 3 eine bijektive Abbildung von M auf $M - T$. Ihre Einschränkung auf T wäre dann eine injektive Abbildung von T in $M - T$. Das widerspricht aber unserer Voraussetzung. Also ist T unendlich. Nach Satz 5 gibt es daher eine Partition T_1, T_2 von T mit $|T| = |T_1| = |T_2|$. Weil es keine injektive Abbildung von T in $M - T$ gibt, gibt es nach Aufgabe 8 von Abschnitt 2 eine injektive Abbildung von $M - T$ in T. Folglich gibt es auch eine injektive Abbildung von $M - T$ in T_2. Es gibt dann auch eine injektive Abbildung von $M = T \cup (S - T)$ in $T_1 \cup T_2 = T$. Trivialerweise gibt es eine injektive Abbildung von T in M. Nach dem Satz von Schröder & Bernstein (Abschnitt 3) gibt es dann auch eine bijektive Abbildung von T auf M, so dass T und M gleichmächtig sind.

Satz 7. *Ist M eine unendliche Menge, so sind M und $M \times M$ gleichmächtig.*

Beweis. Es sei Φ die Menge aller Paare (X, f), wobei X eine unendliche Teilmenge von M und f eine Bijektion von X auf $X \times X$ ist. Weil X eine abzählbare Teilmenge enthält, ist Φ nach Satz 3 nicht leer. Wir ordnen Φ wieder durch die Vorschrift: Genau dann ist $(X, f) \leq (Y, g)$, wenn $X \subseteq Y$ und $f \subseteq g$ gilt. Nach dem hausdorffschen Maximumprinzip gibt es eine maximale Kette Γ in $(\Phi, \leq)$. Wir setzen

$$X_0 := \bigcup_{(X,f)\in\Gamma} X \quad \text{und} \quad f_0 := \bigcup_{(X,f)\in\Gamma} f.$$

Dann ist $(X_0, f_0) \in \Phi$. Überdies ist X_0 unendlich.

Wir nehmen an, es gäbe eine injektive Abbildung von X_0 in $M - X_0$. Dann gäbe es also eine Teilmenge W von $M - X_0$ mit $|W| = |X_0|$. Wegen $(X_0, f_0) \in \Phi$ folgte

$$|W \times X_0| = |X_0 \times W| = |W \times W| = |W|.$$

Nach Satz 5 gäbe es eine Partition W_1, W_2, W_3 von W mit $|W_i| = |W|$ für alle i. Es gäbe dann Bijektionen von W_1 auf $X_0 \times W$, von W_2 auf $W \times X_0$ und von W_3 auf $W \times W$. Es gäbe dann folglich eine Bijektion g von

$$X_0 \cup W_1 \cup W_2 \cup W_3 = X_0 \cup W$$

auf

$$(X_0 \times X_0) \cup (X_0 \times W) \cup (W \times X_0) \cup (W \times W) = (X_0 \cup W) \times (X_0 \cup W)$$

mit $f_0 \subseteq g$. Es wäre $(X, h) < (X_0 \cup W, g)$ für alle $(X, h) \in \Gamma$ im Widerspruch zur Maximalität von Γ.

Da es also keine injektive Abbildung von X_0 in $M - X_0$ gibt, folgt mit Satz 6, dass X_0 und M gleichmächtig sind. Also ist

$$|M \times M| = |X_0 \times X_0| = |X_0| = |M|,$$

was zu beweisen war.

Satz 8. *Es sei M eine unendliche Menge und I sei eine nicht leere Teilmenge von M. Ist dann $(F_i \mid i \in I)$ eine Familie von Mengen und und gilt $|F_i| = |M|$ für alle $i \in I$, so ist $|\bigcup_{i \in I} F_i| = |M|$.*

Beweis. Es gibt eine injektive Abbildung von $I \times M$ in $M \times M$. nach Satz 7 gibt es eine bijektive Abbildung von $M \times M$ auf M. Also gibt es eine injektive Abildung von $I \times M$ in M. Weil I nicht leer ist, gibt es eine injektive Abbildung von M in $I \times M$. Nach dem Satz von Schröder & Bernstein gibt es folglich eine Bijektion f von $I \times M$ auf M. Für $i \in I$ setzen wir

$$M_i := \{ f(i, m) \mid m \in M \}.$$

Dann ist die Menge der M_i eine Partition von M und es gilt $|M_i| = |M|$ für alle $i \in I$. Es gibt folglich zu jedem $i \in I$ eine Bijektion von M_i auf F_i. Auf Grund des Auswahlaxioms gibt es daher ein g, so dass g_i für alle i eine Bijektion von M_i auf F_i ist. Insbesondere ist g_i eine surjektive Abbildung von M_i auf F_i. Ist $x \in M$, so definieren wir $h(x)$ durch $h(x) := g_i(x)$, falls $x \in M_i$ ist. Weil die M_i eine Partition von M bilden, ist h eine Abbildung von M auf $\bigcup_{i \in I} F_i$. Nach Satz 12 von Abschnitt 1 gibt es folglich eine injektive Abbildung von $\bigcup_{i \in I} F_i$ in M. Weil I nicht leer ist, gibt es auch eine injektive Abbildung von M in $\bigcup_{i \in I} F_i$, so dass die Behauptung des Satzes schließlich mittels des Satzes von Schröder & Bernstein folgt.

Satz 9. *Ist I eine unendliche Menge und ist $(F_i \mid i \in I)$ eine Familie endlicher Mengen, so gibt es eine injektive Abbildung von $\bigcup_{i \in I} F_i$ in I.*

Beweis. Wir dürfen annehmen, dass kein F_i leer ist. Wir setzen $A_i := F_i \times \{i\}$. Dann ist $A_i \cap A_j = \emptyset$, falls nur $i \neq j$ ist. Ist $x \in \bigcup_{i \in I} A_i$, so gibt es genau ein $i \in I$ mit $x \in A_i$. Es gibt folglich genau ein $y \in F_i$ mit $x = (y, i)$. Wir setzen $f(x) := y$. Dann ist f eine surjektive Abbildung von $\bigcup_{i \in I} A_i$ auf $\bigcup_{i \in I} F_i$. Nach Satz 12 von Abschnitt 1 gibt es daher eine injektive Abbildung von $\bigcup_{i \in I} F_i$ in $\bigcup_{i \in I} A_i$.

Wie wir beim Beweis von Satz 8 gesehen haben, gibt es eine Partition $\{ M_i \mid i \in I \}$ von I mit $|M_i| = |I|$ für alle $i \in I$. Weil I unendlich ist, gibt es für jedes i eine injektive Abbildung von A_i in M_i. Weil die A_i wie auch die M_i paarweise disjunkt sind, folgt mittels des Auswahlaxioms, dass es eine injektive Abbildung von $\bigcup_{i \in I} A_i$ in $\bigcup_{i \in I} M_i = I$ gibt. Also gibt es auch eine injektive Abbildung von $\bigcup_{i \in I} F_i$ in I.

Satz 10. *Es sei K ein Körper und L sei eine algebraische Erweiterung von K. Ist K endlich, so ist L endlich oder abzählbar. Ist K unendlich, so ist $|L| = |K|$.*

Beweis. Für $n \in \mathbf{N}$ sei Φ_n die Menge der Polynome vom Grade n über K mit Leitkoeffizient 1. Ist $f \in \Phi_n$, so ist also

$$f = x^n + \sum_{i:=0}^{n-1} a_i x^i.$$

Dies zeigt, dass Φ_n dem n-fachen cartesischen Produkt von n Kopien von K gleichmächtig ist.

Ist $f \in K[x]$, so bezeichnen wir mit W_f die Menge der Wurzeln von f in L. Weil L algebraisch ist, ist dann $L = \bigcup_{f \in K[x]} W_f$.

Es sei zunächst K unendlich. Mittels Induktion folgt dann aus Satz 7, dass $|\Phi_n| = |K|$ ist. Weil M unendlich ist, gibt es eine abzählbare Teilmenge von K. Wegen $K[x] = \bigcup_{n:=0}^{\infty} \Phi_n$ folgt daher aus Satz 8, dass auch $|K[x]| = |K|$ ist. Weil die W_f endlich sind, folgt mit Satz 9 dann, dass es eine injektive Abbildung von L in K gibt. Da es andererseits eine injektive Abbildung von K in L gibt, folgt nach dem Satz von Schröder & Bernstein, dass $|K| = |L|$ ist.

Ist schließlich K endlich, so sagt Satz 9, dass es eine injektive Abbildung von von L in $\mathbf{N}_0$ gibt. Folglich ist L endlich oder abzählbar. Damit ist alles bewiesen.

Ist K ein Körper und ist L eine Erweiterung von K, so heißt L *algebraischer Abschluss* von K, wenn L algebraisch abgeschlossen und überdies algebraisch über K ist.

Will man nun zeigen, dass jeder Körper einen algebraischen Abschluss hat, so ist das Problem, eine Menge zu finden, die groß genug ist, dass man auf ihr einen Körper definieren kann, der sich dann als algebraischer Abschluss des gegebenen Körpers erzeigen wird. Um nun herauszufinden, wie groß diese Menge zu sein hat, bedient man sich des Satzes 10, der Aussagen über die Größe von algebraischen Erweiterungen von K macht. Die Art unseres Beweises verlangt darüberhinaus, dass die Menge, auf der wir operieren, von keiner noch so gearteten maximalen algebraischen Erweiterung K ausgeschöpft werden darf. Dies erreicht man im Falle, dass K endlich ist, dadurch, dass man mit einer Menge beginnt, die überabzählbar ist, und im Falle, dass K unendlich ist, mit einer Menge, auf die sich K nicht surjektiv abbilden lässt.

Satz 11. *Ist K ein Körper, so besitzt K einen algebraischen Abschluss.*

Beweis. Ist K endlich, so sei $M := P(\mathbf{N})$. Ist K unendlich, so sei $M := P(K)$. Dann ist im Falle, dass K endlich ist, auf Grund von Satz 1 jede abzählbare Teilmenge von M eine echte Teilmenge von M. Ist K unendlich, so folgt ebenfalls mit Satz 1, dass jede zu K gleichmächtige Teilmenge von M eine echte Teilmenge von M ist. In beiden Fällen gibt es eine injektive Abbildung von K in M. Transportiert man mit dieser Abbildung auch die auf K definierte Addition und Multiplikation nach M, so sieht man, dass man K mit einer Teilmenge von M identifizieren darf. Wir betrachten nun die Menge Φ aller Tripel $(X, +_X, \cdot_X)$, so dass gilt: Es ist $K \subseteq X$ und $+ \subseteq +_X$ sowie $\cdot \subseteq \cdot_X$. Auf Φ definieren wir eine Teilordnung, indem wir die Tripel von Φ komponentenweise mittels der Inklusion vergleichen. Ist dann Λ eine Kette von Φ, so setze man $C := \bigcup_{(X, +_X, \cdot_X) \in \Lambda} X$, $+_C := \bigcup_{(X, +_X, \cdot_X) \in \Lambda} +_X$ und $\cdot_C := \bigcup_{(X, +_X, \cdot_X) \in \Lambda} \cdot_X$. Man sieht unmittelbar, dass $(C, +_C, \cdot_C)$ zu Φ gehört und dass $(C, +_C, \cdot_C)$ eine obere Schranke von Λ ist. Auf Grund des zornschen Lemmas gibt es also in Φ ein maximales Element $(L, +, \cdot)$. Auf Grund von Satz 10 und der Wahl von M ist L eine echte Teilmenge von M. Ist L endlich, so folgt ferner, dass $M - L$ und M gleichmächtig sind. Ist L unendlich, so lässt sich L auch noch in $M - L$ injektiv abbilden. Es sei nun f ein über L irreduzibles Polynom. Dann ist der Körper $W := L[x]/fL[x]$ entweder endlich oder er hat die gleiche Mächtigkeit wie L. In jedem Fall findet man eine Abbildung ρ, die W in M hinein abbildet und auf L die Identität induziert. Transportiert man die in W gegebene Addition und Multiplikation mittels ρ ebenfalls nach M, so ist $\rho(W)$ mit dieser Addidition und Multiplikation eine algebraische Erweiterung von L, weil L algebraische Erweiterung von K ist, ist dann aber auch $\rho(W)$ algebraische Erweiterung von K. Aus der Maximalität von L folgt dann $\rho(W) = L$ und damit $W = L$. Folglich hat f den Grad 1, so dass L algebraisch abgeschlosssssen ist.

Aufgaben

1. Ist K ein Körper und sind C und C' algebraische Abschlüsse von K, so gibt es einen K-linearen Isomorphismus von C auf C'.

2. Es sei K ein Körper und L sei eine algebraisch abgeschlossene Erweiterung von K. Es sei ferner B eine Transzendenzbasis von L über K. Ist dann ρ eine bijektive Abbildung von B auf sich, so gibt es einen K-linearen Automorphismus σ von L mit $b^\sigma = b^\rho$ für alle $b \in B$. Man analysiere insbesondere die Situation $K = \mathbf{Q}$ und $L = \mathbf{C}$. In diesem Falle sind B und $\mathbf{R}$ gleichmächtig. (Die Aufgabe ist natürlich nicht interessant, wenn L der algebraische Abschluss von K ist, da ja dann $B = \emptyset$ ist.)

Literatur

Emil Artin und Otto Schreier, *Algebraische Konstruktion reeller Körper*. Abh. Math. Sem. Univ. Hamburg 5, 85–99, 1927

P. M. Cohn, *Universal Algebra*. New York 1965

Auguste Dick, *Emmy Noether, 1882–1935*. Boston, etc. 1981

Heinrich Dörrie, *Kubische und biquadratische Gleichungen*. München 1948

Walter Feit und John Thompson, *Solvability of groups of odd order*. Pacific J. of Mathematics 13, 755–1029, 1963

David Hilbert, *Die Theorie der algebraischen Zahlkörper*. Jahresberichte der Deutschen Mathematiker-Vereinigung 4, 175–546, 1897. Zwischen den Seiten 176 und 177 finden sich achtundzwanzig römisch nummerierte Seiten mit dem Vorwort und dem Inhaltsverzeichnis.

Bertram Huppert, *Endliche Gruppen I*. Berlin, Heidelberg, New York 1967

Heinz Lüneburg, *On the Rational Normal Form of Endomorphisms*. Mannheim, etc. 1987

—, *Tools and Fundamental Constructions of Combinatorial Mathematics*. Mannheim 1989

—, *Vorlesungen über Lineare Algebra*. Mannheim 1993

Leon Mirsky, *Transversal Theory*. New York und London 1971

H. Rubin und J. E. Rubin, *Equivalents of the Axiom of Choice*. Amsterdam 1963

Peter Schreiber, *Mengenlehre — Vom Himmel Cantors zur Theoria prima inter pares*. Int. Zeitschr. für Geschichte und Ethik der Naturw., Technik und Medizin. 4, 129–143, 1996

Index

www.ingramcontent.com/pod-product-compliance
Lightning Source LLC
Chambersburg PA
CBHW061814210326

41599CB00034B/6991